重金属的环境分析与评价

康艳红　陈秋颖　田　鹏　编著

科 学 出 版 社
北　京

内 容 简 介

本书结合环境中重金属存在的特性，系统介绍了大气、水、土壤环境中重金属的来源、采集方法、检测方法、环境评价方法和研究方法。针对重金属分析应优先采用国际、国内标准中规定的规范方法，本书提供了较全面的标准规范，并收集和查阅了普遍使用的方法和研究成果，比较了各种重金属分析和评价方法的优缺点。

本书可供高等院校、科研院所化学类、环境类、分析检测等相关专业的教师和研究生使用，还可供环境监测、研发、工程技术人员参考。

图书在版编目（CIP）数据

重金属的环境分析与评价 / 康艳红，陈秋颖，田鹏编著. —北京：科学出版社，2019.6

ISBN 978-7-03-061440-7

Ⅰ. ①重… Ⅱ. ①康… ②陈… ③田… Ⅲ. ①重有色金属－环境分析化学 ②重有色金属－环境生态评价 Ⅳ. ①X132

中国版本图书馆 CIP 数据核字（2019）第 108705 号

责任编辑：朱 丽 李明楠 付林林 / 责任校对：杜子昂
责任印制：吴兆东 / 封面设计：蓝正设计

科学出版社出版
北京东黄城根北街 16 号
邮政编码：100717
http://www.sciencep.com

北京中石油彩色印刷有限责任公司 印刷

科学出版社发行 各地新华书店经销

*

2019 年 6 月第 一 版 开本：720×1000 1/16
2019 年 9 月第二次印刷 印张：15 1/4
字数：305 000

定价：98.00 元

（如有印装质量问题，我社负责调换）

前　言

当今，环境问题日益严重，特别是重金属污染。工业生产、建筑施工、道路交通、燃料燃烧等各种人类活动都可能向环境中释放重金属。重金属污染普遍具有不可降解、生物富集、持久毒性的特征。环境中的重金属是向生态系统输入和富集的重要外源因子之一，一旦进入生态系统就成为永久性潜在污染物，只能发生价态或状态的改变，从一种形式转化成另一种形式，不同形态的重金属元素的毒性也表现出很大的差异。因此，环境中重金属的环境效应和风险评价对改善环境质量具有一定的意义。

针对重金属的检测和分析方法很多，但每种方法都有各自的利弊和适用条件，同一样品由于前处理、检测、评价方法不同，对结果造成很大的差异。此外，环境样品稳定性差、成分复杂、干扰大，含有的重金属有些属于微量或痕量范围，相对准确地获得重金属的分析数据，是保证后续工作的前提，也是环保工作者和科研人员面临的重难点问题。

本书系统介绍了大气、水体、土壤环境中重金属的来源、存在形式、采集方法、检测方法、环境评价方法和研究方法。全书共分五章，内容包括环境中重金属的来源与行为、大气环境中重金属的研究方法、水环境中重金属的研究方法、土壤环境中重金属的研究方法，以及重金属的环境效应与风险评价。针对重金属分析应优先采用国际、国内标准中规定的规范方法，本书提供了较全面的标准规范，也广泛查阅和收集了普遍使用的方法和研究成果，比较了各种方法的优缺点，提出了方法的适用性。一方面在内容安排上尽量做到言简意赅、科学实用，便于读者系统地学习和掌握；另一方面，也尽量考虑各章节的独立性和完整性，便于有一定经验的读者集中学习需要的部分，以节约时间。

全书由沈阳师范大学康艳红副教授负责编写、统稿和主审，主要参与编写人员有康艳红副教授、陈秋颖副教授、田鹏教授。在编写过程中曹中秋教授等同仁鼎力支持，并提出了宝贵的修改意见，在此表示感谢。沈阳师范大学化学化工学院研究生于洁、杨俏、敖思奇承担了文献资料收集、整理、绘图等工作，一并表示谢意。本书的出版得到了沈阳师范大学“2014 年度学术文库专著资助出版项目”的资金支持，深表感谢。

由于编者水平有限，书中难免存在疏漏和不妥之处，欢迎读者批评指正。

目　录

前言
第 1 章　环境中重金属的来源与行为……1
1.1　大气中的重金属……2
1.1.1　大气颗粒物中重金属的行为特征……2
1.1.2　大气颗粒物的性质……4
1.1.3　大气颗粒物的分类……4
1.1.4　大气颗粒物中重金属的主要来源……8
1.1.5　大气颗粒物的迁移与转化……12
1.1.6　大气颗粒物对环境的影响……16
1.1.7　大气重金属的控制策略……18
1.2　水体中的重金属……19
1.2.1　水体中重金属的来源……19
1.2.2　水体中重金属的迁移与转化……21
1.3　土壤中的重金属……27
1.3.1　土壤的组成……27
1.3.2　土壤的性质……27
1.3.3　土壤重金属污染的特点……31
1.3.4　土壤中重金属的主要来源……31
1.3.5　重金属在土壤中的迁移与转化……35
参考文献……40
第 2 章　大气环境中重金属的研究方法……42
2.1　大气中重金属样品的布点与采样……42
2.1.1　大气颗粒物布点与采样的规范方法……42
2.1.2　点位布设的一般原则和方法……43
2.1.3　大气颗粒物的采样方法……44
2.1.4　颗粒物中重金属采样应注意的问题……47
2.2　大气颗粒物中重金属的检测方法……48
2.2.1　大气颗粒物中重金属检测的规范方法……48
2.2.2　大气颗粒物中重金属的直接检测方法……50

2.2.3 大气颗粒物中重金属的间接测量方法 ······ 56
2.2.4 大气颗粒物中重金属的在线检测方法 ······ 65
2.3 重金属相关的环境空气质量标准 ······ 67
2.4 大气中重金属的研究方法 ······ 68
2.4.1 大气中常见金属的背景值研究 ······ 68
2.4.2 大气颗粒物的单颗粒分析 ······ 69
2.4.3 大气颗粒物中重金属的形态分析 ······ 73
2.4.4 大气颗粒物中重金属的化学种态（价态）分析 ······ 77
2.4.5 污染源解析 ······ 78
参考文献 ······ 86
第 3 章 水环境中重金属的研究方法 ······ 89
3.1 水环境中重金属的布点与采集 ······ 89
3.1.1 水环境中重金属的布点与采集的规范方法 ······ 89
3.1.2 采样点位的布设 ······ 90
3.1.3 水样的采集与保存 ······ 93
3.1.4 底质样品的采集 ······ 96
3.2 水体中重金属的检测方法 ······ 97
3.2.1 水体中重金属检测的规范方法 ······ 98
3.2.2 水样的前处理 ······ 100
3.2.3 光谱学检测方法 ······ 105
3.2.4 比色法 ······ 106
3.2.5 电化学法 ······ 106
3.2.6 水体中重金属的在线监测方法 ······ 111
3.3 重金属水环境质量标准 ······ 112
3.3.1 地表水环境质量标准 ······ 113
3.3.2 海水水质标准 ······ 114
3.4 水体中重金属的研究方法 ······ 114
3.4.1 水体中重金属的背景值研究 ······ 114
3.4.2 水环境基准研究 ······ 115
3.4.3 水体中重金属的存在形态研究 ······ 118
3.4.4 水体颗粒物对重金属的吸附-解吸特性研究 ······ 120
3.4.5 水体中重金属的配合作用 ······ 125
3.4.6 氧化还原条件的影响 ······ 127
3.4.7 水体中重金属的数学模型研究 ······ 130
参考文献 ······ 134

第 4 章　土壤环境中重金属的研究方法 …… 136
4.1　土壤中重金属的布点和采集 …… 136
4.1.1　土壤中重金属的布点和采集的规范方法 …… 136
4.1.2　土壤监测点位布设方法 …… 136
4.1.3　土壤样品的采集数量 …… 137
4.1.4　土壤样品的采集方法 …… 138
4.1.5　土壤样品的保存 …… 138
4.2　土壤中重金属的检测方法 …… 139
4.2.1　土壤中重金属检测的规范方法 …… 139
4.2.2　直接检测方法 …… 141
4.2.3　间接检测方法 …… 143
4.3　土壤环境质量标准 …… 156
4.4　土壤中重金属的研究方法 …… 157
4.4.1　土壤中重金属的背景值研究 …… 157
4.4.2　土壤中重金属的环境容量研究 …… 160
4.4.3　土壤中重金属的有效态研究 …… 161
4.4.4　土壤颗粒对重金属的吸附-解吸特性研究 …… 167
4.4.5　重金属在土壤中的氧化还原特性研究 …… 168
4.4.6　重金属在土壤中的迁移转化规律研究 …… 172
4.4.7　土壤中重金属污染的修复技术 …… 176
参考文献 …… 181
第 5 章　重金属的环境效应、污染评价与环境风险评价 …… 185
5.1　重金属的环境效应 …… 185
5.1.1　大气中重金属的环境效应 …… 185
5.1.2　水体中重金属的环境效应 …… 186
5.1.3　土壤中重金属的环境效应 …… 188
5.2　重金属的污染评价 …… 190
5.2.1　大气降尘重金属污染评价 …… 190
5.2.2　河流水体重金属污染评价 …… 192
5.2.3　土壤和沉积物重金属污染评价 …… 196
5.3　重金属的环境风险评价 …… 199
5.3.1　重金属的健康风险评价 …… 199
5.3.2　重金属的生态风险评价 …… 208
参考文献 …… 228

第 1 章　环境中重金属的来源与行为

地球环境是一个由大气、水体、土壤、岩石和生物等圈层组成的多介质系统。重金属是地壳的构成元素，在地球的岩石圈、大气圈、水圈、土壤圈和生物圈之间迁移循环。重金属在环境介质中的迁移转化过程可通过图 1-1 进行具体的描述。

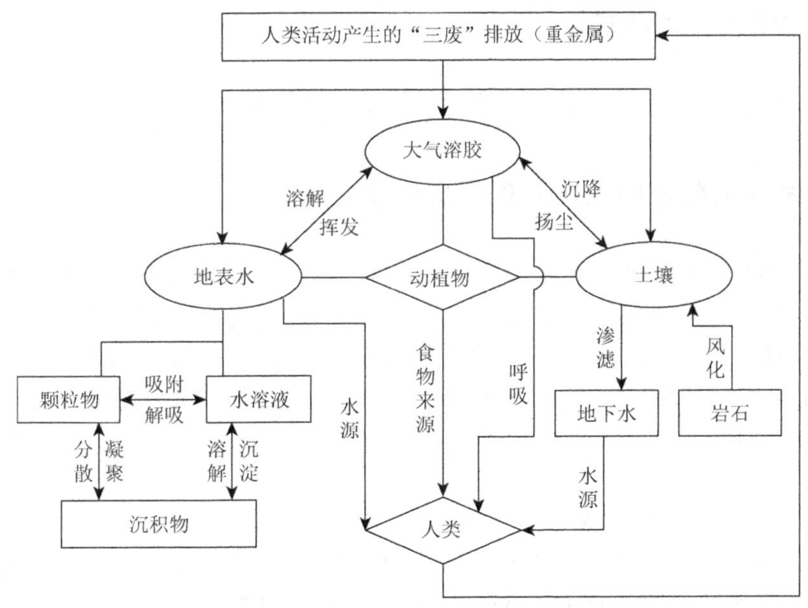

图 1-1　重金属在环境介质中的迁移转化过程

除铁、锰等常见金属外，重金属在环境各圈层中的阈值常低于钠、钾、钙、镁、铝等轻金属。重金属原义是指相对密度大于 5 的金属，目前，各领域对重金属尚没有严格的统一定义。化学上根据金属的密度把金属分为重金属和轻金属，将密度在 $4.5g \cdot cm^{-3}$ 以上的金属称为重金属，主要包括天然金属元素从原子序数 22（钛）至 94（钚）的 58 种金属元素（6 种碱金属元素、碱土金属元素和钇除外）*。在工业上进行元素分类时，上述重金属元素有的属于稀土金属，有的属于难熔金属，有的属于贵金属，最终划归为重金属的有 10 种元素：铜、铅、锌、锡、镍、钴、锑、汞、镉和铋。在环境污染方面所说的重金属主要是指汞、镉、铅、铬及半金属砷、硒等

---

* 作者查阅多方资料，因化学上重金属和轻金属的分类亦没有明确统一的说法，此处根据多数划分方法为依据。

生物毒性显著的重元素，尽管锌、铜、锰、钴、钼、锡、钒、镍等重金属是生命活动所必需的微量元素，但几乎所有的金属元素超过一定浓度都对人体产生毒副作用，从这一角度，一些学者在研究中把铜、锌、锡、镍、钴、锑、铊、钒、钼、钡、锰等重金属元素及铍、硼、铝等一些非重金属元素都涵盖在重金属范畴。

重金属元素的不同形态在环境中表现出的性质差异很大，某种重金属元素对生物究竟有利还是有害，不仅在于该元素的总浓度，还在于该元素在环境中存在的具体化学形态，元素的化学形态对它的毒性起决定性作用。

人类活动进入环境中的重金属物质经过挥发、沉降、扩散、弥散、吸附、解吸等传输过程，在一系列的物理、化学、生物等作用下发生迁移转化，最后在各个环境介质圈层之间达到动态平衡。

1.1　大气中的重金属

1.1.1　大气颗粒物中重金属的行为特征

早在 3000 年前我国就有关于大气降尘的记录，但对污染因子的测量开始于 20 世纪。空气中的重金属虽然能以气溶胶、粉尘或蒸气的形式存在，但主要存在于大气颗粒物中，是大气颗粒物的重要成分之一。虽然不同来源、不同形成条件等造成不同国家和地区的大气颗粒物中所含重金属的种类和含量有差异，但普遍具有以下行为特征。

1）元素特性

从元素种类和含量来看，主要有 Fe、Ca、Mg、Si 等地壳元素和 Pb、Cu、As、Cd、Zn、Hg 等污染元素。总体上，中国大气颗粒物中对人体有害的 Pb、Cd、As、Cu、Zn 等污染较严重，而 Cr、Mn、Co、Ni 等污染较轻。

2）时间分布特征

受污染源排放和气象条件等多种因素的影响，不同季节存在明显差异。季节变化特征总体呈现冬季＞秋季＞春季＞夏季的特点（姚琳等，2012）。于燕等（2003）对西安市大气颗粒物分别在采暖期和非采暖期进行样品采集，并对其中的 Pb、Mn、Cd、Ni、Cr 等重金属的含量进行分析，发现这些重金属的含量在采暖期明显高于非采暖期，说明西安市燃煤取暖是重金属含量增加的主要原因。薛国强等（2014）利用离子色谱技术对南京市市区和北郊颗粒物中的水溶性无机离子（SO_4^{2-}、NO_3^-、F^-、Cl^-、NO_2^-、NH_4^+、K^+、Na^+、Mg^{2+}、Ca^{2+}）进行了为期一年的分析测定，分析了其粒径分布、浓度组成和季节变化特征。结果表明，这十种水溶性离子的浓度值对南京市颗粒物贡献率最高达 56%，其中主要二次离子 SO_4^{2-}、NO_3^-、NH_4^+ 均存在明显的季节变化特征：春冬季＞夏秋季。

受光照和逆温等条件的影响，大气颗粒物质量浓度的日变化也表现出一定的特征。早晨通常比中午和晚上浓度高，这可能是逆温现象造成近地层大气中的污染物无法流动（马敏劲等，2018）。李晓和杨立中（2004）对成都市东郊大气颗粒物的日变化研究表明：总悬浮颗粒物（total suspended particulate，TSP）浓度及 Pb、Cd、Hg、As 浓度日变化规律呈“双峰型”，浓度峰值出现在 5:00～9:00、17:00～21:00 两个时段，其变化原因与人类活动和生产活动、大气对流活动、湍流活动和降水等因素有关。何俊杰等（2014）在灰霾天气下对广州市不同粒径的颗粒物进行观测分析，并采用离子色谱方法测定SO_4^{2-}、NO_3^-、F^-、Br^-、Cl^-、NO_2^-、NH_4^+、K^+、Na^+、Mg^{2+}、Ca^{2+}11 种水溶性离子的含量，结果表明：SO_4^{2-}、NO_3^-、NH_4^+三种主要的二次离子最高占总水溶性离子的 76%，且更易分布在细颗粒物中。其日变化：SO_4^{2-}为白天大于夜间，NO_3^-为夜间大于白天，NH_4^+为白天略大于夜间。

3）空间分布特征

空间分布上，北方燃煤城市大于南方城市，城市内部一般工业区＞交通区＞居民区＞郊区。杨水秀（2002）对贵阳市大气降尘中重金属含量的空间变化研究表明，重金属含量由高到低排序为工业区＞商业区＞混合区＞清洁区。陶俊等（2003）对重庆市主城 7 区的大气颗粒物重金属含量分布的研究也发现，重金属含量的变化与人类活动有密切关系，在人群密集区和工业活动频繁的区域重金属含量明显高于其他区域，说明了城市重金属污染主要源于人为因素。

4）粒度分布特征

几乎所有的研究都显示，重金属元素（Pb、Zn、Cd、Cu、Ni、As、V 等）在不同粒径颗粒物中均有不同程度的富集。大气颗粒物中的金属总体上表现出在细粒子（＜2μm）中浓度高，75%～90%的重金属富集在 PM_{10}上，粒径越小，金属含量越高，对人类健康威胁越大。重金属化学形态分布与粒径的关系各有其独自特征。例如，地壳元素 Si、Fe、Ca、Mg 等一般以氧化物形式存在于粗颗粒中，Zn、Cd、Ni、Pb 等元素则大部分存在于细颗粒中，总体上都表现为粒径越小，环境活性越大（赵朕等，2017）。

5）来源特征

大气颗粒物中的重金属来源广泛、情况复杂。工业生产、建筑施工、道路交通、燃料燃烧等多种人类活动都能向大气中释放重金属，这些污染源排放的含重金属的颗粒物在一定的气象条件下又进行着迁移转化，形成二次颗粒物，在污染本质上表现为互为源汇的特点。

6）协同催化特征

大气重金属污染物具有协同催化作用。除颗粒物中重金属本身发生化学变化外，还能催化氧化众多大气圈中的化学物质，催化大气有机物的光化学反应，影响大气污染物的转化，与持久性有机污染物（POPs）的协同作用还可以产生很强的协同毒理作用，危害人体健康等。

7）毒性特征

重金属污染普遍具有不可降解、生物富集、持久毒性的特征。大气中的重金属经干、湿沉降被转移到水和土壤环境中，将成为永久性潜在污染物，只能从一种价态转变为另一种价态，或一种形式转变为另一种形式，而元素本身不能被微生物降解。而诸多重金属如镉、铬、镍等均具有致癌性，最终通过直接摄入或生物食物链传递方式危害人类健康。

1.1.2 大气颗粒物的性质

大气颗粒物有成核作用、黏合、吸着和电性等重要的表面性质。其中，成核作用是指过饱和蒸气在颗粒物表面上形成液滴的现象，对半径小于 1μm 颗粒物效率较高，特别是具有吸湿性和可溶性的颗粒物更明显，如海盐、硫酸盐、硝酸盐颗粒等。由于大气颗粒物粒径小、比表面积大、具有表面能，特别是粒径小于 0.1μm 的颗粒，它们靠布朗运动扩散，相互碰撞彼此黏合或在固体表面黏合凝聚成较大的颗粒，最终达到沉降粒径。相同组成的液滴在相互碰撞时也可能凝聚，固体粒子黏合的可能性随粒径的降低而增加，黏合程度与颗粒物及其表面的组成、电荷、表面膜组成（水膜或油膜）及表面的粗糙度有关。如果气体或蒸气溶解在颗粒物中，称为吸收，若吸附在颗粒物表面上，则称为吸着。涉及化学作用的吸着称为化学吸附作用。当离子在颗粒物表面上黏合时，可获得负电荷或正电荷，大气颗粒物上的电荷可以是正的也可以是负的，由于颗粒物带有电荷这一性质，可以利用静电除尘法去除烟道气中的颗粒物。

1.1.3 大气颗粒物的分类

大气颗粒物的分类方法有多种。按来源，大气颗粒物分为天然来源和人为来源两种，天然来源包括地面扬尘、海洋溅沫、雾霭、花粉孢子、火山灰等，人为来源主要是燃料燃烧产生的烟尘、工业粉尘、机动车尾气等。按颗粒物的形成过程，大气颗粒物分为一次颗粒物和二次颗粒物，由污染源直接排入环境中的固态或液态颗粒物，称为一次颗粒物，大气中某些污染物组分之间，或污染组分与大气成分之间发生反应（主要是化学反应）而产生的颗粒物，称为二次颗粒物，其化学组成更为复杂，其中无机盐（SO_4^{2-}、NO_3^-、NH_4^+）和碳组分与人类活动相关性较大。大气颗粒物按其在空气中的悬浮性及在重力作用下的沉降特性，可简单地分为总悬浮颗粒物（粒径通常在 100μm 以下）、降尘（粒径大于 10μm）和飘尘（粒径小于 10μm）。按颗粒物的化学组成，可以将大气颗粒物划分为无机颗粒物和有机颗粒物两大类，一般将只含有无机成分的颗粒物称为无机颗粒物，如硫酸盐、硝酸盐颗粒物及无机碳等，而将含有有机成分的颗粒物称为有机颗粒物。有机颗粒物种类繁多，已检测到的主要有烷烃、烯烃、芳烃和多环芳烃等各种烃类。光电显微镜下的大气颗粒物如图 1-2 所示。

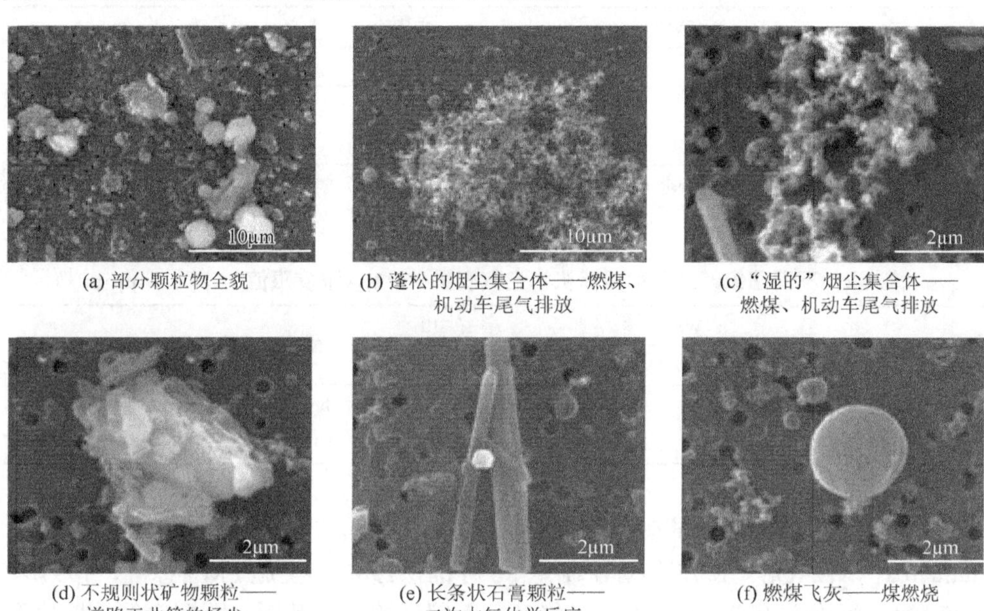

(a) 部分颗粒物全貌　(b) 蓬松的烟尘集合体——燃煤、机动车尾气排放　(c) “湿的”烟尘集合体——燃煤、机动车尾气排放

(d) 不规则状矿物颗粒——道路工业等的扬尘　(e) 长条状石膏颗粒——二次大气化学反应　(f) 燃煤飞灰——煤燃烧

图 1-2　大气颗粒物的微观形貌（人民网，2016）

在科学研究中，常按颗粒物的大小（粒径）进行分类，实际上大气中的粒子形状很不规则，为了方便研究和表达，实际工作中普遍采用有效直径来表示，最常用的是空气动力学直径，表示符号为 D_p，定义为与所研究粒子具有相同终端降落速度的、密度为 $1g \cdot cm^{-3}$ 的球体直径，可由式（1-1）求得：

$$D_p = D_g K \sqrt{\frac{\rho_p}{\rho_0}} \tag{1-1}$$

式中，D_g 为几何直径；ρ_p 为忽略了浮力效应的粒密度；ρ_0 为参考密度，$\rho_0 = 1g \cdot cm^{-3}$；$K$ 为形状系数，当粒子为球形时，$K = 1.0$。

美国环境保护署（EPA）于 1971 年第一次发布可吸入颗粒物（particulate matter，PM）的标准（最新标准制定于 2006 年 9 月），将可吸入颗粒物分为两类：一类是细颗粒物（fine particles），空气动力学直径 $D_p \leqslant 2.5\mu m$，简称 $PM_{2.5}$；另一类是可吸入颗粒物（inhalable coarse particles），$2.5\mu m < D_p \leqslant 10\mu m$，简称 PM_{10}。其中，$PM_{2.5}$ 允许标准为 24h 平均浓度 $\leqslant 35\mu g \cdot m^{-3}$，年平均浓度 $\leqslant 15\mu g \cdot m^{-3}$；

PM_{10}允许标准为 24h 平均浓度≤150μg·m^{-3}，年平均浓度标准暂无规定。目前，一些国家、地区和国际机构规定了环境空气中颗粒物 $PM_{2.5}$、PM_{10}的浓度限值，见表 1-1 和表 1-2。

表 1-1　不同国家、地区和国际机构空气质量中 $PM_{2.5}$浓度限值　（单位：μg·m^{-3}）

指标	WHO				中国		欧盟	美国	日本	澳大利亚
	目标 1	目标 2	目标 3	指导值	一级	二级				
年平均	35	25	15	10	15	35	25	15	15	8
24h 平均	75	50	37.5	25	35	75	—	35	35	25

注：WHO：世界卫生组织，World Health Organization

表 1-2　不同国家、地区和国际机构空气质量中 PM_{10}浓度限值　（单位：μg·m^{-3}）

指标	WHO				中国		欧盟	美国	瑞典	巴西	英国
	目标 1	目标 2	目标 3	指导值	一级	二级					
年平均	70	50	30	20	40	100	40	—	20	50	40
24h 平均	150	100	75	50	50	150	50	150	100	150	50

美国环境保护署的国家环境空气质量标准（National Ambient Air Quality Standards，NAAQS）1978 年首次制定 Pb 标准，1987 年实施 PM_{10}标准，1997 年发布 $PM_{2.5}$标准并在 2006 年进行了修订。美国、德国、英国、欧盟等发达国家和地区的年平均浓度限值为 40～100μm·m^{-3}，主要集中在 40μm·m^{-3}，24h 平均浓度限值为 60～200μm·m^{-3}，主要集中在 80μm·m^{-3}。欧盟、印度等国家和地区 PM_{10}的年平均浓度限值主要为 40～65μg·m^{-3}，世界其他各国 PM_{10}的 24h 平均浓度限值一般为 50～150μg·m^{-3}。WHO 的年和 24h $PM_{2.5}$平均浓度指导值分别为 10μg·m^{-3}和 25μg·m^{-3}，PM_{10}平均浓度指导值分别为 20μg·m^{-3}和 50μg·m^{-3}。WHO 分析了世界各国的研究结果后认为，发达国家城市中 $PM_{2.5}$与 PM_{10}浓度的比例通常在 50%～80%，对于发展中国家的城市，$PM_{2.5}$与 PM_{10}浓度具有代表性的比例为 50%。我国国家环境保护部（现生态环境部）于 2012 年颁布了《环境空气质量标准》（GB 3095—2012），参照 WHO 过渡期目标和空气质量指导值，规定从 2016 年开始我国 $PM_{2.5}$一级标准年和 24h 平均浓度限值分别为 15μg·m^{-3}和 35μg·m^{-3}，与国际上发达国家的标准下限值一致，二级标准年和 24h 平均浓度限值分别为 35μg·m^{-3}和 75μg·m^{-3}；PM_{10}一级标准年和 24h 平均浓度限值分别为 40μg·m^{-3}和 50μg·m^{-3}，二级标准年和 24h 平均浓度限值分别为 100μg·m^{-3}和 150μg·m^{-3}。

1978 年，Whitby 等依据大气颗粒物表面积与粒径分布的关系，得到了三种不同类型的粒度模，即 Aitken 核模（Aitken nuclei mode，D_p≤0.05μm）、积聚模

(accumulation mode，0.05μm＜D_p＜2μm）和粗粒子模（coarse particle mode，D_p＞2μm），并用它来解释大气颗粒物的来源与归宿。Aitken 核模和积聚模的粒子合称为细粒子，粗粒子模的粒子称为粗粒子。图 1-3 为大气颗粒物三模态典型示意图。

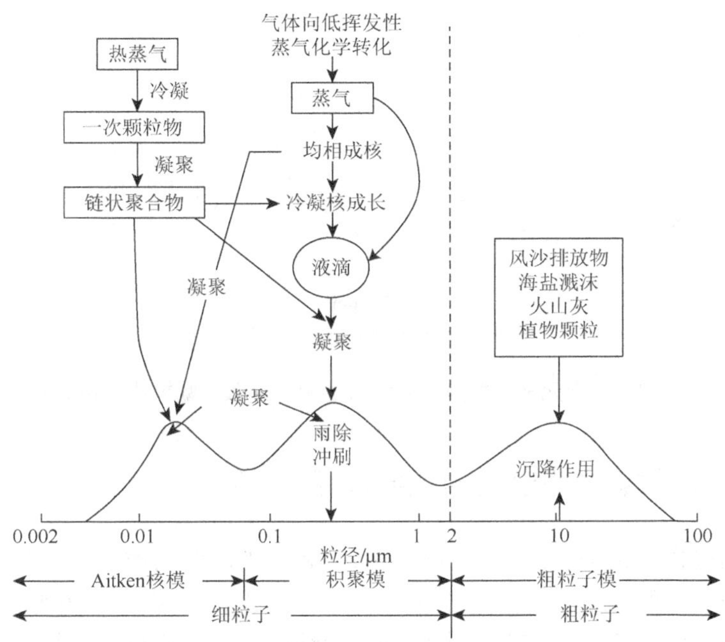

图 1-3　气溶胶的粒度分布及其来源（Whitby 等，1978）

从图 1-3 中可以看出，Aitken 核模主要来源于燃烧过程所产生的一次颗粒物，以及气体分子通过化学反应均相成核而生成的二次颗粒物，所含重金属成分是由污染源排放和颗粒物形成过程决定的，如动力发电厂由于燃煤及石油而排放出来的颗粒物，含有铍、镍、钒等的化合物；市政焚烧炉会排放出砷、铍、铬、铜、铁、汞、镁、锰、镍、铅、锑、钛、钒和锌等的化合物，汽车尾气中则可能含有铅（四乙基铅曾用于汽油的防爆剂）。Aitken 核模粒径小、数量多、表面积大且很不稳定，易于相互碰撞凝结成大粒子而转入积聚模，也可在大气湍流打散过程中很快被其他物质或地面吸收而去除。积聚模主要由 Aitken 核模凝聚或通过热蒸气冷凝再凝聚而长大，这些颗粒物多为二次颗粒物，其中主要为硫酸盐，还含有硝酸盐、铵盐等。硫酸主要是由污染源排放出来的 SO_2 经液相或气相氧化后形成 SO_3 溶于水而生成的，硫酸再与大气中的 NH_3 化合而生成$(NH_4)_2SO_4$ 颗粒物。硫酸也可以与大气中其他金属离子化合生成各种硫酸盐颗粒物。NO_3^-、SO_4^{2-}、NH_4^+ 对降低能见度的贡献率最大，含量增加会降低大气的能见度。粗粒子多由机械过程所产生的扬尘、液滴蒸发、海盐溅沫、火山灰和风沙等一次颗粒物构成，非污染大气中主要含有硅、铁、铝、钠、钙、镁、钛等30余种元素，与地壳组成元素十分相近。由上述各种模粒子形成过程可看出，细粒子与粗粒子之间一般不会相互转化，图1-4也充分证明了这两种粒子的化学组分完全不同。

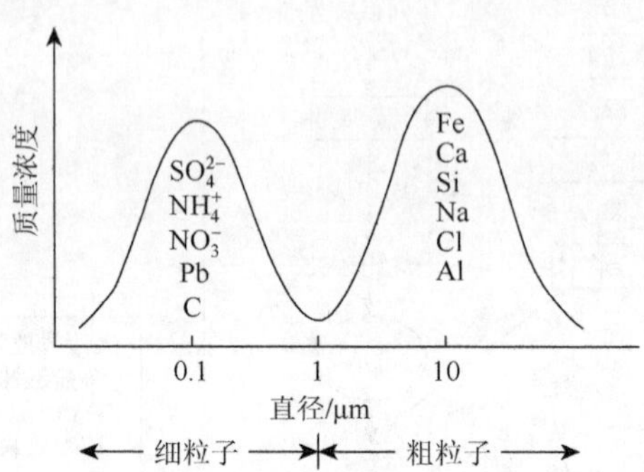

图1-4　化学元素在粗粒子和细粒子中的分布（戴树桂，2006）

1.1.4　大气颗粒物中重金属的主要来源

大气颗粒物中重金属的来源包括天然源和人为源两大类。尽管从世界范围来看，天然源产生的污染物总量并不小，但在城市或工矿区，人为因素造成的重金属排放仍占主要地位。天然源如火山喷发、地面扬尘、森林火灾等。火山灰除主要由硅和氧组成的粉末外，还含有一些如锌、锑、硒、锰和铁等金属元素的化合物。地球在形成过程中地质条件的差异，造成一些区域重金属土壤背景值（或本底值）过大，扬尘的成分主要是该地区的土壤粒子。人为源主要来自工业生产、燃料燃烧、工矿区作业、机动车尾气等产生的气体和粉尘。大气中的重金属镉、铬、铅、汞、镍、铜来源于人类活动的数量远大于它们的自然源输入量。各城市地表颗粒物的重金属污染代表性元素各不相同，重金属含量的差异性和相似性可以在一定程度上反映问题，但未必可以有效地揭示导致该结果的自然、人为因素。

1. 工业生产

国务院于2011年2月批复了首个“十二五”专项规划——《重金属污染综合防治“十二五”规划》（以下简称《规划》），《规划》的防治对象主要为铅、汞、镉、铬、砷等生物毒性强且污染严重的重金属元素，以及铊、锰、铋、镍、锌、锡、铜、钼等重金属；《规划》防控的五大重点行业为有色金属矿（含伴生矿）采选业、有色金属冶炼业、含铅蓄电池业、皮革及其制品业、化学原料及化学制品制造业。

2015 年，工业烟（粉）尘排放量 1232.6 万 t，占全国烟（粉）尘排放总量的 80.1%。排放量位于前 3 位的工业行业依次为黑色金属冶炼及压延加工业，非金属矿物制品业，电力、热力生产和供应业，见表 1-3。

表 1-3　重点行业烟（粉）尘排放情况　（单位：万 t）

年份	合计	黑色金属冶炼及压延加工业	非金属矿物制品业	电力、热力生产和供应业
2011	700.9	206.2	279.1	215.6
2012	659.3	181.3	255.2	222.8
2013	722.6	193.5	258.8	270.3
2014	964.1	427.2	264.5	272.4
2015	825.2	357.2	240.3	227.7

2. 煤及其利用过程

煤是开发利用量最大的化石燃料，用煤量大的部门有火力发电、冶金、化工、机械、轻工和建材等，煤在燃烧和其他利用过程中向环境中释放重金属等有害元素，其种类和数量与燃料的品种、燃烧方法及除尘净化设施有关（唐修义，2004）。至今真正被证实来自煤的有害微量元素并造成环境污染的事例并不多。已有事例都发生在两种情况下，一是燃用的煤里有某种有害元素含量特别高，超过一般煤中的含量，如曾经发生在黔西南的砷中毒；二是燃烧方式落后，没有排烟防尘措施，如曾经发生在鄂西到陕南一带的氟中毒和硒中毒，被当地居民用作燃料的富含氟和硒的“石煤”不是煤，而是炭质泥岩。

大多数研究煤中微量元素的目的都是讨论环境效应问题。很早人们就注意煤中哪些微量元素对环境可能产生影响。2000 年，Swaine 等根据元素本身的毒性和已发生过的污染事例提出需要重视的元素有 26 种，分 3 组，其环境影响依次减小：

（1）As、Cd、Cr、Hg、Pb、Se。

（2）B、Cl、F、Mn、Mo、Ni、Be、Cu、P、Th、U、V、Zn。

（3）Ba、Co、I、Ra、Sb、Sn、Tl。

煤采出后如果长时间堆放在露天环境中将引起煤的风化。风化作用可使煤中部分元素释放。据冯新斌等（1999）所做逐级化学提取试验，在表生条件下贵州省二叠纪煤中部分元素具有不同强度的活性。Hg、As、Se、Cd 和 Cu 的活性较强，长期风化作用中这 5 种元素能释放出来进入环境的总量占原煤含量的 63.3%～93.5%；Zn 的活性次之，约占 46.6%；Tl、Cr 和 Ni 的活性较差，只占 19.7%～25.7%。元素在表生条件下的活性取决于元素的载体是否容易风化。硫化物、碳酸盐、有机组分易风化，其所含微量元素的活性必定强，而赋存在硅酸盐内的微量元素则很稳定。硫化物本身不仅易风化，产生的硫酸还将促使煤中的矿物和围岩中微量元素的析出。

燃煤排放出来的硫、氮的危害早已众所周知，汞的排放也受到特别关注。1990年，Swaine（1990）提出世界多数煤中汞的含量处于 $0.02\times10^{-6}\sim1.0\times10^{-6}$ 的范围内，我国煤中汞含量见表 1-4。

表 1-4　中国煤中汞的含量（唐修义，2004）

地区	样品数	汞含量范围/ppm*	算数平均值/ppm
全国	1458	0.01～0.05	0.10
华北	247	0.01～0.05	0.17
华南	228	0.01～0.07	0.17
全国	757	0.01～0.03	0.06
全国	9	0.03～0.1	0.06

* 1ppm = 10^{-6}

在特殊地质条件下，可能出现富含汞的煤，如在我国贵州省的个别煤样中检测到汞含量高达 $n\times10^{-6}$（n 代表 1～9）数量级，最高值竟达到 45×10^{-6}。世界上最富含汞的煤发现于乌克兰的顿巴斯盆地东部。煤中的汞主要富存在黄铁矿内，汞是典型的亲铜元素，除黄铁矿外，在其他硫化物和硒化物中也可能含有汞。例如，在美国伊利诺伊州的煤里发现锌闪矿含有汞（Finkelman，1995）。在通常的温度范围内，元素汞是汞的热力稳定形式，大部分汞的化合物分解成元素汞，所以在炉膛内煤中汞几乎都转变为元素汞进入烟气，残留在底灰里的汞甚少（少于2%）。当烟气流向烟囱出口，烟气的温度逐步降低，部分元素汞可以与氧、氯、氯化氢反应生成二价汞化物，还有部分汞凝结在亚微米级飞灰颗粒表面或被飞灰里的残碳吸收。燃烧产物中气态汞占总汞的70%左右，颗粒态汞占20%左右。后者因为颗粒粒径太小，很少部分能被除尘器捕获，大部分排入大气。近几年，我国城市的燃料结构发生很大变化，民用煤的数量大为减少，但是在燃煤量大的工业城市，监测煤中汞可能产生的环境污染还是必要的。汞是全球性循环元素，减少因燃煤向大气排放汞是人类的共同任务。

除汞外，燃煤排放出来的氟、铍、铅和砷等有害元素直接产生危害的事例也曾有报道。我国江苏、浙江个别电厂排放出来的氟曾危及桑蚕业。苏联某电厂工作人员因吸入过量铍，引起肺部发生病理变化。捷克斯洛伐克一电厂排放出的铅和砷引起附近地区儿童骨骼生长迟缓和听力受损，皮肤癌患者增多。该电厂燃用的是富含砷煤（含量高达 $900\times10^{-6}\sim1500\times10^{-6}$），但是因吸入燃煤烟尘直接危害人体的报道并不多见。

煤中的微量重金属元素在煤灰里得到富集，煤灰中的微量元素主要经淋滤进入地表和地下水体及土壤，所以煤灰中的有害物质向水体和土壤迁移转化。

3. 工矿区烟尘

2005～2015 年间，根据媒体报道的 19 起较大重金属污染源分析，这些污染事件均与重金属企业的废水、废气的排放有关。

工矿区烟尘主要包括非金属矿物制品业废气、水泥制造企业废气、黑色金属冶炼及压延加工业废气。2015 年，水泥企业烟（粉）尘排放量为 83.6 万 t，占非金属矿物制品业的 34.8%。钢铁冶炼企业烟（粉）尘排放量为 72.4 万 t，占黑色金属冶炼及压延加工业烟（粉）尘排放量的 20.3%。

《2015 年环境统计年报》显示，区域排放情况中三区（京津冀、长三角、珠三角）十群烟（粉）尘排放量为 674.2 万 t，见表 1-5。其中，工业烟（粉）尘排放量 554.3 万 t，占区域烟（粉）尘排放量的 82.2%；生活烟（粉）尘排放量 96.9 万 t，占区域烟（粉）尘排放量的 14.4%；机动车烟（粉）尘排放量 23.0 万 t，占区域烟（粉）尘排放量的 3.4%。

表 1-5　三区十群烟（粉）尘排放情况

区域	合计/万 t	工业源/万 t	生活源/万 t	机动车/万 t	单位面积排放强度/$(t\cdot km^{-2})$
京津冀	172.5	119.8	47.4	5.3	7.9
长三角	110.5	103.5	2.9	4.1	5.2
珠三角	15.9	13.3	0.2	2.4	2.9
辽宁中部城市群	67.6	58.4	8.0	1.2	10.4
山东城市群	108.2	90.3	14.1	3.8	6.9
武汉及其周边城市群	28.7	25.5	2.3	0.9	4.8
长株潭城市群	8.9	8.2	0.3	0.4	3.2
成渝城市群	47.6	43.6	2.2	1.8	2.1
海峡西岸城市群	34.2	32.2	1.2	0.8	2.8
山西中北部城市群	34.8	25.5	8.6	0.7	6.1
陕西关中城市群	26.8*	19.6	6.6	0.5	4.9
甘宁城市群	9.6	7.4	1.6	0.6	2.2
新疆乌鲁木齐城市群	8.9	7.1	1.4	0.4	2.8
总计	674.2	554.3*	96.9*	23.0	5.1

* 由于四舍五入原因，数值存在误差

4. 机动车尾气

机动车辆直接排放的颗粒物及车辆行驶引起的二次扬尘，是大气粉尘中重金属含量升高的重要影响因素。含铅汽油、润滑油燃烧后的废气排放，车辆轮胎、刹车片的磨损是公路沿线重金属颗粒物的重要来源（郭广慧等，2008），交通区 Cd 的污染程度较为严重，主要原因是刹车里衬/制动片的磨损、尾气排放、工业废气和垃圾焚烧（Banerjee，2003）。汽车尾气中所含的重金属多数累积在细粒径的颗粒物中，轮胎和汽车配件的磨损形成较大粒径颗粒物，这些含重金属的颗粒物，一部分直接沉降于路面，另一部分飘散在空气中或通过干湿沉降沉积到公路两侧土壤中，对公路灰尘和两侧土壤、植被造成一定程度的污染。随着机动车尾气排放量的迅猛增加，城市大气中以 Pb、Cd、Cu、Zn 为代表的重金属污染物含量急剧上升。

2015 年，全国机动车排气排放一氧化碳（CO）3462.1 万 t，碳氢化合物（HC）429.4 万 t，氮氧化物（NO_X）585.9 万 t，颗粒物（PM）55.5 万 t（表 1-6），占全国烟（粉）尘排放总量的 3.6%。按照机动车类型，汽车排气污染物排放量最大。

表 1-6　全国机动车烟（粉）尘排放量　（单位：万 t）

年份	2011	2012	2013	2014	2015
机动车排放量	62.9	62.1	59.4	57.4	55.5

随着我国机动车保有量的增加和煤在我国能源消费体系中的主导地位等因素的影响，在 PM_{10} 的污染问题还没有完全解决的情况下，我国大气细颗粒物的污染日益严重。

1.1.5　大气颗粒物的迁移与转化

1. 大气颗粒物的迁移

颗粒物在大气中的迁移是指空气运动、重力、浮力等，使颗粒物在大气中传输和分散的过程，其迁移受大气湍流、逆温现象、天气形势和地理形势等的影响。

1）大气湍流扩散

对流是对流层大气流动的主体特征，指空气在垂直方向上的运动。对流层的温度特征是气温随着海拔的增加而降低，这是由于地球表面从太阳吸收了能量，然后又以长波辐射的形式向大气散发热量，因此地球表面附近的空气温度升高，贴近地面时空气吸收热量后会发生膨胀而上升，在垂直方向上形成强烈的对流，大气颗粒物随之运动。对流运动的强弱主要随着地理位置和季节发生变化，一般低纬度较强，高纬度较弱，夏季较强，冬季较弱。地形、树木、湖泊、河流和山脉等使得地面粗糙不平，而且受热又不均匀，使得海拔1000～1500m厚度的大气层内的空气流动具有“乱流”特征，此层大气称为摩擦层或边界层，也称低层大气。一般排放进入大气的污染物绝大部分会停留在这一层。在摩擦层中大气稳定度较低，颗粒物可自排放源向下风向迁移，从而得到稀释，也可随空气的垂直对流运动使得污染物升到高空而扩散，颗粒物的分散在很大程度上取决于对流与乱流的混合程度，垂直运动程度越大，用于稀释颗粒物的大气容积量越大。低层大气以上的对流层也称自由大气，主要存在对流，在自由大气中的乱流及其效应通常极微弱，污染物很少到达这里。

2）逆温现象

在对流层中，气温在一定条件下会出现反常现象，随高度升高气温升高，这种现象通常被称为逆温。近地面层的逆温最常见的是辐射逆温，是地面因强烈辐射而冷却所形成，多发生在距地面100～150m高度内，最有利的条件是平静而晴朗的夜晚，日出后地面温度上升，逆温层近地面处首先被破坏，自下而上逐渐变薄，最后完全消失。逆温形成的过程是多种多样的，低层大气除了辐射逆温，还有平流逆温、融雪逆温和地形逆温等，自由大气的逆温有乱流逆温、下沉逆温和锋面逆温等。例如，发生在自由大气的下沉逆温，它可持续很长时间，范围分布很广，造成大气颗粒物在一定区域内长时间积累。总之，如果形成等温或逆温状态，这时对大气垂直对流运动形成巨大障碍，地面气流不易上升，气层稳定性特强，不利于颗粒物的扩散，使局部污染加重。

3）天气形势的影响

天气形势是指大范围气压分布的状况，局部地区的气象条件总是受天气形势的影响。因此，局部地区的扩散条件与大型的天气形势是互相联系的。某些天气系统与区域性大气污染有密切联系。不利的天气形势和地形特征结合在一起常常可使某一地区的污染程度大大加重。例如，由于大气压分布不均，在高压区存在着下沉气流，由此使气温绝热上升，于是形成上热下冷的下沉逆温现象。它可持续很长时间，范围分布很广，厚度也较厚，这样就会使从污染源排放出来的污染物长时间地积累在逆温层中而不能扩散。世界上一些较大的污染事件大多是在这种天气形势下形成的。

4）地理形势的影响

大气颗粒物在局部地区的扩散迁移除与大型的天气形势互相联系，也与地理位置有关，由于不同地形之间存在热力差异，在弱的天气系统条件下有可能产生“局地环流”，如海陆风、山谷风和城郊风等。

（1）海陆风。

在海洋和大陆交界附近，由于海洋和大陆的物理性质有很大差别，海水热容大，海面温度变化缓慢，而大陆表面温度变化剧烈。白天陆地上空的气温增加得比海面上空快，在海陆之间形成指向大陆的气压梯度，较冷的空气从海洋流向大陆而生成海风。夜间却相反，由于海水温度降低得比较慢，海面的温度较陆地高，于是陆地上空的空气流向海洋而生成陆风。海陆风是海岸区域发生的循环作用和往返作用，在一定程度上阻碍了颗粒物的扩散。

（2）山谷风。

山区最常见的局地环流是山谷风。它是山坡和谷地受热不均而产生的一种局地环流。白天受热的山坡把热量传递给其上面的空气，这部分空气比同高度的谷中空气温度高，相对密度小，于是就产生上升气流。同时谷底中的冷空气沿坡爬升补充，形成由谷底流向山坡的气流，称为谷风。夜间山坡上的空气温度下降较谷底快，其相对密度比谷底的大，山坡上的冷空气沿坡下滑形成山风。这样山谷风与海陆风形成了相似的循环和往返。

此外山区辐射逆温因地形作用而增强。夜间冷空气沿坡下滑，在谷底聚积，逆温发展的速度比平原快，逆温层更厚，强度更大。并且因地形阻挡，河谷和凹地的风速很小，更有利于逆温的形成。因此山区全年逆温天数多，逆温层厚，逆温强度大，持续时间也较长。

（3）城郊风。

在城市中工厂和居民要燃烧大量的燃料或使用电能，会有大量热量排放到大气中，于是便造成了市区的温度比郊区高，这个现象称为城市热岛效应。这样，城市热岛上暖而轻的空气上升，四周郊区的冷空气向城市流动，于是形成城郊环流。在这种环流作用下，城市本身排放的烟尘、汽车尾气等污染物聚积在城市上空，形成烟幕。

总之，大气颗粒物在空气中有的可以长期存在，有的可以被风携带经过很长一段距离，然后沉降或凝聚下来。迁移过程使颗粒物在大气中的空间分布发生了变化，大气湍流越强，颗粒物越易散开，并向下风向飘逸，而逆温和局地环流会使颗粒物处在地域循环当中，污染物就可能循环积累达到较高的浓度，造成封闭型和漫烟型污染。

2. 大气颗粒物的转化

大气颗粒物的转化是指颗粒物在大气中经过化学反应，化学组成和形态发生变化，同时其对环境的危害性也发生了改变。

1）形态转化

大气颗粒物中的重金属在不同的化学相中具有不同的化学活性和生物有效性，在复杂的大气环境中，化学形态发生转化，如大气颗粒物经过酸雨浸泡或湖水浸泡，残渣态向可交换态转变。

2）化学转化

颗粒物中的化学转化发生受光解、氧化还原、酸碱中和及聚合等反应影响，涉及自由基化学、光化学、催化，受大气成分、温度、压力、湿度等反应条件因素，如大气中的单质汞与有机汞的转化，溴氯化铅与氯化铵-溴氯化铅复盐的转化等。

3）植物转化

生长于空气污染环境之中的植物具有累积空气中重金属污染物的能力，树木的各个器官都可以吸收环境中的污染物（王爱霞和方炎明，2015）。植物叶片直接与空气重金属污染物接触，叶片表面通过气孔、裂隙等对重金属污染物可以持续吸收（刘玲等，2013）。但是，木本植物种类多，叶片形态差异大，吸收、转化能力各有差异。树种叶片对重金属的吸收能力不同，除与植物种类有关外，还可能受雨水径流、物候期、环境风向、叶片的内外结构、内部生理生化特征及基因差异等内外因素影响。一些研究表明，植物体内重金属的含量主要与土壤的有效态含量有关，也有一些研究表明与颗粒物和滞尘量有关。邱媛等（2007）的研究则认为降尘重金属含量为叶片重金属含量的 2～800 倍，尤其 Cd 和 Pb 分别达到了 35～800 倍和 23～187 倍。然而，叶中重金属的含量并未随叶面降尘中重金属含量的增加而显著增加，显然，叶面气孔从降尘中吸收的重金属量较少。并且 Pearson 相关分析也表明，除 Cr、Cd 元素外，大叶榕与紫荆叶片的重金属与降尘中重金属含量相关性不显著，也说明叶片气孔较少吸收来自大气沉降的重金属，仅有少部分移动性较大的 Cr、Cd 进入叶肉组织。

3. 大气颗粒物的归趋

大气颗粒物通过干、湿沉降可转移到地表土壤和地面水体中，进而通过一定的生物化学作用进入生态系统，并通过食物链传递危害人体健康。在许多工业发达国家，大气沉降对生态系统中重金属累积贡献率在各种外源输入因子中位居首位。

沉降通常有干沉降和湿沉降两种方式。干沉降是指较大颗粒物在重力作用下的沉降，或较小颗粒由于黏合性凝聚成较大的颗粒而发生的沉降。沉降速率与颗粒物的粒径、密度、空气运动黏滞系数等有关，可应用斯托克斯（Stokes）定律求出，即

$$v = \frac{gd^2(\rho_1 - \rho_2)}{1.8\eta} \tag{1-2}$$

式中，v 为沉降速率，$cm \cdot s^{-1}$；g 为重力加速度，$cm \cdot s^{-2}$；d 为粒径，cm；ρ_1 和 ρ_2 分别为颗粒物和空气的密度，$g \cdot cm^{-3}$；η 为空气黏度，Pa·s。

表 1-7 列出了应用 Stokes 定律计算密度为 $1g\cdot cm^{-3}$ 的不同粒径颗粒物在大气重力作用下的沉降速率。干沉降过程去除大气颗粒物的量只占总量的 10%～20%。湿沉降是指通过降雨、降雪等使颗粒物从大气中去除的过程，包括雨除和冲刷两种机制。雨除是指一些颗粒物通过成核作用形成云的凝结核，作为云滴的中心，通过凝结过程和碰撞过程使其增大为雨滴，进一步长大形成降雨。冲刷则是降雨时在云下面的颗粒物与降下来的雨滴发生作用，从而使颗粒物去除，对直径为 8μm 以上的颗粒物去除效率较高。湿沉降是去除大气颗粒物和痕量气态污染物的有效方法，占去除总量的 80%～90%。但是无论是干沉降还是湿沉降，对直径为 4μm 左右的颗粒物都没有明显的去除作用，可以长期存留在大气中，被气流输送扩散，造成大范围的污染。

表 1-7　不同颗粒物在重力作用下的沉降速率（王晓蓉，1993）

颗粒直径/μm	沉降速率/$cm\cdot s^{-1}$	到达地面所需时间
0.1	8×10^{-5}	2～13a
1	4×10^{-3}	13～98a
10	0.3	4～9a
100	30	3～18min

沉降到地表的颗粒物是一种来源和组成复杂的环境介质，也是大气环境污染物的重要载体（常静等，2007）。在一定外动力条件下，地表颗粒物可以再次扬起（刘春华和岑况，2007），与空气中颗粒物相互转化，也可以在地表径流的冲刷作用下进入水体。同时由于在颗粒物上所累积的重金属元素具有难降解性和持久性，是人类健康的潜在威胁。

1.1.6　大气颗粒物对环境的影响

1. 大气颗粒物对能见度的影响

能见度的降低与大气颗粒物的性质密切相关。颗粒物对能见度的降低，细粒子贡献要大于粗粒子，除粒径外，颗粒物的化学组分与能见度的降低也密切相关。空气分子对光的散射作用很小，粒径为 0.1～1.0μm 的颗粒物通过对光的散射而降低物体与背景之间的对比度，颗粒物中的炭黑和水溶性离子能吸收、散射可见光，NO_3^- 与 SO_4^{2-} 具有较高的消光系数，从而造成能见度的下降。颗粒物吸湿增长也对能见度造成影响，颗粒物中水溶性离子组分具有一定的吸湿性，其中 NO_3^-、SO_4^{2-}、NH_4^+ 作用明显，原因在于颗粒物吸湿后粒径变大，对光的散射系数影响较大，大气能见度下降。具有吸湿性的颗粒物也可以在低于饱和蒸气压情况下作为凝结核形成雾滴，对大气的光学性质产生影响，通过对光的吸收、散射和折射进而影响大气能见度，对人们生活、出行及环境生态造成不利的影响。阎逢旗等（2013）拟合得到了能见度与细粒子浓度关系的经验公式。董雪玲等（2009）也认为：大气的散射效应主要同细颗粒物有关，$PM_{2.5}$与大气能见度的线性相关系数高达0.96。

2. 大气颗粒物对人体健康的影响

颗粒物毒性与粒径、浓度、化学组分和接触时间的长短有关。粒径大小是决定其毒性的主要因素，颗粒物粒径越小，其比表面积就越大，吸附性越强，更易成为空气中硫氧化物、氮氧化物、碳组分、重金属等污染物的载体。可吸入颗粒物吸入人体以后，会在呼吸系统中累积或通过肺泡而进入血液，与体内的有机物质结合并转化为金属有机物。约有5%的$PM_{2.5}$吸附在肺壁上，并能渗透到肺部组织的深处引起气管炎、肺炎、哮喘、肺气肿和肺癌，导致心肺功能减退甚至衰竭，对人类健康有着重要影响。

颗粒物污染对人群死亡率的影响包括长期暴露产生的慢性死亡效应及短期暴露产生的急性死亡效应，诸多研究结果显示，颗粒物长期暴露对人群健康危害远大于短期暴露对居民的影响。中美科学家借助对细胞端粒的研究，发现短期暴露于$PM_{2.5}$和PM_{10}高浓度中，使人体血细胞端粒变长，主要因为人体应激反应；长期暴露可使其缩短，而细胞端粒是很多疾病如心血管病的标志，也和人的寿命相关，缩短会引发相应的疾病。科学家发现接触高水平的空气污染可能导致50岁以上人群大脑能力的退化，每立方米空气中增加10mg细粒子，调查对象的大脑能力就会出现变老3年的效果。

大气颗粒物也可能降落黏附到地面、植物叶片上或水中，通过饮食进入人体的胃肠道，对人体健康造成危害。

3. 大气颗粒物对生态的影响

颗粒物可以影响气候，直接或间接破坏环境生态系统，引起一系列生态问题。颗粒物能够直接吸收太阳辐射和红外辐射，加热整层大气的同时减少到达地面的太阳辐射，导致地面温度低，高空温度高，从而扰动地球大气系统的能量收支，直接影响气候。有文献报道，当PM_{10}浓度达$100\mu g \cdot m^{-3}$时，到达地面的紫外线减少了7.5%；当PM_{10}浓度达$600\mu g \cdot m^{-3}$时，到达地面的紫外线减少了42.7%；当PM_{10}浓度达$1000\mu g \cdot m^{-3}$时，到达地面的紫外线减少了60%。降落于植物叶片表面的颗粒物能影响植物的光合、呼吸和蒸腾作用，并使所吸附的有毒重金属物质等进入植物体内造成毒害。颗粒物含有吸湿性成分及其他化学成分，作为凝结核参与云内的微物理过程，进而影响云滴数密度、有效半径、云量及云的寿命等，最终影响气候。云雾在空中迁移流动过程中或降水对颗粒物的冲刷作用均可吸收大气中的颗粒物，其中的各种化学成分进入降水体系后，会发生一系列的复杂变化，如硫酸盐和硝酸盐粒子具有较强的酸性，可能造成酸性降水，降水进入土壤，改变土壤的pH；As能阻碍作物中水分输送，抑制根部向地上部分的水分供给；Cr可引起永久性的质壁分离并使植物组织失水；Cu 能抑制分离叶绿体中光合电子传递，阻碍光合作用中CO_2的固定；水稻种子萌发时的呼吸强度随Pb浓度增加而降低。

环境空气颗粒物中重金属含量的高低不仅影响环境空气质量，也会通过颗粒物沉降、降水沉降等过程在水体、土壤、大气中循环流动，使得整体环境质量下降，直接或间接对人们的生活和健康造成危害。

1.1.7　大气重金属的控制策略

我国对大气颗粒物的控制始于20世纪70年代中期，早期主要为TSP的控制。在TSP得到有效控制的情况下，于1996年颁布了PM_{10}空气质量标准《环境空气质量标准》（GB 3095—1996），并在全国各大中型城市推出包括PM_{10}在内的空气质量日报制度。2011年2月，国务院正式批复《重金属污染综合防治“十二五”规划》，将Pb、Hg、Cd、Cr和类金属As这五大重金属污染物作为重金属污染防治的对象。2012年颁布的《环境空气质量标准》（GB 3095—2012）除了提出环境空气中Pb的一、二级标准均为年平均$0.5\mu g\cdot m^{-3}$，季平均$1\mu g\cdot m^{-3}$外，还首次提出了Cd、Hg、As、Cr(Ⅵ)和氟化物的参考浓度限值（表1-8），标志着我国重金属污染防治从宏观管理进入大气领域具体的数值控制阶段。

表1-8　环境空气中几种重金属的参考浓度限值

<table>
<tr><th rowspan="2">序号</th><th rowspan="2">污染物项目</th><th rowspan="2">平均时间</th><th colspan="2">浓度（通量）限值</th><th rowspan="2">单位</th></tr>
<tr><th>一级</th><th>二级</th></tr>
<tr><td>1</td><td>Cd</td><td>年平均</td><td>0.005</td><td>0.005</td><td rowspan="6">μg·m⁻³</td></tr>
<tr><td>2</td><td>Hg</td><td>年平均</td><td>0.05</td><td>0.05</td></tr>
<tr><td>3</td><td>As</td><td>年平均</td><td>0.006</td><td>0.006</td></tr>
<tr><td>4</td><td>Cr(Ⅵ)</td><td>年平均</td><td>0.000025</td><td>0.000025</td></tr>
<tr><td rowspan="4">5</td><td rowspan="4">氟化物</td><td>1h平均</td><td>20①</td><td>20①</td></tr>
<tr><td>24h平均</td><td>7①</td><td>7①</td></tr>
<tr><td>月平均</td><td>1.8②</td><td>3.0③</td><td rowspan="2">μg·dm⁻²·d⁻¹</td></tr>
<tr><td>植物生长季平均</td><td>1.2②</td><td>2.0③</td></tr>
</table>

①适用于城市地区；②适用于牧业区和牧业为主的半农半牧区，蚕桑区；③适用于农业和林业区

1.2　水体中的重金属

1.2.1　水体中重金属的来源

在没有人类活动干预情况下，水体中重金属的含量取决于水与土壤、岩石等陆地表层物质的相互作用，其含量一般很低，并随着环境条件的变化，发生酸碱、沉淀、配合及氧化还原反应，趋于稳定的平衡状态。水体中的重金属除少数（如氟、砷等）与地层有关外，其他主要来自工业废水的污染，我国水体重金属污染问题十分突出，江河湖库底质的污染率高达 80.1%。水体污染物排放源主要集中在大中城市和工业发达地带。

1. 工业废水排放

在冶金、电镀、化工、采矿、印制板制造等行业的生产过程中，均会产生大量的含重金属废水，废水进入河流或湖泊使水体重金属含量明显升高。特别是随着电子、机械、汽车制造等工业的迅速发展，电镀和化学镀都得到了更广泛的应用，电镀废水产生量日渐增加。电镀废水主要来自于电镀生产过程中的清洗、镀液过滤、镀液的废弃更新及镀液的跑冒滴漏等，一般含有 Cu^{2+}、Pb^{2+}、Cr(Ⅵ，Ⅲ)、Zn^{2+}、Cd^{2+}、Ni^{2+}、As(Ⅴ，Ⅲ)、Sn(Ⅱ，Ⅳ)等多种重金属离子和乙二胺四乙酸(EDTA)、NH_3、NH_4Cl、柠檬酸、酒石酸和氰根（CN^-）等多种络合剂，成分非常复杂，重金属离子含量高，一般在 $100mg\cdot L^{-1}$ 左右，pH 低，是废水处理中的一大难点。

《2015 年环境统计年报》显示，全国废水排放总量 735.3 亿 t，工业废水排放量 199.5 亿 t，工业废水中重金属以汞、镉、六价铬、总铬、铅、砷为重点统计对象。工业行业废水重金属污染物排放情况见表 1-9。

表 1-9　工业行业废水重金属污染物排放统计表

污染物	排放量总计/t	主要行业及所占比例
汞	0.98	有色金属冶炼和压延加工业 29.4%，有色金属矿采选业 24.2%，化学原料和化学制品制造业 23.0%
镉	15.5	有色金属冶炼和压延加工业 69.7%，有色金属矿采选业 19.2%，黑色金属冶炼和压延加工业 2.6%
铅	77.9	有色金属冶炼和压延加工业 41.6%，有色金属矿采选业 39.4%，化学原料和化学制品制造业 6.2%
砷	111.6	有色金属矿采选业 38.0%，化学原料和化学制品制造业 29.5%，有色金属冶炼和压延加工业 23.8%

续表

污染物	排放量总计/t	主要行业及所占比例
六价铬	23.5	金属制品业 67.6%，黑色金属冶炼和压延加工业 10.8%，皮革、毛皮、羽毛及其制品和制鞋业 9.0%
总铬	104.4	皮革、毛皮、羽毛及其制品和制鞋业 49.8%，金属制品业 35.1%，黑色金属冶炼和压延加工业 6.2%

2. 底泥沉积物中重金属的释放

工业排放的酸、碱、盐、表面活性剂废水，不仅改变水体的 pH，还破坏水体的自然缓冲作用，杀死或抑制细菌和微生物的生长，妨碍水体的自净作用，破坏金属的平衡状态，造成重金属从悬浮物或底泥沉积物中重新释放的二次污染问题。诱发重金属释放的因素主要有以下几种。

1）盐浓度升高

排放到水体中的碱金属和碱土金属阳离子可将被吸附在固体颗粒上的金属离子交换出来，这是金属从沉积物中释放出来的主要途径之一。例如，水体中 Ca^{2+}、Na^{+}、Mg^{2+}对悬浮物或底泥中 Cu、Pb 和 Zn 的交换释放作用，在 $0.5mo1 \cdot L^{-1}$ Ca^{2+}作用下，悬浮物中的 Pb、Cu、Zn 可以解吸出来，这三种金属被 Ca^{2+}交换的能力不同，其顺序为 Zn＞Cu＞Pb。

2）氧化还原下降

如果排入水体的还原性物质较多，使一定深度以下沉积物中的氧化还原电位急剧升高，使铁、锰氧化物部分或全部溶解，被其吸附或与之共沉淀的重金属离子也会同时释放出来。

3）pH 降低

水体酸性增强的原因主要来自工业酸性废水排放，在无明显工业酸性废水排放的环境中，也可能来自酸性降水。多年来，国际上一直把雨水与天然本底 CO_2 平衡时的 pH 为 5.6 作为判断酸雨的界限。水体酸性增强，导致碳酸盐和氢氧化物的溶解，H^{+}的竞争作用增加了金属离子的解吸量。在一般情况下，沉积物中重金属的释放量随着反应体系 pH 的升高而降低。其原因既有 H^{+}的竞争吸附作用，也有金属在低 pH 条件下致使金属难溶盐类及配合物的溶解等。因此，酸性水体中，水中金属的浓度往往很高。

4）配合剂含量的增加

重金属难溶盐在亲和力很强或浓度很大配体的作用下，就会发生溶解或转化，这是一个普遍规律。天然或合成的配合剂排放量增加，能和重金属形成可溶性配合物，有时这种配合物稳定度较大，使重金属从固体颗粒上解吸下来。例如，在

无配体的中性 $Hg(OH)_2$ 与 HgS 溶液中，Hg 的质量浓度为 $0.039mg \cdot L^{-1}$，Cl^-浓度为 $1mol \cdot L^{-1}$ 时，则它们的溶解度分别增加 10^5 和 10^7，这是因为高浓度的 Cl^-与 Hg^{2+} 发生强的络合作用。

5）表面活性剂含量的增加

由于表面活性剂具有显著改变液体和固体表面的各种性质的能力，而被广泛用于纤维、造纸、塑料、日用化工、医药、金属加工、选矿、石油、煤炭等各行各业，仅合成洗涤剂一项，年产量已超过 130 万 t，且主要以各种废水进入水体。它具有乳化和分散作用，使其他不溶于水的物质分散于水体，造成携带的重金属的分散溶解。

1.2.2　水体中重金属的迁移与转化

重金属在水体中的迁移，主要是指某些化学物质在水环境中空间位置的移动，由此而发生的元素的分散和富集现象。重金属在水体中的转化，是指从一种存在形态转变成另一种形态或另一种物质的过程，主要通过吸附、沉淀-溶解、氧化-还原、络合、生物降解等作用实现。多数情况下，重金属污染物在水环境中的迁移和转化是同时进行的，不同重金属元素本身所具有的化学活性、水解能力、络合能力和吸附能力不同，一般来说，由共价键键合的化合物容易进行气迁移；由离子键键合的化合物容易进行水迁移。环境酸碱度对污染物迁移影响很大，多数重金属在强酸性环境下能形成易溶性化合物，有较高的迁移能力，如钙、锶、钡、镭、镉等迁移；对于硒、钼和五价钒等则在碱性环境下能形成可溶性的化合物，碱性环境则有利于硒、钼和五价钒的迁移。

1. 水体流动与分散作用

1）水体流动迁移

水体流动迁移作用是金属元素在水流作用下发生的迁移运动。质点之间及污染物质点与水分子之间发生相互碰撞、混合，比较简单的计算方法如下（陈景文和全燮，2009）：

$$p_x = u_x c \quad p_y = u_y c \quad p_z = u_z c \tag{1-3}$$

式中，p_x、p_y、p_z 分别为 x、y、z 方向上的流动迁移通量，$kg \cdot m^{-2} \cdot s^{-1}$；$u_x$、$u_y$、$u_z$ 分别为水流速在空间 x、y、z 三个方向上的分量，$m \cdot s^{-1}$；c 为水中金属元素的浓度，$kg \cdot m^{-3}$。

水体对金属元素的流动迁移作用只能改变其空间位置，不能改变其浓度。

2）分散作用

重金属在水体中的分散作用包括分子扩散（molecular diffusion）、湍流扩散（turbulent diffusion）和弥散（dispersion）。

（1）分子扩散。

分子扩散是由污染物分子的随机运动引起的，其质量通量与扩散物质的浓度梯度成正比，即

$$D_x^1 = -S_{\mathrm{m}}\frac{\partial c}{\partial x} \quad D_y^1 = -S_{\mathrm{m}}\frac{\partial c}{\partial y} \quad D_z^1 = -S_{\mathrm{m}}\frac{\partial c}{\partial z} \tag{1-4}$$

式中，D_x^1、D_y^1、D_z^1分别为 x、y、z 方向上由分子扩散导致的污染物扩散通量，$\mathrm{kg \cdot m^{-2} \cdot s^{-1}}$；$c$为水中污染物的浓度，$\mathrm{kg \cdot m^{-3}}$；$S_{\mathrm{m}}$为分子扩散系数，$\mathrm{m^2 \cdot s^{-1}}$。

（2）湍流扩散。

湍流流场中，污染物质点之间及污染物质点与水分子之间由于各自的不规则运动而发生相互碰撞、混合。湍流扩散规律可以用菲克（Fick）第一定律表达：

$$D_x^2 = -S_x\frac{\partial \overline{c}}{\partial x} \quad D_y^2 = -S_y\frac{\partial \overline{c}}{\partial y} \quad D_z^2 = -S_z\frac{\partial \overline{c}}{\partial z} \tag{1-5}$$

式中，D_x^2、D_y^2、D_z^2分别为 x、y、z 方向上由湍流扩散导致的污染物扩散通量，$\mathrm{kg \cdot m^{-2} \cdot s^{-1}}$；$\overline{c}$为水中污染物的时间平均浓度，$\mathrm{kg \cdot m^{-3}}$；$S_x$、$S_y$、$S_z$分别为$x$、$y$、$z$方向上湍流扩散系数，$\mathrm{m^2 \cdot s^{-1}}$。

（3）弥散。

弥散作用是由水体横断面上的实际流速分布不均匀引起的，可以这样描述：

$$D_x^3 = -S_x\frac{\partial \overline{\overline{c}}}{\partial x} \quad D_y^3 = -S_y\frac{\partial \overline{\overline{c}}}{\partial y} \quad D_z^3 = -S_z\frac{\partial \overline{\overline{c}}}{\partial z} \tag{1-6}$$

式中，D_x^3、D_y^3、D_z^3分别为 x、y、z 方向上由弥散作用导致的污染物扩散通量，$\mathrm{kg \cdot m^{-2} \cdot s^{-1}}$；$\overline{\overline{c}}$为水中污染物的时间平均浓度的空间平均值，$\mathrm{kg \cdot m^{-3}}$；$S_x$、$S_y$、$S_z$分别为$x$，$y$，$z$方向上的弥散系数，$\mathrm{m^2 \cdot s^{-1}}$。

3）重力沉降

吸附于水体颗粒物上的污染物可以发生物理性重力沉降（gravity settling）或胶体颗粒沉降。对于球形颗粒物，在静止水体中的重力沉降速率也可用斯托克斯定律描述：

$$v = \frac{gd^2(\rho_1 - \rho_2)}{1.8\eta} \tag{1-7}$$

式中，v为沉降速率，$\mathrm{cm \cdot s^{-1}}$；g 为重力加速度，$\mathrm{cm \cdot s^{-2}}$；d 为粒径，cm；ρ_1、ρ_2分别为颗粒物、水体的密度，$\mathrm{g \cdot cm^{-3}}$；η为水体黏度，Pa·s。

2. 水中颗粒物的吸附作用

水环境中胶体颗粒的吸附作用大体可分为表面吸附、离子交换吸附和专属吸附等。

首先，由于胶体具有巨大的比表面积和表面能，颗粒比表面积越大，所产生的表面吸附能也越大，颗粒的吸附作用也就越强，它属于物理吸附。

其次，由于环境中大部分颗粒物带负电荷，容易吸附各种阳离子，在吸附过程中，颗粒物吸附一部分金属阳离子的同时，也放出等量的其他阳离子，因此这种吸附称为离子交换吸附，属于物理化学吸附。

最后，在吸附过程中，除化学键的作用外，尚有加强的憎水键和范德瓦耳斯（van der Waals）力或氢键在起作用，属于专属吸附。专属吸附作用不但可使表面电荷改变符号，而且可使离子化合物吸附在同号电荷的表面上。水合氧化物胶体对重金属离子具有较强的专属吸附作用，这种吸附作用发生在胶体双电层的 Stern 层（紧密双层）中，被吸附的金属离子进入 Stern 层后，不能被通常提取交换性阳离子的提取剂提取，只能被亲和力更强的金属离子取代，或在强酸性条件下解吸。专属吸附的另一特点是它在中性表面甚至在与吸附离子带相同电荷符号的表面也能进行吸附作用。例如，水锰矿对碱金属（K、Na）及过渡金属（Co、Cu、Ni）离子的吸附特性就很不相同。对于碱金属离子，在低浓度时，当体系 pH 在水锰矿零电位点（ZPC）以上时，发生吸附作用，这表明该吸附作用属于离子交换吸附。而对于 Co、Cu、Ni 等离子的吸附则不相同，当体系 pH 在 ZPC 处或小于 ZPC 时，都能进行吸附作用，这表明水锰矿不带电荷或带正电荷均能吸附过渡金属元素。表 1-10 列出水合氧化物对金属离子的专属吸附与非专属吸附的区别。

表 1-10　水合氧化物对金属离子的专属吸附与非专属吸附的区别（陈静生，1987）

项目	非专属吸附	专属吸附
发生吸附的表面净电荷的符号	−	−、0、+
金属离子所起的作用	反离子	配位离子
吸附时所发生的反应	阳离子交换	配体交换
发生吸附时要求体系的 pH	＞零电位点	任意值
吸附发生的位置	扩散层	内层
对表面电荷的影响	无	负电荷减少，正电荷增加

3. 沉淀-溶解

溶解和沉淀是污染物在水环境中迁移的重要途径。重金属污染物在水体中迁移能力可直观地用溶解度的大小来衡量，溶解度大，迁移能力大。溶度积是表征溶解度的基本参数，溶解态重金属离子的浓度遵守溶度积原则。在环境介质中，溶液中可溶性组分复杂，溶解反应常常是多种离子相互制约、相互作用，并受水体酸度和大气中溶解性气体如 CO_2 形成的碳酸盐或硫化物等的影响。

在溶解和沉淀现象的研究中，平衡关系和反应速率两者都是重要的。知道平衡关系就可预测污染物溶解或沉淀的方向，并可以计算平衡时溶解或沉淀的量。但是经常发现用平衡计算所得结果与实际观测值相差甚远，造成这种差别的原因有很多，但主要是自然环境中非均相沉淀-溶解过程影响因素较为复杂所致，例如，①某些非均相平衡进行得缓慢，在动态环境下不易达到平衡；②根据热力学，对于一组给定条件预测的稳定固相不一定就是所形成的相。

4. 氧化-还原

环境中的重金属在氧化还原条件下，很容易出现接受或失去电子而发生价态变化，结果使化学性质发生变化。在天然水或污水体系中，许多氧化还原反应非常缓慢，很少达到理论上的热力学平衡状态，即使达到平衡，往往也是在局部区域内，如海洋或湖泊中。在接触大气的表层与沉积物的最深层之间，氧化还原环境有着显著的差别，表层水由于可以被大气中的氧饱和，成为相对氧化性介质，元素将以氧化态存在，铁形成 $Fe(OH)_3$ 沉淀；深层水中的元素都将以还原态存在，铁形成可溶性 Fe^{2+}。在两者之间有无数个局部的中间区域，它们是混合或扩散不充分及各种生物活动所造成的。所以，实际体系中存在的是几种不同程度的氧化还原反应的混合。但平衡体系的设想或平衡计算，可提供体系必然发展趋向的边界条件。

还原剂和氧化剂可以定义为电子给予体和电子接受体，pE 可以定义为

$$pE = -\lg a_e \tag{1-8}$$

式中，a_e 为水溶液中电子的活度。

pE 为平衡状态下（假想）的电子活度，它衡量溶液接受或给出电子的相对趋势，在还原性很强的溶液中，其趋势是给出电子。从 pE 概念可知，pE 越小，电子浓度越高，体系给出电子的能力就越强，离子倾向以还原态存在。反之 pE 越大，电子浓度越低，体系接受电子的倾向就越强。

水中主要的氧化剂有溶解氧、Fe(Ⅲ)、Mn(Ⅱ)和 S(Ⅵ)，其被还原后依次转变为 H_2O、Fe(Ⅱ)、Mn(Ⅲ)和 S(−Ⅱ)。天然水体中，在氧化还原体系中往往有 H^+或 OH^-参与转移，因此，pE 除了与氧化态和还原态浓度有关外，还受到体系 pH 的影响。例如，某一金属可以有不同的金属氧化态、羟基配合物及不同形式的固体金属氧化物或氢氧化物存在于用 pE-pH 图所描述的不同区域内，大部分水体中都

含有碳酸盐和许多硫酸盐及硫化物，因此可以有各种金属的碳酸盐、硫酸盐及硫化物在各种不同区域中占主要地位。

5. 配合作用

配合作用和反应速率等的原理与机制，可以用配合物化学的基本理论予以描述。天然水体中重要的无机配体有 OH^-、Cl^-、I^-、F^-、HCO_3^-、SO_4^{2-}、PO_4^{3-}、S^{2-}等。环境中的有机配位体主要是各种氨基酸、糖、腐殖质等化合物，也包括生活废水中的氨、洗涤剂、清洁剂、氨三乙酸（NTA）、EDTA、农药和大部分环状化合物等。当环境中存在大量无机或有机配位体，特别是 Cl^-、SO_4^{2-} 大量存在时，可促进汞、锌、镉、铅的迁移。环境中无机胶体有蒙脱石、高岭土等黏土矿物和硅、铝、铁的水合氧化物，当环境中有大量蒙脱石和腐殖酸时，便可加大上述金属的迁移。

1）配合物在溶液中的稳定性

配合物在溶液中的稳定性是指配合物在溶液中离解成中心离子（原子）和配体，当离解达到平衡时离解程度的大小。生成常数（稳定常数）是衡量配合物稳定性大小的尺度。例如，Cd^{2+}与 Cl^-的逐级配合作用：

$$Cd^{2+} + Cl^- \rightleftharpoons CdCl^+ \qquad K_1 = 34.7 \qquad \beta_1 = 34.7$$

$$CdCl^+ + Cl^- \rightleftharpoons CdCl_2^0 \qquad K_2 = 4.57 \qquad \beta_2 = 158$$

$$CdCl_2^0 + Cl^- \rightleftharpoons CdCl_3^- \qquad K_3 = 1.26 \qquad \beta_3 = 200$$

$$CdCl_3^- + Cl^- \rightleftharpoons CdCl_4^{2-} \qquad K_4 = 0.2 \qquad \beta_4 = 40$$

式中，K_1、K_2、K_3、K_4 为配合物的逐级生成常数；β_1、β_2、β_3、β_4 为累积生成常数。当体系离子强度为 $1.0mol \cdot L^{-1}$，在 25℃和 1.013×10^5 Pa 条件下，这些常数是适用的。如果限制体系 pH 低至 $CdOH^+$羟基配合物可忽略时，则可得

$$[Cd]_T = [Cd^{2+}] + [CdCl^+] + [CdCl_2^0] + [CdCl_3^-] + [CdCl_4^{2-}]$$

各种氯配合物占金属总量的百分数若以 ψ 表示，则

$$\psi_0 = [Cd^{2+}]/[Cd]_T = 1/\{1 + \beta_1[Cl^-] + \beta_2[Cl^-]^2 + \beta_3[Cl^-]^3 + \beta_4[Cl^-]^4\}$$

$$\psi_1 = [CdCl^+]/[Cd]_T = \psi_0 \beta_1[Cl^-]$$

$$\psi_2 = [CdCl_2^0]/[Cd]_T = \psi_0 \beta_2[Cl^-]^2$$

$$\psi_3 = [CdCl_3^-]/[Cd]_T = \psi_0 \beta_3[Cl^-]^3$$

$$\psi_4 = [CdCl_4^{2-}]/[Cd]_T = \psi_0 \beta_4[Cl^-]^4$$

若以氯配合物的 ψ 或 $\lg\psi$ 与 pCl 作图（图 1-5），就可观察到当 pCl 改变时，主要含镉的形态也发生相应的变化，在很低的 pCl 下，体系以 $CdCl_4^{2-}$ 形态为主，在高 pCl 条件下，则以 Cd^{2+}为主。

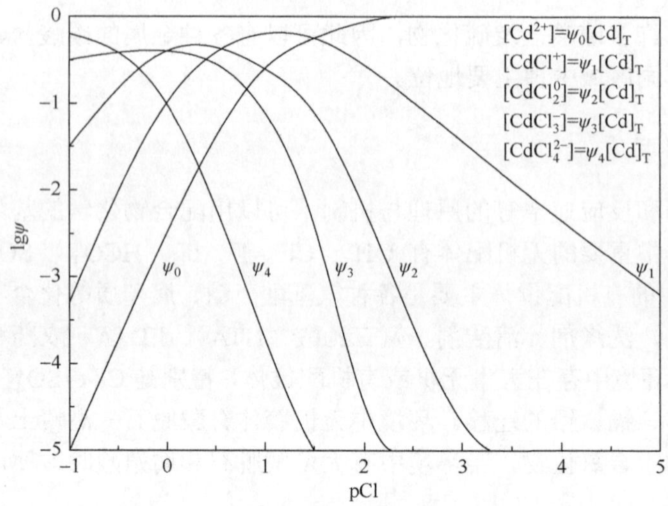

图 1-5　Cd^{2+}-Cl^-体系的逐级配合作用

2）腐殖质的配合作用

有机配体对水质影响最大的是腐殖质，它由生物体腐败后在土壤、水和沉积物中转化而成。腐殖质是有机高分子物质，分子量在 300～30000 以上。一般根据其在碱和酸溶液中的溶解度划分为三类：①腐殖酸，分子量由数千到数万；②富里酸，分子量由数百到数千；③腐黑物，不能被酸和碱提取的部分。

腐殖质在结构上的显著特点是除含有大量苯环外，还含有大量羧基、醇基和酚基。

富里酸单位质量含有的含氧官能团数量较多，因而亲水性也较强。腐殖质与环境有机物之间的作用主要涉及吸附效应、溶解效应、对水解反应的催化作用、对微生物过程的意义及光敏效应和猝灭效应等，但腐殖质与金属离子生成配合物是它们最重要的环境性质之一。Hg 和 Cu 有较强的配合能力，在淡水中有大于 90% 的 Cu、Hg 与腐殖酸配合，特别是 Hg，许多阳离子如 Li^+、Na^+、Co^{2+}、Mn^{2+}、Ba^{2+}、Zn^{2+}、Mg^{2+}、La^{3+}、Fe^{3+}、Al^{3+}、Ce^{3+}、Th^{4+}都不能置换 Hg。水体的 pH、氧化还原电位（E_h）等都影响腐殖酸和重金属配合作用的稳定性。

6. 生物迁移

地表是生物有机体活动的场所，因而在这里进行着以有机质的形成和分解为内容的物质的生物小循环过程。生物体内的化学元素组成受环境条件的控制，而生物体的遗传性和生物循环本身又给地表自然环境中化学物质的迁移过程以巨大的影响。地表具有高低起伏的地形，因而在这里进行着以化学物质按地形部位的再分配和再组成为中心内容的物质的地质大循环过程。地表是人类生存和居住的场所，人类对矿物资源的开发、利用及有关的工农业生产活动都影响物质的迁移过程。

（1）生物降解指污染物在生物体内通过溶解、酶解、细胞吞噬等作用，将污染物转化成无毒或低毒的过程。

（2）生物转化是指通过生物体的新陈代谢和生长、死亡等过程所进行的迁移。这是一种复杂的迁移，服从于生物学规律。

1.3　土壤中的重金属

1.3.1　土壤的组成

土壤固相包括土壤矿物质和土壤有机质。土壤矿物质是岩石经过物理风化和化学风化形成的，占土壤成分的 90%以上。从元素组成分析，土壤主要含有氧、硅、铝、铁、钙、钠、钾、镁、氢等元素，其中氧、硅、铝、铁四大元素占总质量的 88.7%以上；从化学组成分析，二氧化硅、三氧化二铝、三氧化二铁占总质量的 75%以上。从土壤粒径分析，我国土壤粒级划分为石块、石砾、砂粒、粉粒和黏粒五个粒级。由不同的粒级混合在一起所表现出来的土壤粗细状况，称为土壤质地，我国（1987年）按砂粒、粗粉粒、胶粒三种粒级的百分含量，划分为砂土、两合土（壤土）、黏土，三个质地组 12 级质地号。从土壤深度分析，从地面到地下又可分为覆盖层（A_0）、淋溶层（A）、淀积层（B）、母质层（C）和基岩（D）五个层次。

由于土壤既继承了成土母质的性质，又受到风化和成土过程中各种环境要素的影响，因此，土壤成为多种多样的极为复杂的自然体。多年来土壤科学的研究已证明，土壤中常量元素如硅、铁、铝、钙元素的含量及若干性质如酸度、次生矿物组成、腐殖酸组成等的变化规律遵从土壤的高级分类系统或地带性分布规律（唐诵六，1987）。然而，土壤中重金属元素的含量变化主要遵从土壤赖以发育的母岩性质，而并不遵从现行的土壤高级分类系统及其地带性分布规律，只在土类的划分与母岩一致的场合才是符合的。因此，在进行土壤环境背景值或其他环境研究时，对微量重金属元素在同一大类的岩石中，还应做进一步的划分，对于母岩的种类和化学成分必须给予更多的重视。

1.3.2　土壤的性质

1. 土壤胶体的电性

土壤胶体微粒具有双电层，微粒的内部称微粒核，一般带负电荷，形成一个负离子层（决定电位离子层），其外部由于电性吸引而形成两个正离子层（又称反离子层，包括非活动性离子层和扩散层），即合称为双电层。决定电位层与液体间的电位差通常称为热力电位，在一定的胶体系统内它是不变的。在非活动性离子层与液体间的电位差称为电动电位，它的大小视扩散层厚度而定，随扩散层厚度增大而增大。扩散层厚度取决于补偿离子的性质和电荷数量多少，而水化程度大的补偿离子（如 Na^+）形成的扩散层较厚；反之，扩散层较薄。

2. 土壤胶体的吸附性

土壤胶体具有巨大的比表面积和表面能，土壤胶体以其巨大的比表面积和带电性而具有吸附性。

在土壤胶体双电层的扩散层中，补偿离子可以和土壤溶液中相同电荷的离子以离子价为依据作等价交换，称为离子交换（或代换）。土壤胶体以阳离子交换吸附作用为主，土壤胶体吸附的阳离子，可与土壤溶液中的阳离子进行交换，其交换反应如下：

$$\boxed{\text{土壤胶体}}\begin{matrix} Na^+ \\ Na^+ \end{matrix} + Ca^{2+} \rightleftharpoons \boxed{\text{土壤胶体}}—Ca^{2+} + 2Na^+$$

土壤胶体阳离子交换过程除以离子价为依据进行等价交换外，各种阳离子交换能力的强弱主要依赖于电荷数及离子半径和水化程度。离子电荷数越高，阳离子交换能力越强；同价离子中，离子半径越大，水化离子半径就越小，因而具有较强的交换能力。土壤中一些常见阳离子的交换能力顺序如下：

$$Fe^{3+} > Al^{3+} > H^+ > Ba^{2+} > Sr^{2+} > Ca^{2+} > Mg^{2+} > Cs^+ > Rb^+ > NH_4^+ > K^+ > Na^+ > Li^+$$

土壤质地越细，阳离子交换量越高，相同土壤质地的阳离子交换量顺序为有机胶体＞蒙脱石＞水化云母＞高岭土＞含水氧化铁、铝。因为土壤胶体表面—OH基团的解离受 pH 影响，所以 pH 下降，土壤负电荷减少，阳离子交换量降低，反之，交换量增大。土壤胶体中，SiO_2/R_2O_3（R 代表三价阳离子）值越大，其阳离子交换量越大，当 SiO_2/R_2O_3 小于 2，阳离子交换量显著降低。

3. 土壤的酸碱性

土壤表现出不同的酸性或碱性，根据土壤的酸度可将土壤划分为 9 个等级，如表 1-11 所示。我国土壤的 pH 大多在 4.5～8.5，并有由南向北 pH 递增的规律性，长江（北纬 33°）以南的土壤多为酸性和强酸性，如华南、西南地区广泛分布的红壤、黄壤，pH 大多在 4.5～5.5，有少数低至 3.6～3.8；华中、华东地区的红壤 pH 在 5.5～6.5。长江以北的土壤多为中性或碱性，如华北、西北的土壤大多含 $CaCO_3$，pH 一般在 7.5～8.5，少数极强碱性土壤的 pH 高达 10.5。

表 1-11　土壤酸碱度分级

酸碱度分级	pH	酸碱度分级	pH
极强酸性	<4.5	弱碱性	7.0～7.5
强酸性	4.5～5.5	碱性	7.5～8.5
酸性	5.5～6.0	强碱性	8.5～9.5
弱酸性	6.0～6.5	极强碱性	>9.5
中性	6.5～7.0		

根据土壤中 H^+的存在方式，土壤酸度可分为两大类：活性酸度和潜性酸度。活性酸度是土壤中 H^+浓度的直接反映，又称为有效酸度，通常用 pH 表示。潜性酸度的来源是土壤胶体吸附的可代换性 H^+和 Al^{3+}。当这些离子处于吸附状态时，是不显酸性的，但当它们通过离子交换作用进入土壤溶液之后，即可明显增加土壤溶液的 H^+浓度，使土壤 pH 降低。其中用中性盐（NaCl 或 KCl）溶液淋洗土壤，溶液中金属离子与土壤中 H^+和 Al^{3+}发生离子交换作用，而表现出的酸度，称为代换性酸度。近代研究已经确认，代换性 Al^{3+}是矿物质中潜性酸度的主要来源，如红壤中的潜性酸度 95%以上是代换性 Al^{3+}产生的，可表示为

$$\boxed{\text{土壤胶体}}—H^+ + KCl \rightleftharpoons \boxed{\text{土壤胶体}}—K^+ + HCl$$

$$\boxed{\text{土壤胶体}}—Al^{3+} + 3KCl \rightleftharpoons \boxed{\text{土壤胶体}}\begin{cases}K^+\\K^+\\K^+\end{cases} + AlCl_3$$

$$AlCl_3 + 3H_2O \rightleftharpoons Al(OH)_3 + 3HCl$$

用弱酸强碱盐（如乙酸钠）溶液淋洗土壤，溶液中金属离子可以被土壤胶体吸附的 H^+、Al^{3+}代换出来，同时生成弱酸，该弱酸的酸度称为水解酸度，可表示为

$$H^+—\boxed{\text{土壤胶体}}—Al^{3+} + 4CH_3COONa \longrightarrow$$

$$Na^+—\boxed{\text{土壤胶体}}\begin{cases}Na^+\\Na^+\\Na^+\end{cases} + CH_3COOH + Al^{3+} + 3CH_3COO^-$$

$$\xrightarrow{3H_2O} Na^+—\boxed{\text{土壤胶体}}\begin{cases}Na^+\\Na^+\\Na^+\end{cases} + Al(OH)_3 + 4CH_3COOH$$

土壤的活性酸度是土壤酸度的根本起点和现实表现；土壤胶体是 H^+和 Al^{3+}的贮存库，潜性酸度是活性酸度的储备，两者可以相互转化，一定条件下处于暂时平衡状态。土壤的潜性酸度往往比活性酸度大得多，二者比例在砂土中约为 1000；在有机质丰富的黏土中可高达 5×10^4～1×10^5。

4. 土壤的氧化还原性

氧化还原反应是土壤中无机物和有机物发生迁移转化，并对土壤生态系统产生重要影响的化学过程。土壤中主要氧化还原体系见表 1-12。

表 1-12 土壤中的主要氧化还原体系（戴树桂，2006）

体系	氧化态	还原态	体系	氧化态	还原态
铁体系	Fe(Ⅲ)	Fe(Ⅱ)	氮体系	NO_3^-	NO_2^-
锰体系	Mn(Ⅳ)	Mn(Ⅱ)		NO_3^-	NO_2
硫体系	SO_4^{2-}	H_2S		NO_3^-	NH_4^+
有机碳体系	CO_2	CH_4			

高价金属离子如 Fe(Ⅲ)、Mn(Ⅳ)、V(Ⅴ)、Ti(Ⅳ)等，是土壤中重要的氧化剂。此外，土壤中的根系和土壤生物也是土壤发生氧化还原反应的重要参与者。

土壤氧化还原能力的大小可以用土壤的 E_h 来衡量，其值是以氧化态物质与还原态物质的相对浓度比为依据的。一般旱地土壤的 E_h 为 + 400～ + 700mV；水田的 E_h 为–200～ + 300mV。根据土壤的 E_h 值可以确定土壤中有机物和无机物可能发生的氧化还原反应和环境行为。

变价金属离子在土壤中不同氧化还原条件下的迁移转化行为与水环境相似。

当土壤 E_h＞700mV 时，土壤完全处于氧化条件下；当 E_h 值在 400～700mV 时，土壤中氮素主要以 NO_3^- 形式存在；当 E_h＜400mV 时，反硝化开始发生；当 E_h＜200mV，出现大量的 NH_4^+。当土壤渍水时，E_h 值降至–100mV，Fe^{2+}浓度已经超过 Fe^{3+}，E_h＜–200mV 时，H_2S 大量产生，就会产生 FeS 沉淀，其迁移能力降低。

5. 土壤的凝聚性和分散性

由于土壤胶体的比表面积和表面能都很大，为减小表面能，胶体具有互相吸引、凝聚的趋势，这就是胶体的凝聚性。但是在土壤溶液中，土壤胶体常带负电荷，即具有负的电动电位，所以胶体微粒又因相同电荷而相互排斥，电动电位越高，相互排斥力越强，胶体微粒呈现出的分散性也越强。影响土壤凝聚性的主要因素是土壤胶体的电动电位和扩散层厚度，一般，土壤溶液中常见阳离子的凝聚作用能力由小到大排列顺序为 Na^+、K^+、NH_4^+、H^+、Mg^{2+}、Ca^{2+}、Al^{3+}、Fe^{3+}。此外，土壤溶液中电解质浓度、pH 也将影响其凝聚性。

1.3.3　土壤重金属污染的特点

1）隐蔽性和滞后性

土壤的重金属污染往往先作用在农作物（如粮食、蔬菜、水果）及动物（如家畜、家禽等）上，通过食物链间接进入人体，再通过人体的健康情况反映出来。因此，从污染源进入土壤到人类出现健康问题，有一段很长的滞后时间。例如，日本的“痛痛病”“水俣病”事件都经过了 10～20 年的时间才被人们所认识。

2）累积性

重金属污染物质在土壤中容易被土壤粒子吸附，或者被动植物富集，迁移速率较小，因此容易在土壤中不断积累，同时也使土壤污染具有很强的地域性。

3）污染判定复杂

土壤重金属污染的判定比较复杂，到目前为止，国内外尚未制定出类似于水和大气的判定标准。因为土壤中污染物的含量与农作物生长发育之间的因果关系十分复杂，有时污染物的含量超过土壤背景值，或植物体内含量明显增高，但并未影响植物的正常生长（如元素 Se）。有时植物生长已受影响，但植物内未见污染物的积累。

4）土壤重金属污染难以治理

积累在土壤中的重金属污染物，只能从一种形式转化成另一种形式，很难靠降解、迁移扩散等作用消除，重金属的污染几乎是不可逆的过程。因此，土壤一旦被污染后很难恢复，且治理需要的成本较高，周期较长。

1.3.4　土壤中重金属的主要来源

土壤作为开放的缓冲动力学体系，在与周围的环境进行物质和能量的交换过程中，不可避免地会有外源重金属进入其中。重金属无论是污染水体，还是污染大气，最终都会循环至土壤，造成土壤污染。中国环境监测总站的资料显示，我国土壤重金属污染中最严重的是镉污染、汞污染、血铅污染和砷污染。从 2009 年至今，我国已有 30 多起重特大重金属污染事件，这些事件涉及甘肃、陕西、安徽、河南、湖南、福建、广东等省。经统计，我国 24 个省（市）城郊、污水灌溉区、工矿等经济发展较快地区的 320 个重点污染区中，污染超标的大田农作物种植面积为 60.6 万 hm^2（郑志侠等，2013）。

1. 金属矿山酸性废水

金属矿山的开采、冶炼、重金属尾矿、冶炼废渣和矿渣堆放等，其中的重金属离子可被酸性废水溶出，随着矿山排水和降水进入水环境（如河流等）或直接进入土壤，都可以间接或直接地造成土壤重金属污染。矿山酸性废水重金属污染的范围一般在矿山的周围或河流的下游，在河流中不同河段的重金属污染往往受污染源（矿山）控制，污染源下游河段，由于金属元素迁移能力减弱、河水稀释和水体自净作用，重金属化学污染强度随水流方向逐渐降低。例如，江西乐安江洁口—中洲由于遭受德兴铜矿的污染，水体及土壤中的重金属 Cu、Pb、Zn、Cr 含量增高，至鄱阳湖段重金属含量逐渐降低。美国科罗拉多州科罗拉多河流域受采矿的影响，重金属元素 Cd、Zn、Pb、As 的浓度，以污染源为最高，之后随着与污染源距离延长而逐渐降低。莱茵河重金属污染，来自一个大型铜矿，导致重金属浓度远远超过当地背景值。流域重金属污染随季节变化而异，枯水期重金属的含量明显高于丰水期。河流流速减缓可以导致该流段重金属含量增加。

2. 含重金属废弃物堆积

含重金属废弃物种类繁多，不同种类其危害方式和污染程度都不一样。污染的范围一般以废弃堆为中心向四周扩散。由于废弃物种类不同，各重金属污染程度也不尽相同，例如，铬渣堆存区的 Cd、Hg、Pb 为重度污染，Zn 为中度污染，Cr^{6+}、Cu 为轻度污染。

《2015 年环境统计年报》统计，全国一般工业固体废物产生及处理情况见表 1-13。

表 1-13 全国一般工业固体废物产生及处理情况

年份	产生量/万 t	综合利用量①/万 t	贮存量/万 t	处置量②/万 t	倾倒丢弃量/万 t
2011	322772	195215	60424	70465	433
2012	329044	202462	59786	70745	144
2013	327702	205916	42634	82970	129
2014	325620	204330	45033	80388	59
2015	327079	198807	58365	73034	56
变化率/%	0.4	−2.7	29.6	−9.1	−6.1

①综合利用量：包括综合利用往年贮存量；②处置量：包括处置往年贮存量

全国一般工业固体废物产生量中，重点统计调查的工业企业产生量为 31.1 亿 t，占全国一般工业固体废物产生量的 95.1%，重点调查企业产生的工业固体废物中，尾矿为 95501 万 t，粉煤灰 43785 万 t，煤矸石产生量 38692 万 t，冶炼废渣产生量

33903 万 t，炉渣产生量 31733 万 t；综合利用量尾矿为 27262 万 t、粉煤灰 38117 万 t、煤矸石 25766 万 t、冶炼废渣 31110 万 t、炉渣 28123 万 t。

2015 年，一般工业固体废物产生量超过 1 亿 t 的行业依次为黑色金属矿采选业 6.1 亿 t，电力、热力生产和供应业 6.0 亿 t，黑色金属冶炼和压延加工业 4.3 亿 t，煤炭开采和洗选业 3.9 亿 t，有色金属矿采选业 3.8 亿 t，化学原料和化学制品制造业 3.3 亿 t，有色金属冶炼和压延加工业 1.3 亿 t，分别占重点调查工业企业固体废物产生量的 19.5%、19.2%、13.7%、12.6%、12.4%、10.6%和 4.2%，7 个行业合计 92.2%。

城市垃圾堆放场含重金属垃圾也会向周边环境释放一定量的重金属。通过对武汉市垃圾堆放场、杭州某铬渣堆存区、城市生活垃圾场及车辆废弃场附近土壤中的重金属污染的研究发现，这些区域的重金属 Cd、Hg、Cr、Cu、Zn、Ni、Pb、As、Sb、V、Co、Mn 的含量高于当地土壤背景值，重金属在土壤中的含量和形态分布特征受其垃圾中释放率的影响，且随距离的加大重金属的含量降低。

3. 灌溉用水

由于水资源短缺，近年来污水灌溉已成为农业灌溉用水的重要组成部分。污水灌溉一般指使用经过一定处理的城市污水灌溉农田、森林和草地。城市污水包括生活污水、商业污水和工业废水。由于城市工业化的迅速发展，大量的工业废水涌入河道，使城市污水中含有的许多重金属离子，随着污水灌溉而进入土壤。在分布上，往往是靠近污染源头和城市工业区，土壤污染越严重，远离污染源头和城市工业区，土壤几乎不受污染。我国自 20 世纪 60 年代至今，污灌面积迅速扩大，以北方旱作地区污灌最为普遍，占全国污灌面积的 90%以上。南方地区的污灌面积仅占 6%，其余在西北和青藏地区。污灌导致土壤重金属 Hg、Cd、Cr、As、Cu、Zn、Pb 等含量的增加。淮阳污灌区自污灌以来，金属 Hg、Cd、Cr、Pb、As 等就逐渐增高，1995～1997 年已超过警戒级。太原污灌区的重金属 Pb、Cd、Cr 含量远远超过其当地背景值，且积累量逐年增高。

污水厂产生的污泥中含有大量的有机质和氮、磷、钾等营养元素，可用于肥料，但同时污泥中也含有大量的重金属，随着大量的市政污泥进入农田，使农田中重金属的含量不断增高。污泥施肥可导致土壤中 Cd、Hg、Cr、Cu、Zn、Ni、Pb 含量的增加，且污泥施用越多，污染就越严重，Cd、Cu、Zn 可引起水稻、蔬菜的污染；Cd、Hg 可引起小麦、玉米的污染；污泥增加，青菜中的 Cd、Cu、Zn、Ni、Pb 也增加。用城市污水、污泥改良土壤，重金属 Hg、Cd、Pb 等的含量也明显增加。

4. 农药、化肥和塑料薄膜使用

使用含有铅、汞、镉、砷等的农药、农用地膜和不合理地施用化肥，都可以导致土壤中重金属的污染。

有机汞化合物曾作为一种农药，特别是作为一种杀真菌剂而获得广泛应用。这类化合物包括芳基汞（如二硫代二甲氨基甲酸苯基汞）和烷基汞制剂（氯化乙基汞）。含砷的农药可用作除莠剂（如甲胂酸、二甲次胂酸）、落叶剂和林业杀虫剂（如砷酸铅、乙酰亚砷酸铜、亚砷酸钠、砷酸钙和有机砷酸盐）。

一般磷肥来自磷矿粉，含有较多的重金属 Hg、Cd、As、Zn、Pb，氮肥和钾肥含量较低，但氮肥中 Pb 含量较高，其中 As 和 Cd 污染严重。经过对上海地区菜园土地、粮棉地的研究，施肥后，Cd 的含量从 $0.134mg \cdot kg^{-1}$ 升到 $0.316mg \cdot kg^{-1}$，Hg 的含量从 $0.22mg \cdot kg^{-1}$ 升到 $0.39mg \cdot kg^{-1}$，Cu、Zn 增长 2/3。通过新西兰 50 年前和现今同一地点 58 个土样分析，自施用磷肥后，Cd 从 $0.39mg \cdot kg^{-1}$ 升至 $0.85mg \cdot kg^{-1}$。在阿根廷，传统无机磷肥的施入导致土壤重金属 Cd、Cr、Cu、Zn、Ni、Pb 的污染。

农用塑料薄膜主要成分为聚氯乙烯（PVC）或聚乙烯（PE），由于聚氯乙烯的热敏性突出，所以热稳定剂多用于聚氯乙烯类塑料的配混中。根据化学结构，热稳定剂可分为铅盐、混合金属盐、有机锡和特定用途热稳定剂四大类。其中铅盐常用品种有三碱式硫酸铅、二碱式亚磷酸铅，多用于不透明聚氯乙烯板、管及电线和电缆护套制造中。复配型金属盐为最通用的一类热稳定剂，常用品种有钡-镉、钡-钙-锌、钡-锌、钙-锌和钙-镁-亚锡-锌的高级脂肪酸盐类。有机锡类热稳定剂主要用于要求透明的各种软聚氯乙烯制品，常用品种有马来酸酯类、硫醇盐和羧酸酯类。在大量使用塑料大棚和地膜过程中都可以造成土壤重金属的污染。

此外，塑料制品的阻燃剂多为含卤素、磷、锑、硼、铝等元素的无机或有机物，常用品种有三氧化二锑（锑白）、三水合氧化铝、硼酸锌、偏硼酸锌、四溴丁烷、六溴联苯、磷酸三（2, 3-二氯丙基）酯等，塑料在降解、燃烧过程中会向环境释放相应的重金属。

5. 大气沉降

大气颗粒物中的重金属随颗粒物的干湿沉降，可以富集于地表或植物叶片上。颗粒物的来源不同，所富集的重金属有很大差异。日本的四日市，1955 年利用第二次世界大战后盐滨地区旧海军燃料厂旧址建成第一座炼油厂，石油冶炼和工业燃油（高硫重油）产生的废气使整座城市终年黄烟弥漫。全市工厂粉尘、二氧化硫年排放量达 13 万 t。在四日市上空 500m 厚度的烟雾中飘着多种有毒气体和有毒铝、锰、钴等重金属粉尘，形成支气管炎、支气管哮喘及肺气肿等许多呼吸道疾病，造成典型的大气污染事件——四日哮喘。

美国率先将四乙基铅用作汽油防爆剂，在 20 世纪 70 年代初期，美国有关环保组织又率先提出含铅汽油对人体有诸多不利影响，要求禁止使用含铅的汽油添加剂。我国从 20 世纪 70 年代到 20 世纪末使用四乙基铅作为汽油的防爆剂，而引发大气的铅污染，直到 2001 年 1 月 1 日起停止销售含铅汽油，尽管我国已经普及“无铅汽油”，以甲基叔丁基醚（MTBE）代替四乙基铅，但公路两侧大气沉降的铅污染仍要持续一段时间，铅含量随与公路距离由远及近递增。

1.3.5 重金属在土壤中的迁移与转化

重金属在土壤中的物理迁移靠扩散、淋溶或渗透作用进行；重金属在土壤中的转化与土壤、腐殖质的吸附和螯合作用、土壤的 pH、土壤的氧化还原状态等有关。土壤中重金属由于化学性质不甚活泼，不能被土壤微生物分解，只能从一种形式转化成另一种形式，并且极易与土壤有机物、无机物生成稳定的络合物或螯合物，迁移转化能力低。因此，重金属一旦污染土壤，可以长期以不同形式存在于土壤中，或经植物吸收和富集，进入生态系统。

1. 重金属在土壤中的迁移扩散

国外针对重金属渗滤液在土壤中扩散规律的研究工作开始于 20 世纪 70～80 年代，直到现在在该领域的研究仍比较活跃。国内关于重金属渗滤液在土壤中扩散的研究目前尚处于监测监控阶段。由于重金属在理化条件复杂的土壤环境中有十分复杂的迁移转化过程，重金属污染物在土壤中的迁移包括两个过程，即水分循环流动和重金属污染物溶质迁移，每个过程又与很多物理、化学和生物过程相联系。

当含重金属废弃物埋在土壤中时，由于废弃物的渗滤液和土壤中水分的存在，重金属将会以渗滤液中离子的形式扩散到土壤中，而且会由于浓度梯度差，从浓度高向浓度低处扩散。郭鸿等（2016）的研究表明，随着扩散时间的增加，在距离埋置点同一距离的重金属离子的浓度先呈现增大趋势，当增大到某一数值时，浓度开始减小，随着时间的持续增加，这一点的浓度一直减小，直至一个接近 0 的稳定值，见图 1-6。随着距埋置点圆形半径 R 的增大，重金属离子的浓度不断减小，直至减小为 0，也就是说，距离重金属埋置点越远的地方浓度越小，即距离重金属埋置点的距离越远的地方，土壤污染程度越小。

土壤中重金属化合物受土壤溶液的淋溶作用，溶解状况与土壤酸度有密切的关系。例如，土壤中铜、镉、锌、铅等重金属氢氧化物的解离度或沉淀，直接受

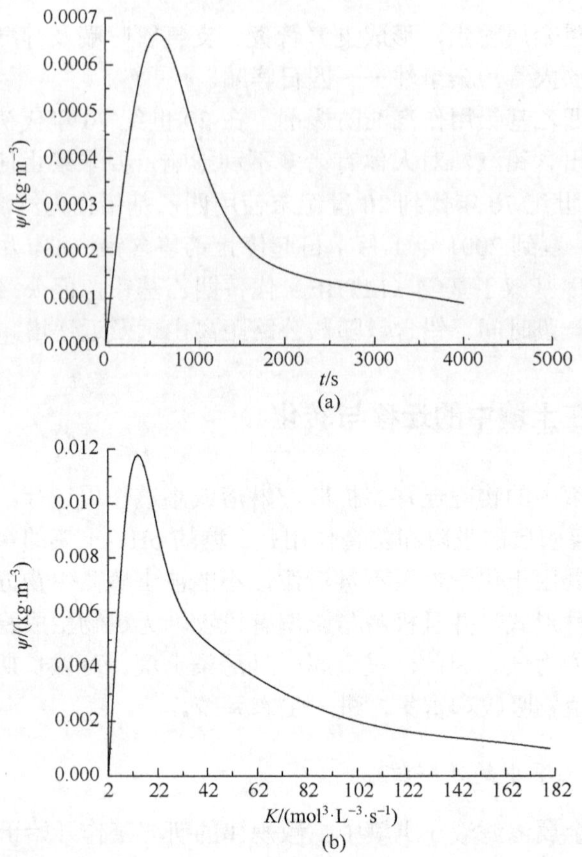

图 1-6　时间和扩散系数对金属离子浓度的影响（郭鸿等，2016）

pH 所控制。一般情况下，随着土壤 pH 的升高，重金属元素的溶出率迅速降低。试验表明，在 pH 为 4～5 条件下，锌离子、镉离子浓度很高，但随着 pH 升高，其溶出率明显降低，pH 在 7～8 以上，重金属溶出率极微。但氢氧化铜和氢氧化锌为两性化合物，如果土壤 pH 过高时，它们又会溶解，使土壤溶液中铜离子或锌离子浓度再升高。

如果厌氧环境土壤中含有硫化氢，金属的氢氧化物变成硫化物而不溶解，而且在 pH 高时溶解度更低。土壤施用石灰等碱性物质后，由于重金属化合物与氢氧化钙、氢氧化镁、氢氧化铝、氢氧化铁共沉淀，更加强了其不溶性。

2. 吸附和解吸

土壤胶体和腐殖质对重金属在土壤中的吸附和离子交换起重要作用。

土壤胶体具有的巨大比表面积和电性，是土壤对重金属阳离子具有吸附性的主要原因，并与土壤溶液进行离子交换吸附。各种无机胶体对阳离子吸附的吸附容量如表 1-14 所示。

表 1-14　黏土矿物的阳离子吸附容量（pH = 7）

黏土矿物名称	阳离子吸附容量（毫克当量/100g 土）
高岭石	3～15
伊利石	10～40
蒙脱石	80～150

蒙脱石是高度分散的矿物，＜0.001mm 的颗粒含量常高达 80%，其中胶体约 60%，且蒙脱石晶格内晶层间距离大，因此具有大的吸附性能。高岭石的分散度较小，黏粒含量 20%～25%，胶体含量 5%～10%，故吸附容量小。

土壤胶体对金属离子吸附的能力与金属离子的性质及胶体的种类有关。交换性阳离子与土壤胶体之间相互作用力的大小，称为阳离子与胶体的结合强度。从阳离子的特性来说，此结合强度主要取决于阳离子电荷的多少，以及阳离子本身离子半径的大小。阳离子的价态越高，电荷越多，土壤胶体与阳离子之间的静电作用力也就越强，吸附力越大，因此结合强度越大。一般来说，不同价态的阳离子在土壤胶体上结合强度的大小按下列顺序排列：$Me^{3+}>Me^{2+}>Me^{+}$。具有相同价态的阳离子，半径大的水化度小，水膜较薄，水化离子的半径相对较小，在胶体表面引力的作用下也容易脱水，也就越能接近土壤胶体的表面而被吸附。

土壤胶体种类对阳离子吸附作用的影响主要与土壤胶体的结构电荷密度及其电荷分布等有关。

总的来说，胶体的离子交换吸附作用对重金属在土壤中迁移转化的影响是很大的，是重金属元素在土壤溶液中与土壤固相中相互转移的重要途径，在很大程度上控制着微量金属在环境中的分布和富集状况。从污染角度看，胶体的吸附作用是污染物特别是重金属在土壤中累积和存在的主要形式。资料表明，凡是富含胶体的土壤和沉积物中，都吸附了大量金属离子和微量元素。

3. 配合或螯合作用

土壤中有丰富的无机和有机配位体。常见的无机配位体有 OH^-、Cl^-、I^-、F^-、HCO_3^-、SO_4^{2-}、PO_4^{3-}、S^{2-}等。在无机配位体中，人们比较多地重视金属与羟基和 Cl^-的络合作用，认为这两者是影响一些重金属难溶盐类溶解度的重要因素。羟基对重金属的络合作用实际上是重金属离子的水解反应。重金属离子 Hg^{2+}、Cd^{2+}、Pb^{2+}、Zn^{2+}在较低 pH 下的水解作用表明，羟基与重金属离子的络合作用可大大提高重金属氢氧化物的溶解度。氯络合重金属离子主要形式有 MCl^+、MCl_2、MCl_4^{2-}。氯与重金属络合的程度既取决于 Cl^-的浓度，也取决于重金属离子与 Cl^-的亲和力。Cl^-对 Hg^{2+}的亲和力最强，不同配位数的氯络合 Hg^{2+}可以在较低的 Cl^-浓度下生成。当其浓度仅为 $10^{-9}mol·L^{-1}$时，即开始生成 $HgCl^+$，当其浓度≥$10^{-2}mol·L^{-1}$时，便产生 $HgCl_3^-$与 $HgCl_4^{2-}$。而 Zn^{2+}、Cd^{2+}、Pb^{2+}的氯络离子的生成必须在较高的 Cl^-浓度下才可能。例如，它们的 MCl^+型络离子的生成必须在 Cl^-浓度大于 $10^{-3}mol·L$ 时，MCl_3^- 和 MCl_4^{2-} 型络离子的生成，Cl^-的浓度必须大于 $10^{-1}mol·L^{-1}$。Cl^-对上述重金属离子的络合能力顺序为 $Hg^{2+}>Cd^{2+}>Zn^{2+}>Pb^{2+}$。$Cl^-$对重金属离子的络合作用，既能提高重金属化合物的溶解度，又能减弱土壤中胶体对重金属离子的吸附作用，对 Hg 尤其明显。

有机配位体有腐殖质、微生物代谢产物、动植物分泌的有机物等，其中腐殖质还是重要的螯合剂。例如，在含有大量腐殖质的土壤中，部分 Cu^{2+}、Zn^{2+}与腐殖质可形成稳定的螯合物。这些配位体可以和重金属离子发生络合和螯合作用，使重金属在土壤中不是以简单的离子存在，而是以络离子形式或螯合物的形式存在。

土壤中腐殖质之所以具有很强的螯合能力，是因为在腐殖质中含有各种螯合配位体，如氨基、亚氨基、酮基、羧基、羟基及硫醚等。这些螯合配位体通过含有氮、氧或硫的活性基与金属离子形成封闭的环，如在螯合物氨基乙酸铜中，铜以主键和羧基连接，以副键和氨基连接，如下所示。

```
       H2C-----NH2
      /     \   /    \
  H2C        Cu       CH2
      \     /   \    /
       O—CO      O—CO
```

一般来说，胡敏酸和富里酸中的羟基是螯合剂，富里酸中所含的多糖也有较强的螯合力。某些腐殖质中所含蛋白质的氨基酸也有螯合金属离子的能力。

土壤中几乎所有金属离子都能与腐殖质形成螯合物的趋势，但从螯合物的稳定性看，各种离子之间都有很大的差异。一般来说，过渡元素如 Cu、Zn、Fe、Mn 等可与腐殖质形成稳定的螯合物，碱土金属如 Ca、Mg 也可以和很多螯合剂形成螯合物。据研究，有机质与金属离子形成螯合物的能力的顺序如下：

$$Pb>Cu>Ni>Co>Zn>Mn>Mg>Ba>Ca>Hg>Cd$$

形成有机螯合物对金属迁移的影响取决于所形成的螯合物的可溶性。腐殖质组成中的胡敏酸与金属形成的胡敏酸盐（除一价碱金属盐外）一般是难溶的。富里酸与金属形成的螯合物则一般为易溶性的。重金属污染物与腐殖质生成可溶性稳定螯合物能够有效地阻止重金属作为难溶盐而沉淀。腐殖质与 Fe、Al、Ti、V 等金属形成的螯合物易溶于中性、弱酸或弱碱性土壤溶液中，使它们以螯合物形式迁移。当缺乏腐殖质时它们便析出沉淀。

腐殖质对金属离子的螯合作用与吸附作用是同时存在的。一般认为，当金属离子浓度高时以吸附交换作用为主，而在浓度低时以配合、螯合作用为主。

4. 氧化还原

重金属作为过渡性元素，在不同土壤条件下往往可以有多种价态存在，其价态变化是通过氧化还原反应实现的，不同价态的各种重金属元素对生物的毒性及其溶解度有很大差异。重金属元素中，一些呈氧化态时，其溶解度很小，另一些则在还原态时溶解度很小。

彼列尔曼曾根据游离氧、H_2S 等存在的情况将氧化还原条件分为三种基本类型：①富含游离氧的氧化环境；②不含 H_2S 的还原环境；③含 H_2S 的还原环境。金属在这三种环境中具有不同的化学性质和迁移转化特征。

富含游离氧的氧化环境：在碱性条件下，E_h 略高于 0，通常大于 0.15V，最高达 0.6～0.7V；在酸性条件下，E_h＞0.4～0.5V。在这种强氧化环境中，V、Cr 呈高氧化态，形成可溶性铬酸盐、钒酸盐等，具有很强的迁移能力。而 Fe、Mn 则相反，形成高价难溶性化合物沉淀，迁移能力很低。不含 H_2S 的还原环境：在酸性条件下，E_h＜0.5V；在碱性条件下，E_h＜0.15V，可使 V 和 Cu 等还原。含 H_2S 的还原环境：E_h＜0，甚至达−0.5～−0.6V。在这里 H_2S 的含量很高，可使金属形成难溶性的硫化物沉淀，阻止金属的迁移。而 Fe、Mn 等则相反，在低价状态易溶，氧化为高价时溶解度大大降低。

土壤从旱地到淹水状态条件的改变，土壤溶液中 Zn、Cd 的浓度缓慢下降，Cd 在 E_h 为−150mV 以下，Zn 在−200mV 以下时，它们的浓度都迅速降低。在淹水状态时，随着还原过程的进展，pH 上升，受氢氧化物、其他不溶性化合物，以及土壤胶体的代换吸附的影响，重金属在土壤溶液中的浓度降低。当土壤 E_h 降至−150mV 以下时，产生的 H_2S 会与 Zn、Cd 形成溶解度特低的硫化物，使土壤溶液中 Zn、Cd 浓度大大下降。所以作为防治土壤 Zn、Cd 污染的对策，采用淹水措施，施用有机质等还原性肥料和含硫物质等，均可降低作物对 Zn、Cd 的吸收。在水田，如果水稻抽穗后排水则 Cd 的溶解度增高，从而使糙米中的 Cd 浓度大大增加的现象，也已为大量试验所证明。受 Cd 污染的水田，不宜采用晒田、排水或间歇灌溉措施。

土壤氧化还原状况，对砷的毒性影响很大。土壤中砷主要有三价砷和五价砷两种价态。三价砷比五价砷毒性大许多倍，可见砷在土壤处于氧化状态时危害较轻，而在还原状态则因砷酸还原为亚砷酸，从而增加了对作物的毒性。在一般水稻土中，E_h 降低至 100mV 时，就可能产生亚砷酸，所以在农业上采取排水、水田改旱地等措施，均能减小砷的危害，施用能吸收、固定砷的堆肥和含铁物质也有一定效果。

参考文献

常静，刘敏，侯立军，等. 2007. 城市地表灰尘的概念、污染特征与环境效应. 应用生态学报，18(5)：1155-1160

陈景文，全燮. 2009. 环境化学. 大连：大连理工大学出版社

戴树桂. 2006. 环境化学. 2 版. 北京：高等教育出版社

董雪玲，刘大锰，袁杨森，等. 2009. 北京市大气 PM_{10} 和 $PM_{2.5}$ 中有机物的时空变化. 环境科学，30(2)：328-334

冯新斌，洪冰，倪建宇. 1999. 煤中部分潜在毒害微量元素在表生条件下的化学活动性. 环境科学学报，19(4)：433-437

郭广慧，雷梅，陈同斌，等. 2008. 交通活动对公路两侧土壤和灰尘中重金属含量的影响. 环境科学学报，28(10)：1937-1945

郭鸿，高斌，陈茜. 2016. 重金属污染物在土壤中的扩散规律及埋置策略研究. 水资源与水工程学报，27(2)：237-240

何俊杰，吴耕晨，张国华，等. 2014. 广州雾霾期间气溶胶水溶性离子的日变化特征及形成机制. 中国环境科学，34(5)：1107-1112

李晓，杨立中. 2004. 成都市东郊 TSP 及 Pb、Cd、Hg、As 浓度日变化规律研究. 地质灾害与环境保护，15(3)：35-38

刘春华，岑况. 2007. 北京市街道灰尘粒度特征及其来源探析. 环境科学学报，27(6)：1006-1012

刘玲，方炎明，王顺昌. 2013. 7 种树木的叶片微形态与空气悬浮颗粒吸附及重金属累积特征. 环境科学，34(6)：2361-2367

马敏劲，杨秀梅，丁凡，等. 2018. 中国南北方大气污染物的时空分布特征. 环境科学与技术，41(5)：187-197

邱媛，管东生，陈华. 2007. 惠州市植物叶片和叶面降尘的重金属特征. 中山大学学报(自然科学版)，46(6)：98-102

邱媛，管东生. 2007. 经济快速发展区域的城市植被叶面降尘粒径和重金属特征. 环境科学学报. 27(12)：2080-2087

人民网. 2016-4-21. 武汉市大气颗粒物来源解析结果发布. http://news.cbg.cn/gndjj/2016/0421/3274797.shtml

唐诵六. 1987. 土壤重金属地球化学背景值影响因素的研究. 环境科学学报，7(3)：245-252

唐修义. 2004. 中国煤中微量元素. 北京：商务印书馆

陶俊，陈刚才，赵琦，等. 2003. 重庆市大气 TSP 中重金属分布特征. 重庆环境科学，25(12)：15-19

王爱霞，方炎明. 2015. 二球悬铃木不同器官对空气中 Cu、Ni、Pb 和 Zn 的累积作用. 植物资源与环境学报，24(2)：67-72

王晓蓉. 1993. 环境化学. 江苏：南京大学出版社

薛国强，朱彬，王红磊. 2014. 南京市大气颗粒物中水溶性离子的粒径分布和来源解析. 环境科学，35(5)：1633-1643

阎逢旗，宋怀荣，郭祺，等. 2013. 北京市大气气溶胶体积谱特性分析. 中国海洋大学学报，43(9)：112-116

杨水秀. 2002. 贵阳市大气降尘中某些金属元素分布状况初探. 贵州环保科技，8(1)：13-19

姚琳，廖欣峰，张海洋，等. 2012. 中国大气重金属污染研究进展与趋势. 环境科学与管理，37(9)：41-44

于燕，张振军，李义平，等. 2003. 西安市大气悬浮颗粒物致突变性及其金属特征. 西安交通大学学报(医学版)，24(1)：76-94

赵朕，罗小三，索晨，等. 2017. 大气 $PM_{2.5}$ 中重金属研究进展. 环境与健康杂志，34(3)：273-276

郑志侠，吴文，汪家权. 2013. 大气颗粒物中重金属污染研究进展. 现代农业科技，(3)：241-243

Banerjee A D K. 2003. Heavy metal levels and solid phase speciation in street dusts of Delhi，India. Environmental Pollution，123(1)：95-105

Finkelman R B. 1995. Modes of occurrence of environmentally-sensitive trace elements in coal//Environmental Aspects of Trace Elements in Coal. Dordrecht：Kluwer Academic Publishers：24-50

Swaine D J. 1990. Trace Elements in Coal. London：Butterworths：278

Swaine D J. 2000. Why trace elements are important. Fuel Processing Technology，65-66：21-33

Whitby K T. 1978. The physical characteristics of sulfur aerosols. Atmospheric Environment，12（1-3）：135-159

第2章　大气环境中重金属的研究方法

2.1　大气中重金属样品的布点与采样

2.1.1　大气颗粒物布点与采样的规范方法

1. 空气质量监测的规范方法

环境空气质量监测的目的是了解污染物的含量水平及特征，并根据污染源的分布及其特征、气象条件和地理地貌特征等因素，分析评价污染物的现状及其变化规律。

我国环境保护部门为了加强空气污染防治、规范环境空气质量监测工作，国家环境保护总局《空气和废气监测分析方法》编委会编制了《空气和废气监测分析方法》（第四版增补版），2007年国家环境保护总局发布了《环境空气质量监测规范（试行）》，提出采样点位应包括环境空气质量评价城市点、环境空气质量评价区域点和背景点、污染监控点、路边交通点，并对上述几类采样点布设方法和布设数量做出了详细规定。

国家环境保护总局2005年发布的《环境空气质量自动监测技术规范》（HJ/T 193—2005）和国家环境保护部2017年发布的《环境空气质量手工监测技术规范》（HJ 194—2017），分别规定了环境空气质量自动和手工监测的采样频率、监测项目、采用仪器与相应的监测分析方法、监测数据的整理、监测过程中的质量保证和质量控制、监测数据处理等技术要求。

《环境空气质量监测点位布设技术规范（试行）》（HJ 664—2013），规定了环境空气质量监测点位布设原则和要求、环境空气质量监测点位布设数量、环境空气质量监测点位开展监测项目等内容。结合实际情况按照相关要求布设好背景点、评价点、污染监控点、路边交通点等各类监测点。

2. 污染源监测的规范方法

虽然污染源有固定源、无组织排放源、流动源等的划分，但是涉及重金属的监测主要是固定源和无组织排放源。

《固定源废气监测技术规范》（HJ/T 397—2007）规定了在烟道、烟囱及排气筒等固定污染源排放废气中，颗粒物与气态污染物监测的手工采样和测定技术方法，以及便携式仪器监测方法。对固定源废气监测的准备、废气排放参数的测定、排气中颗粒物和气态污染物采样与测定方法、监测的质量保证等做了相应的规定。

《固定污染源排气中颗粒物测定与气态污染物采样方法》行业标准第 1 号修改单（GB/T 16157—1996/XG1—2017）规定了固定污染源颗粒物样品的采集、测定及计算方法。《固定污染源废气 低浓度颗粒物的测定 重量法》（HJ 836—2017）规定了测定固定污染源废气中低浓度颗粒物的重量法。

《24 小时恒温自动连续环境空气采样器技术要求及检测方法》（HJ/T 376—2007），规定了 24 小时恒温自动连续环境空气采样器的技术要求、检测项目和测试方法，适用于测定环境空气中的 SO_2、NO_X等有害成分含量的 24 小时恒温自动连续环境空气采样器。《固定污染源烟气（SO_2、NO_X、颗粒物）排放连续监测技术规范》（HJ 75—2017）规定了固定污染源烟气排放连续监测系统的组成和功能、技术性能、监测站房、安装、技术指标调试检测、技术验收、日常运行管理、日常运行质量保证及数据审核和处理的有关要求。

无组织排放源的颗粒物监测按照《大气污染物无组织排放监测技术导则》（HJ/T 55—2000）的有关规定布点和采样，该标准从大气污染物的迁移扩散规律出发，结合无组织排放的各种具体情况，对气象条件的简易测定、气象条件适宜程度的判定、监测时段选择和监控点设置方法等做出进一步规定和指导。采样方法与环境空气颗粒物采集方法相同，采用与环境空气样品相同的 TSP 采样器进行采样。采样时间及采样监控点位的确定可以按照《大气污染物综合排放标准》（GB 16297—1996）附录 C 进行，详细操作步骤可以参见《环境空气 总悬浮颗粒物的测定 重量法》（GB/T 15432—1995）。

目前，中国大气颗粒物中重金属测定技术与方法不完备，表现在各级环境空气质量标准、大气污染物排放标准中包含的重金属项目较少，缺少系统和规范的样品采集技术和方法，现有重金属测定方法多为推荐方法和暂行行业标准，有待进一步完善和标准化。建立和完善大气颗粒物中重金属的监测技术方法体系，及时、准确地反映大气中重金属污染状况，是控制和治理大气重金属污染的关键技术和重要环节。

2.1.2 点位布设的一般原则和方法

针对不同的颗粒物样品采取不同的布点方式，遵循“代表性、可比性、整体性、前瞻性、稳定性”原则。

（1）监测点位的布设应具有较好的代表性，应能客观反映一定空间范围内的空气污染水平和变化规律。

（2）应考虑各监测点之间的设置条件尽可能一致，使各个监测点取得的监测资料具有可比性。例如，应尽量使用同一生产厂家和型号的监测仪器，尽量减少同步监测过程中由仪器差别引起的系统误差；当有几种仪器可选时，还要尽可能选择在日常监测使用过程中表现稳定、性能指标较好的仪器系列。

（3）在监测点位的布局上尽可能分布均匀。同时，在布局上还应考虑能大致反映主要功能区和主要空气污染源的污染现状及变化趋势。

（4）在中小城市进行空气质量监测时，采用功能区布点法，布设三或四个测点是最为简单的方法。例如，选用工业区、商业区、居民区、交通频繁区、清洁区等概念进行布点，但随着城市规模的扩大或功能区的变化等，功能区代表点的选择存在异议，更为客观、合理和科学的监测网络设计方法，主要有统计学的方法、模拟技术的方法、经验和统计模型技术相结合的综合技术方法。

（5）以调查污染的时空分布和对敏感受体附近浓度的城市区域大气质量监测，布点方法可采用规则网格布点法及按人口和功能布点法。此外，通常应在关心点、敏感点（如居民集中区、风景区、文物点、医院、院校等）及下风向距离最近的村庄布置取样点，往往还需要在上风向（即最小风向）适当位置设置对照点。

2.1.3　大气颗粒物的采样方法

1. *TSP 的采样方法*

TSP 是指空气中空气动力学直径小于 100μm 的颗粒物。若进行颗粒物中的金属元素（如铍、铬、锰、铁、镍、铜、锌、硒、镉、锑及铅等）的测定，首先通过具有一定切割特性的采样器，以恒速抽取定量体积的空气，空气中粒径小于 100μm 的悬浮颗粒物被截留在已恒重的滤膜上。根据采样滤膜的增重及采样体积，计算悬浮颗粒物的质量浓度（重量法），继而对滤膜上的样品进行处理，再进行金属元素或组分分析。

《环境空气　总悬浮颗粒物的测定　重量法》（GB/T 15432—1995）规定了测定总悬浮颗粒物的质量浓度测定方法，适用于大流量或中流量总悬浮颗粒物采样器进行空气中总悬浮颗粒物的测定。总悬浮颗粒物含量过高或雾天采样使滤膜阻力大于 10kPa 时，该方法不适用。

1）滤膜的准备

每张滤膜均需用 X 光看片机进行检查，不得有针孔或任何缺陷。将滤膜放在恒温恒湿箱（室）中平衡 24h。平衡条件：温度取 15～30℃中任一点，相对湿度控制在 45%～55%范围内。记录平衡温度与湿度。在上述平衡条件下称量滤膜，滤膜称量精确到 0.1mg，记录滤膜质量。称量好的滤膜平展地放在滤膜保存盒中，采样前不得将滤膜弯曲或折叠。

2）采样

打开采样头顶盖，取出滤膜夹。用清洁干布擦去采样头内及滤膜夹的灰尘。将已编号并称量过的滤膜毛面向上，放在滤膜网托上，然后放滤膜夹，对正、拧紧，使不漏气。盖好采样头顶盖，按照采样器使用说明操作，设置好采样时间，即可启动采样。抽气动力的排气口应放在滤膜采样夹的下风向，必要时将排气口垫高，以避免排气将地面尘土扬起。当采样器不能直接显示标准状态下的累积采样体积时，需记录采样期间测试现场平均环境温度和平均大气压，以便换算为标准状态下的累积采样体积。采样结束后，打开采样头，用镊子轻轻取下滤膜，采样面向里，将滤膜对折，放入码相同的滤膜袋中。取滤膜时，如滤膜损坏或滤膜上尘土的边缘轮廓不清晰、滤膜歪斜等，表示采样时漏气，则本次采样作废，需重新采样。

3）尘膜的平衡及称量

尘膜放在恒温恒湿箱（室）中，用同空白滤膜平衡条件相同的温度、湿度，平衡 24h。在上述平衡条件下称量尘膜，尘膜称量精确到 0.1mg，记录尘膜质量。

4）计算

空气中悬浮颗粒的浓度可用式（2-1）计算：

$$\mathrm{TSP}(\mathrm{mg}\cdot\mathrm{m}^{-3})=\frac{(W_1-W_0)\times 1000}{V_\mathrm{n}} \tag{2-1}$$

式中，W_1 为尘膜质量，g；W_0 为空白滤膜质量，g；V_n 为换算为标准状态下的采样体积，m^3。

2. 降尘的采样方法

降尘为空气中可沉降的颗粒物。降尘量为单位面积上、单位时间内从大气中沉降的颗粒物的质量。《环境空气 降尘的测定 重量法》（GB/T 15265—1994）规定了降尘的测定方法，采用乙二醇水溶液做收集液的湿法采样，用重量法测定环境空气中的降尘。采样时颗粒物沉降在装有乙二醇水溶液为收集液的集尘缸内，经蒸发、干燥、称量后，计算降尘量。其结果以每平方千米面积每月测定沉降的颗粒物的吨数表示，即 $\mathrm{t}\cdot(\mathrm{km}^{-2}\cdot 30\mathrm{d}^{-1})$。对获得的降尘样品必要时进行消解等处理后，再进行金属元素分析。

1）采样点

应选择集尘缸不易损坏的地方，且易于操作者更换集尘缸。通常设在矮建筑物的屋顶，必要时可以设在电线杆上，集尘缸应距离电线杆 0.5m 为宜。集尘缸放置高度应距离地面 5～12m。在某一区域内采样，各采样点集尘缸的放置高度尽量保持在大致相同的高度。如放置屋顶平台上，采样口应距平台 1～1.5m，以避免平台扬尘的影响。采样点附近不应有高大建筑物及高大树木，并避开局部污染源。在清洁区设置对照点。

2）样品的收集

于集尘缸中加入 50～80mL 乙二醇，以占满缸底为准，加水量视当地的气候情况而定。例如，冬季和夏季加 50mL，其他季节可加 100～200mL。加好后，罩上塑料袋，把缸放在采样点的固定架上再把塑料袋取下，开始收集样品。记录放缸地点、缸号、时间（年、月、日、时）。按月定期更换集尘缸一次（30d±2d）。取缸时应核对地点、缸号，并记录取缸时间（年、月、日、时），罩上塑料袋，带回实验室。取换缸的时间规定为月底 5d 内完成。在夏季多雨季节，应注意缸内积水情况，为防止水满溢出，及时更换新缸，采集的样品合并后测定。

3）瓷坩埚的准备

将瓷坩埚洗净、编号，在 105℃±5℃下，烘箱内烘 3h，取出放入干燥器内，冷却 50min，在分析天平上称量，再烘 50min，冷却 50min，再称量，直至恒重（两次质量之差小于 0.4mg），此值为 W_0。

4）降尘量的测定

用尺子测量集尘缸口的内径（按不同方向至少测定三处，取其算术平均值），再用镊子夹取落入缸内的树叶、昆虫等异物，并用水将附着在上面的细小尘粒冲洗下来后弃去，先用少量水湿润缸壁，然后用淀帚将附着于缸壁的尘粒刷下，再用水冲洗缸壁使尘粒全部移入溶液中，将缸内溶液和尘粒全部或分次转入 1000mL 烧杯中，置通风柜内，在电热板上加热，使体积浓缩至 10～20mL，冷却后用少量水湿润烧杯壁，然后用淀帚将附于烧杯壁上的尘粒刷下，将烧杯内溶液和尘粒分数次全部转移到已恒重的瓷坩埚中，在电热板上小心加热至干（溶液少时注意不要迸溅），然后放入烘箱于 105℃±5℃烘干，称量至恒重，此值为 W_1。

将与采样操作等量的乙二醇放入 1000mL 烧杯中，并加同等量的水，在电热板上加热浓缩至 10～20mL，然后将其转移至已恒重的瓷坩埚内，将瓷坩埚放在搪瓷盘中，再放在电热板上加热至干，于 105℃±5℃烘干，按上述条件称量至恒重，减去瓷坩埚的质量 W_0，即为 W_c。

5）计算

$$\text{降尘量}[\mathrm{t/(km^2 \cdot 30d)}] = \frac{W_1 - W_0 - W_c}{S \times n} \times 30 \times 10^4 \qquad (2\text{-}2)$$

式中，W_1 为降尘、瓷坩埚和乙二醇加热至干并在 105℃±5℃恒重后的质量，g；W_0 为在 105℃±5℃烘干的瓷坩埚质量，g；W_c 为与采样操作等量的乙二醇蒸发至干并在 105℃±5℃恒重后的质量，g；S 为集尘缸缸口的面积，cm^2；n 为采样天数（准确到 0.1d）。计算结果保留一位小数。

3. PM_{10} 和 $PM_{2.5}$ 的采样方法

PM_{10} 和 $PM_{2.5}$ 分别指悬浮在空气中，空气动力学直径 $D_p \leqslant 10\mu m$ 和 $D_p \leqslant 2.5\mu m$ 的颗粒物。使用具有 PM_{10}、$PM_{2.5}$ 切割特性的采样器，根据采样目的不同，可分别采用 PM_{10}、$PM_{2.5}$ 的大（$1.05m^3 \cdot min^{-1}$）、中（$100L \cdot min^{-1}$）、小（$16.67L \cdot min^{-1}$）流量采样器采集不同粒径的颗粒物重量法，该法也适于检测 PM_{10}、$PM_{2.5}$ 中的重金属元素的样品采集，其测量原理、采样方法与 TSP 类似。

《环境空气 PM_{10} 和 $PM_{2.5}$ 的测定 重量法》第 1 号修改单（HJ 618—2011/XG1—2018）规定了环境空气中 PM_{10} 和 $PM_{2.5}$ 浓度的手工测定方法，通过具有一定切割特性的采样器，以恒速抽取定量体积空气，使环境空气中 PM_{10} 和 $PM_{2.5}$ 被截留在已知质量的滤膜上，根据采样前后滤膜的质量差和采样体积，计算出 PM_{10} 和 $PM_{2.5}$ 的浓度。《环境空气颗粒物（$PM_{2.5}$）手工监测方法（重量法）技术规范》第 1 号修改单（HJ 656—2013/XG1—2018）规定了 $PM_{2.5}$ 的采样、分析、数据处理、质量控制和质量保证等方面的技术要求。《环境空气颗粒物（PM_{10} 和 $PM_{2.5}$）连续自动监测系统技术要求及检测方法》第 1 号修改单（HJ 653—2013/XG1—2018）规定了 PM_{10} 和 $PM_{2.5}$ 连续自动监测系统的技术要求、性能指标和检测方法。

采样器的技术要求、性能指标和检测方法可参照《环境空气颗粒物（PM_{10} 和 $PM_{2.5}$）采样器技术要求及检测方法》第 1 号修改单（HJ 93—2013/XG1—2018）。测定重金属的滤膜建议使用有机滤膜。

2.1.4　颗粒物中重金属采样应注意的问题

1. 滤膜

测定重金属一般不宜用玻璃纤维滤膜采样，普通的玻璃纤维滤膜中，除了它的主要成分硅铝酸盐外，还含有其他杂质金属元素，金属元素本底含量较高，而且在用硝酸湿法浸出时，玻璃纤维滤膜易形成糊状难分离，消解时又极易发生迸溅，其滤料的灰分含量也很高。建议使用石英滤膜或有机滤膜，如聚氯乙烯、聚丙烯、醋酸纤维、过氯乙烯或聚碳酸酯等材质的滤膜。有机滤膜的优点是空白值较低，不易吸水、阻力小，由于带静电，采样效率高；缺点是机械强度差，需用带筛网的采样夹拖住。滤膜的称量应在恒温恒湿的天平室中进行，保持采样前和采样后称量条件一致。

2. 采样器

根据采样目的的不同，可分别采用大、中流量 TSP 采样器，或用 PM_{10}、$PM_{2.5}$

的大、中、小流量采样器采集不同粒径的颗粒物。用孔口流量计对大流量采样器进行流量校准。采样器应定期检定校准，采样前应进行流量和气密性检查。在采样时，应尽可能抽取 10%～20%的样品进行平行样测定，平行样测定值的差值应小于各元素对应的重复性限值。

3. 空白试验

空白对后续的前处理和分析测试的影响不容忽视。空白可分为三种：校准空白、试剂空白、样品空白。校准空白应与稀释标准品所用空白相同，浓度测定值不得高于检出限。试剂空白平行双样测定值的相对偏差不应大于 50%，每批样品至少应有 2 个试剂空白。每 10 个样品应有一个样品空白。

为扣除样品运送、保存、试剂、实验室用水、计量分析仪器等影响，分析样品时应同时测定现场空白，建议现场全过程空白样每批不少于 2 个，如遇空白值不稳定可加量测定。前处理所用的酸至少应达到优级纯，混酸体系的空白值应符合空白试验要求。采用平行样来控制分析的精密度。标准溶液配制所用的试剂必须保证高纯度，以降低空白值。

2.2 大气颗粒物中重金属的检测方法

2.2.1 大气颗粒物中重金属检测的规范方法

国外大气中重金属检测的规范方法见表 2-1。

表 2-1　国外相关检测标准

序号	国家	标准	方法
1	美国 EPA	Method 29-*De termination of metals emissions from stationary sources*	电感耦合等离子体原子发射光谱法（ICP-AES）或原子吸收光谱法（AAS）
2	美国 EPA	IO-3.3 *SPM-Metals in ambient PM by XRF*	X 射线荧光光谱测定法（XRF）
3	美国 EPA	*Particulate matter using inductively coupled plasma/mass spectrometry*（*ICP/MS*）	电感耦合等离子体质谱法（ICP-MS）
4	英国	BS EN 14902—2005 环境空气质量 测量悬浮颗粒物质 PM_{10} 成分中 Pb、Cd、As 和 Ni 的标准方法	石墨炉原子吸收法测定或电感耦合等离子体质谱法分析
5	美国材料与试验协会	ASTM D7035—2010 电感耦合等离子体-原子发射光谱法（ICP-AES）测定气载颗粒物中的金属和类金属物质的标准试验方法	电感耦合等离子体原子发射光谱法

续表

序号	国家	标准	方法
6	美国材料与试验协会	ASTM D4185—2006 用火焰原子吸收光谱法测定工作场所空气中的金属用标准实施规程	火焰原子吸收光谱法（FAAS）
7	法国	NF X43-026—2005 环境空气质量 悬浮颗粒物质的 PM_{10} 成分中 Pb、Cd、As 和 Ni 测定的标准方法	质谱法（MS）

我国大气中重金属检测的规范方法见表 2-2。

表 2-2　我国相关检测标准

序号	标准	标准编号
1	《空气和废气 颗粒物中金属元素的测定 电感耦合等离子体发射光谱法》	HJ 777—2015
	Ag、Al、As、Ba、Be、Bi、Ca、Cd、Co、Cr、Cu、Fe、K、Mg、Mn、Na、Ni、Pb、Sb、Sn、Sr、Ti、V、Zn	
2	《空气和废气 颗粒物中铅等金属元素的测定 电感耦合等离子体质谱法》第 1 号修改单	HJ 657—2013/XG1—2018
	Sb、Al、As、Ba、Be、Cd、Cr、Co、Cu、Pb、Mn、Mo、Ni、Se、Ag、Tl、Th、U、V、Zn、Bi、Sr、Sn、Li	
3	《环境空气 铅的测定 石墨炉原子吸收分光光度法》第 1 号修改单	HJ 539—2015/XG1—2018
4	《环境空气 铅的测定 火焰原子吸收分光光度法》第 1 号修改单	GB/T 15264—94/XG1—2018
5	《环境空气 汞的测定 巯基棉富集-冷原子荧光分光光度法（暂行）》第 1 号修改单	HJ 542—2009/XG1—2018
6	《气态汞的测定 金膜富集/冷原子吸收分光光度法》	HJ 910—2017
7	《固定污染源废气 砷的测定 二乙基二硫代氨基甲酸银分光光度法》	HJ 540—2016
8	《环境空气 六价铬的测定 柱后衍生离子色谱法》第 1 号修改单	HJ 779—2015/XG1—2018
9	《大气固定污染源 锡的测定 石墨炉原子吸收分光光度法》	HJ/T 65—2001
10	《大气固定污染源 镉的测定 对-偶氮苯重氮氨基偶氮苯磺酸分光光度法》	HJ/T 64.3—2001
11	《大气固定污染源 镉的测定 石墨炉原子吸收分光光度法》	HJ/T 64.2—2001
12	《大气固定污染源 镉的测定 火焰原子吸收分光光度法》	HJ/T 64.1—2001
13	《大气固定污染源 镍的测定 丁二酮肟-正丁醇萃取分光光度法》	HJ/T 63.3—2001
14	《大气固定污染源 镍的测定 石墨炉原子吸收分光光度法》	HJ/T 63.2—2001
15	《大气固定污染源 镍的测定 火焰原子吸收分光光度法》	HJ/T 63.1—2001
16	《固定污染源废气 铅的测定 火焰原子吸收分光光度法》	HJ 685—2014
17	《固定污染源废气 铍的测定 石墨炉原子吸收分光光度法》	HJ 684—2014
18	《固定污染源废气 汞的测定 冷原子吸收分光光度法》	HJ 543—2009
19	《固定污染源废气 气态汞的测定 活性炭吸附/热裂解原子吸收分光光度法》	HJ 917—2017
20	《固定污染源废气 砷的测定 二乙基二硫代氨基甲酸银分光光度法》	HJ 540—2016
21	《固定污染源排气中铬酸雾的测定 二苯基碳酰二肼分光光度法》	HJ/T 29—1999

2.2.2　大气颗粒物中重金属的直接检测方法

目前大气颗粒物元素分析中广泛应用 X 射线荧光分析（X-ray fluorescence analysis，XRF）、中子活化分析（neutron activation analysis，NAA）和质子 X 射线荧光分析（proton induced X-ray emission，PIXE）三大分析手段。

1. X 射线荧光分析

X 射线荧光分析是确定物质中微量元素的种类和含量的一种方法，又称 X 射线次级发射光谱分析。1948 年，由 H. 费里德曼（H. Friedmann）和 L. S. 伯克斯（L. S. Birks）制成第一台波长色散 X 射线荧光分析仪，至 20 世纪 60 年代该法在分析领域开始广泛应用。

1）基本原理

采用高能量的原级 X 射线光子或其他微观粒子轰击试样，当高能 X 射线与试样原子发生碰撞时，驱逐一个内层电子而出现一个空穴，使整个原子体系处于不稳定的激发态，然后自发地由能量高的状态跃迁到能量低的状态，这个过程称为弛豫过程。弛豫过程既可以是非辐射跃迁，也可以是辐射跃迁。当较外层的电子跃迁到空穴时，所释放的能量随即在原子内部被吸收而逐出较外层的另一个次级光电子，此称为俄歇效应，也称次级光电效应或无辐射效应，所逐出的次级光电子称为俄歇电子。它的能量是特征的，与入射辐射的能量无关。当较外层的电子跃入内层空穴所释放的能量不在原子内被吸收，而是以辐射形式放出，便产生 X 射线荧光，其能量等于两能级之间的能量差。因此，X 射线荧光的能量或波长是特征性的，称之为特征荧光 X 射线。不同元素具有不同的特征荧光 X 射线，各谱线强度又与元素的浓度呈一定关系，测定待测元素特征荧光 X 射线谱线的波长和强度就可进行定性和定量分析。图 2-1 是 X 射线荧光产生过程示意图。

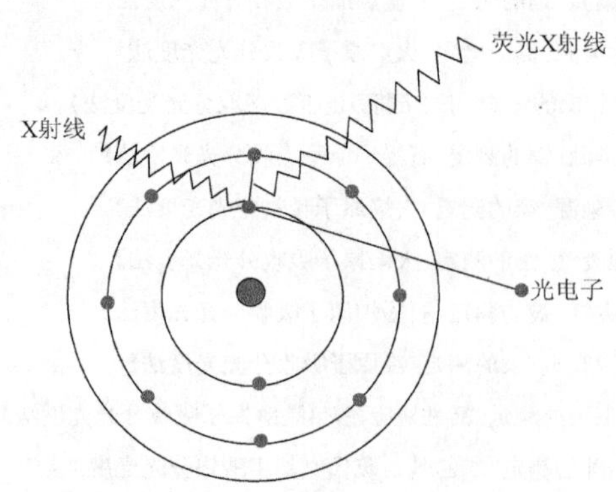

图 2-1　X 射线荧光产生过程示意图

X 射线荧光光谱分析仪一般由以下几部分组成：X 射线发生器（X 射线管、高压电源及稳定稳流装置）、分光检测系统（分析晶体、准直器与检测器）、记数记录系统（脉冲辐射分析器、定标计、计时器、积分器、记录器）。由于分光方式的不同，通过测定荧光 X 射线的能量实现对被测样品分析的方式称为能量色散 X 射线荧光分析，相应的仪器称为能谱色散型 X 射线荧光分析仪（EDXRF）；通过测定荧光 X 射线的波长实现对被测样品分析的方式称为波长色散 X 射线荧光分析，相应的仪器称为波长色散型 X 射线荧光光谱仪（WDXRF）。

X 射线荧光分析具有谱线简单，分析速度快，可直接对固体、液体、料浆和粉状等不同状态的样品作非破坏性分析，能进行多元素同时分析，测量元素多[除了 H、He、Li、Be 外，可对元素周期表中从硼（B）到铀（U）作元素的常量、微量的定性和定量分析]、可测含量范围大等优点但灵敏度偏低，一般只能分析含量大于 0.01%的元素。虽然不受试样形状和大小的限制，但应保证分析的试样均匀。

2）定性分析

不同元素的荧光 X 射线具有各自的特定波长，因此根据荧光 X 射线的波长可以确定元素的组成。如果是波长色散型光谱仪，对于一定晶面间距的晶体，由检测器转动的 2θ 角可以求出 X 射线的波长 λ，从而确定元素成分。在定性分析时，可以靠计算机自动识别谱线，给出定性结果。但是如果元素含量过低或存在元素间的谱线干扰时，仍需人工鉴别。首先识别出 X 射线管靶材的特征 X 射线和强峰的伴随线，然后根据 2θ 角标注剩余谱线。在分析未知谱线时，要同时考虑到样品的来源、性质等因素，以便综合判断。

3）定量分析

X 射线荧光光谱法进行定量分析的依据是元素的荧光 X 射线强度 I_i 与试样中该元素的含量 W_i 成正比：

$$I_i = I_s W_i \tag{2-3}$$

式中，I_s 为 $W_i = 100\%$时，该元素的荧光 X 射线的强度。根据式（2-3），可以采用标准曲线法、增量法、内标法等进行定量分析。但是试样的基体效应或共存元素的影响，会使测定结果产生很大的偏差，因此这些方法都要求标准样品的组成与试样的组成尽可能相同或相似，至今国内外还没有合适的颗粒物标准样品。另外，散射光的干扰也是必须考虑的问题。

基体效应，是指样品的基本化学组成和物理化学状态的变化对 X 射线荧光强度所造成的影响。化学组成的变化，会影响样品对一次 X 射线和 X 射线荧光的吸收，也会改变荧光增强效应。例如，在测定不锈钢中 Fe 和 Ni 等元素时，由于一次 X 射线的激发会产生 Ni 荧光 X 射线，Ni 荧光 X 射线在样品中可能被 Fe 吸收，使 Fe 激发产生 Fe 荧光 X 射线，测定 Ni 时，因为 Fe 的吸收效应使结果偏低，测定 Fe 时，由于荧光增强效应使结果偏高。但是，配置相同的基体又几乎是不可能的。为克服这个问题，目前 X 射线荧光光谱定量方法一般采用基本参数法。该方法是在考虑各元素之间的吸收和增强效应的基础上，用标样或纯物质计算出元素荧光 X 射线理论强度，并测其荧光 X 射线的强度。将实测强度与理论强度比较，求出该元素的灵敏度系数，测未知样品时，先测定试样的荧光 X 射线强度，根据实测强度和灵敏度系数设定初始浓度值，再由该浓度值计算理论强度。将测定强度与理论强度比较，使两者达到某一预定精度，否则要再次修正，该法要测定和计算试样中所有的元素，并且要考虑这些元素间相互干扰效应，计算十分复杂，因此，必须依靠计算机进行计算。该方法可以认为是无标样定量分析。当欲测样品含量大于 1%时，其相对标准偏差可小于 1%。

美国环境保护署 EPA625/R-96/010a Compendium Method IO-3.2 是使用 EDXRF 测定大气颗粒物（TSP、PM_{10}、$PM_{2.5}$）中铅、汞、铬、钴、镍、镉等 44 个组分，使用 teflon（特氟龙）（采集＜2.5μm 颗粒）和 nuclepore（聚碳酸酯）（采集 2.5～10μm 颗粒）两种空白膜做检出限试验，其检测限分别为 0.4～70.6ng·cm^{-2}、0.4～68.9ng·cm^{-2}。

4）全反射 X 射线荧光分析

X 射线荧光光谱分析中检测限不够低，这其中的主要问题就是因为样品散射光干扰产生的高背景。为了克服这个缺点，20 世纪 70 年代提出了全反射 X 射线荧光（total reflection X-ray fluorescence，TXRF）分析概念，TXRF 分析技术是在 EDXRF 分析技术的基础上发展起来的。1971 年，日本九州大学的 Yoneda 首次提出把 TXRF 作为一种多元素分析方法使用。当入射 X 射线以大入射角照射样品时，X 射线将表现为常规吸收与散射。而当入射 X 射线以一特定的低掠射角照射样品或者基体时，入射 X 射线将不再被样品散射，背景迅速下降，这种效应称为全反射，对应的角度称为临界角。当入射 X 射线小于临界角时，大部分辐射将离开样品，背景显著降低。与 EDXRF 相比，它的穿透深度很小，主要是利用能造成本底信号的非弹性散射使二次辐射不受到影响，因此 TXRF 的探测限很低，可达到纳克级，适用于痕量元素分析，也可以应用于表面和近表面分析，大气颗粒物样品的 TXRF 分析技术也有报道。

全反射 X 射线荧光光谱仪的应用领域主要为硅晶片表面污染物监测及液体样品和植物样品分析。尽管它也可用于固体样品，如颗粒物、沉淀物、地质样品，但由于要进行样品前处理，如酸解、加内标等，故与 ICP-MS 相比优势不是很明显。简单地将 TXRF 用于大气颗粒物等固体样品分析并不可取，而将 TXRF 与其他技术相结合，开展微束或原位分析则更能发挥其特长和优势。

2. 中子活化分析

中子活化分析是通过鉴别和测试试样因辐照感生的放射性核素的特征辐射，

进行元素和核素分析的放射分析化学方法。1936 年，匈牙利化学家乔治·赫维西（George Charles de Hevesy）和 H. 莱维用镭-铍中子源辐照氧化钇（Y_2O_3）试样，测定了其中的镝（Dy），进行了首次中子活化分析。

1）基本原理

中子活化分析技术随着反应堆、加速器和射线探测等技术的发展，已经成为高灵敏度、多元素和非破坏性元素分析的可靠方法，在微量及痕量元素分析中占据重要地位。

活化分析的基础是核反应，是以一定能量和流强的中子或质子轰击试样引起核反应，使其变为放射性核素。中子是电中性的，所以当用中子辐照试样时，中子与靶核之间不存在库仑斥力，一般通过核力与核发生相互作用。核力是一种短程力，作用距离为 10fm（$1\text{fm} = 10^{-15}\text{m}$），表现为极强的吸引力。中子接近靶核至 10fm 时，由于核力作用，被靶核俘获，形成复合核。复合核一般处于激发态，寿命为 10^{-14}～10^{-12}s。中子与靶核碰撞时，有三种作用方式：①弹性散射，靶核与中子的动能之和在散射作用前后不变，这种作用方式无法应用于活化分析；②非弹性散射，若靶核与中子的动能之和在作用前后不等，则该能量差导致复合核的激发，引起非弹性散射，此时生成核为靶核的同质异能素，一些同质异能素的特征辐射可通过探测器测定，这种作用方式可用于活化分析；③核反应，若靶核俘获中子形成复合核后放出光子，则被称为中子俘获反应，即（n，γ）反应，这就是中子活化分析利用的主要反应，此外（n，2n）、（n，p）、（n，α）和（n，f）等反应也可用于中子活化分析。通过测定产生的瞬发 γ 或放射性核素衰变产生的射线能量和强度（主要是 γ 射线），核反应方程式见式（2-4），用 γ 射线分光仪测定光谱，根据波峰进行物质中元素的定性分析，辐射能的强弱进行定量分析，中子活化分析原理见图 2-2。一般中子源由核动力装置提供，质子源采用回旋加速器或范德格拉夫加速器。

$$\underset{\text{中子}}{n} + \underset{\text{靶核}}{A} \longrightarrow \underset{\text{复合核}}{[A+\alpha]^*} \longrightarrow \underset{\text{生成核}}{B} + \underset{\text{出射粒子}}{b} \tag{2-4}$$

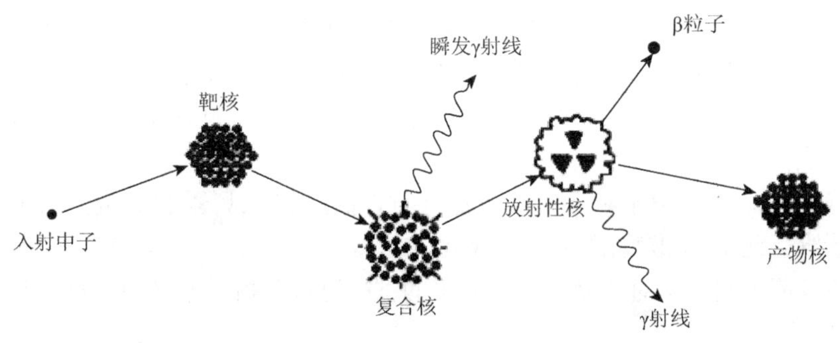

图 2-2　中子活化分析原理图

根据测量不同过程产生的 γ 射线或者样品处理方式，中子活化分析又被分为瞬发 γ 射线中子活化分析、常规中子活化分析/仪器中子活化分析、放射化学中子活化分析。

瞬发 γ 射线中子活化分析是指直接测量（n，γ）反应产生的瞬发 γ 射线所进行的活化分析。瞬发 γ 射线的优势在于分析速度快，可以进行在线分析，对 H、B 等难以通过测量衰变 γ 射线进行分析的元素的灵敏度很高，缺点是用于瞬发 γ 射线活化分析的中子注量率都很低，因而对大部分元素的灵敏度不如常规中子活化分析。

常规中子活化分析/仪器中子活化分析通常是指将待分析试样直接送入反应堆进行中子（热中子、超热中子、快中子）辐照，然后经过一定时间的冷却（衰变），将试样分装后直接使用高纯锗探测器进行测量和分析。

放射化学中子活化分析样品需要进行化学处理。有时候试样中的待测元素含量很低或者有其他因素干扰，这时需要通过化学处理把待测元素从样品中分离出来或者把主要干扰元素去掉。为了在化学处理过程中不引入污染，人们通常先把待测样品进行中子辐照，把待分析元素变成放射性元素，然后在化学处理过程中通过加入非放射性载体元素进行放射化学分离，从而提高分析灵敏度和准确度。

2）分析特点

中子活化分析的特点在于高灵敏度、高准确度、精密度、非破坏性、无空白试剂影响和多元素同时分析，目前非破坏性、高准确度、多元素同时分析优势非常显著，是大气颗粒物的多元素同时分析方法中灵敏度较高的一种，在国外环境监测中广为应用。

测定元素范围广。理论上对原子序数 1～83 的所有元素都能测定，在同一试样中，一般可同时测定 30～40 种元素。

灵敏度高。大部分元素的灵敏度可达到 10^{-6}～10^{-13}g·g^{-1}，因而适用于固体试样中的多元素同时分析。灵敏度因元素而异，例如，中子活化分析对铅的灵敏度相对较差，而对锰、金等元素的灵敏度很高，可相差达 10 个数量级。

基体无关性。由于中子和 γ 射线的穿透性很强，一般来说与试样基体种类关系不大。但是试样在辐照过程中不能影响反应堆安全，如液体、气体等试样需要进行辐照安全处理。

准确度高。由于中子和 γ 射线穿透性强，高纯锗探测器的能量分辨率很高，γ 射线谱清晰，还有标准物质进行质量监测。

样品量范围宽。可对亚微克至千克级的试样进行分析，不必对试样进行预处理。

3）缺点

需要反应堆，有放射性；试样需要对不同半衰期的核素进行分次测量，大部分元素的分析周期较长，分析效率低；检测不到不能被中子活化的元素及含量，半衰期短的元素也无法测量；一般情况下，只能给出元素的含量，不能测定元素的化学形态及其结构；核衰变及其计数的统计性，致使中子活化分析法存在独特的分析误差。误差的减少与样品量的增加不呈线性关系；仪器价格昂贵。

3. 质子 X 射线荧光分析

质子激发 X 射线荧光分析简称质子 X 射线荧光分析，是利用原子受质子激发后产生的特征 X 射线的能量和强度来进行物质定性和定量分析的方法。质子 X 射线荧光分析是 20 世纪 70 年代发展起来的一种多元素微量分析技术。其分析灵敏度可达 10^{-16}g，相对灵敏度可达 10^{-6}～10^{-7}g·g^{-1}，原则上可分析原子序数大于 13 的各种元素。20 世纪 80 年代前期，可实际测定的元素有：自铝至铈（氩、氪、氙、锝、钯和碲除外）、自钽至铋（铼、锇、铱除外）、钍和铀，有的设备还可分析镁和硼，共可测 52 种元素。

1）原理

基本原理是用高速质子照射试样，质子与试样中的原子发生库仑散射。原子内层电子按一定概率被撞出内壳层，留下空穴，较外层电子向这个空穴跃迁时发射出特征 X 射线。用探测仪器探测和记录这些特征 X 射线谱，根据特征 X 射线的能量可进行定性分析，根据谱线的强度进行定量分析。

2）结构

质子 X 射线荧光分析的主要试验装置包括：①加速器，一般用质子静电加速器，选用能量为 1～3MeV 的质子，在此能量范围内，质子激发 X 射线的产额高，灵敏度高。②靶室（或称散射室），是分析样品放置处，其中有特制的样品架，并且包括质子束准直系统、均束装置和集束装置，有探测窗连接探测器，靶室和真空系统相连接。③X 射线能谱分析仪，常用硅（锂）能谱仪。在质子束照射下，样品发射出的特征 X 射线穿过铍窗、空气层和吸收片，进入硅（锂）能谱分析仪。这种谱仪在一次测量中可以记录样品中所有可分析元素的特征 X 射线谱，配合电子计算机，可进行在线分析，直接给出各元素的含量。

在质子 X 射线荧光分析中所测得的 X 射线谱是由连续本底谱和特征 X 射线谱合成的叠加谱。解谱包括本底的扣除、谱的平滑处理、找峰和定峰位、求峰的半高宽和峰面积。从解 X 射线谱中可得到某一待测元素的特征谱峰的面积（峰计数），根据峰面积可计算出该元素的含量。这种直接计算的办法需要对探测系统标定探测效率、确定探头对靶子所张立体角、测定射到靶子上的质子数等。在实际分析工作中多采用相对测定法，即将试样和标样同时分析比较，设试样和标样中待测元素的特征 X 射线谱峰计数为 N_x 和 N_s，含量为 W_x 和 W_s，则得 $W_x = N_xW_s/N_s$。

除了上述相对认可的固体颗粒物元素分析方法外，X 射线光电子能谱法（X-ray

photoelectron spectroscopy，XPS）用于测量颗粒物表面的化学组成、原子价态、表面能态分布和能级结构等；应用 X 射线吸收谱法（X-ray absorption spectroscopy，XAS）研究大气颗粒物中元素的种态；配合扫描电子显微镜（scanning electron microscope，SEM）与透射电子显微镜（transmission electron microscope，TEM）使用的能量色散 X 射线谱仪（X-ray energy dispersive spectrometer，EDS）、能量色散 X 射线分析仪（energy-dispersion X-ray analysis，EDX）可以对颗粒物元素种类与含量的半定量分析；应用波长色散 X 射线谱法（wavelength dispersion X-ray spectroscopy，WDS，WDX）、飞行时间二次离子质谱仪（time-of-flight secondary ion mass spectrometry，TOF-SIMS）、俄歇电子能谱仪（Auger electron spectroscopy，AES）、电子探针微区分析仪（electron probe micro-analysis，EPMA）等，结合仪器特点和研究目的，也被一些研究者用于大气颗粒物的化学元素组成研究。

2.2.3　大气颗粒物中重金属的间接测量方法

很多情况下，大气颗粒物样品要经过前处理才能进行分析测定，如原子吸收光谱法（atomic absorption spectroscopy，AAS）、原子发射光谱法等要求测量样品是液态的，测汞仪（mercury vapourmeter，mercury vapour analyzer）测量的是汞蒸气，原子荧光光谱法（atomic fluorescence spectrometry，AFS）也常需要将金属还原成气态氢化物后进行测量等。

1. 大气颗粒物的规范消解方法

目前，国家环境保护部发布的《空气和废气 颗粒物中金属元素的测定 电感耦合等离子体发射光谱法》（HJ 777—2015）和《空气和废气 颗粒物中铅等金属元素的测定 电感耦合等离子体质谱法》第 1 号修改单（HJ 657—2013/XG1—2018）规定了大气颗粒物的消解方法。其中，HJ 777—2015 提出了硝酸-氢氟酸-过氧化氢-高氯酸全量消解（适合有机滤膜）、硝酸-氢氟酸-过氧化氢全量消解、硝酸-氢氟酸-过氧化氢-高氯酸全量消解（适合石英滤膜）、碱熔法消解、硝酸溶液消解、硝酸-盐酸混合溶液消解 6 种消解体系，可以使用微波消解和电热板消解两种消解方法。在标准方法出台之前，多参照美国 EPA IO-3.1（1999），采用硝酸-盐酸体系，微波消解和电热板消解两种消解方法对颗粒物滤膜进行前处理。

1）硝酸-氢氟酸-过氧化氢-高氯酸全量消解

该消解方法适合特氟龙、聚丙烯等有机材质滤膜所采集的颗粒物样品的全量消解。取适量面积有机材质滤膜样品（47mm 滤膜取全部、90mm 滤膜取 1/2），用陶瓷剪刀剪成小块置于高压消解罐内罐中，加入浓硝酸 6.0mL、过氧化氢 2.0mL、氢氟酸 0.1mL，拧紧外罐，放入烘箱于 180℃条件下消解 8h。冷却至室温后从烘箱取出，加入高氯酸 1.0mL，置于电热板上加热，将消解罐内液体（高氯酸）赶至近干时，关闭电热板电源开关，冷却至室温后用硝酸(1 + 99)溶液溶解溶盐，并定容至 50.0mL，待测。同时制备空白滤膜样品试液。

2）硝酸-氢氟酸-过氧化氢全量消解

该消解方法适合特氟龙、聚丙烯等有机材质滤膜所采集的颗粒物样品的全量消解。取适量面积有机材质滤膜样品（47mm 滤膜取全部、90mm 滤膜取 1/2），用陶瓷剪刀剪成小块置于高压消解罐内罐中，加入浓硝酸 6.0mL、过氧化氢 2.0mL、氢氟酸 0.1mL，拧紧外罐，放入烘箱于 180℃条件下消解 8h。冷却至室温后从烘箱中取出，用水定容至 50.0mL，待测。同时制备空白滤膜样品试液。

3）硝酸-氢氟酸-过氧化氢-高氯酸全量消解

该消解方法适合石英滤膜所采集的颗粒物样品的全量消解。取适量面积石英滤膜试样（如 47mm 滤膜取全部；90mm 滤膜取 1/2；大张滤膜取 1/4），用陶瓷剪刀剪成小块置于高压消解罐内罐中，加入 2.0mL 氢氟酸，待石英膜溶解完全，再加入浓硝酸 3.0mL、过氧化氢 2.0mL，室温静置过夜。将内罐放入不锈钢外套内，拧紧外罐，放入烘箱中于 180℃消解 6h。冷却至室温后从箱中取出消解罐，在电热板上 140℃加热赶出酸，当消解罐中剩约 1mL 溶液时，加入高氯酸 1.0mL，将温度升至 175℃，保持微沸至冒白烟。当消解罐内液体近干时关闭电热板电源。取下冷却，加入硝酸(1 + 99)溶液溶解溶盐并定容至 50.0mL，待测。同时制备空白滤膜样品试液。

4）碱熔法（全量）消解

该消解方法适合有机滤膜采集的颗粒物样品中硅、铝、钛、锰等常量元素测定。取适量大气颗粒物滤膜样品于镍坩埚中，放入马弗炉，从低温升至 300℃，在此温度保持约 40min，进行预灰化。预灰化完成后，逐渐开高马弗炉温度至 550℃进行样品灰化。样品在 550℃保持 40～60min 至灰化完全。取出已灰化好的样品，冷却至室温，加入几滴无水乙醇润湿样品，再加入 0.1～0.2g 固体氢氧化钠，放入马弗炉中于 500℃下熔融 10min。取出镍坩埚，在室温下放置片刻后加入 5mL 热水（约 90℃），在电热板上煮沸提取。提取液移入预先盛有 2mL 盐酸(1 + 1)溶液的塑料试管中，用少量 $0.1mol \cdot L^{-1}$ 的盐酸溶液多次冲洗镍坩埚内壁，将溶液洗入试管中并稀释至 50.0mL，摇匀待测。同时制备空白滤膜样品试液。样品定容后要尽快测定以防止硅元素损失。样品存放时间不宜超过 24h。

5）硝酸溶液（浸溶）消解

取滤筒整个剪成小块，放入 250mL 锥形瓶中，加入硝酸(1 + 1)溶液 50mL 和过氧化氢 5mL 浸没滤筒样品，瓶口插入一小漏斗，于电热板上加热至微沸，保持微沸 2h。冷却后小心滴加过氧化氢 5mL，必要时可补加少量水，再置于电热板加热至微沸，保持微沸 1h。冷却后过滤，滤液转入烧杯中，用水洗涤锥形瓶、滤渣三次以上，洗涤液与滤液合并。将装有滤液的烧杯放在电热板上，将滤液蒸至近干（蒸干温度不宜太高，以免迸溅），再加入硝酸溶液 2.0mL，加热使残渣溶解，稍冷却后，趁热将溶液过滤转移至 50mL 容量瓶中，用水稀释并定容至标线。

6）硝酸-盐酸混合溶液（浸溶）消解

微波消解：取适量滤膜或滤筒样品（大流量采样器矩形滤膜可取 1/4，或截取直径为 47mm 的圆片；小流量采样器圆滤膜取整张，滤筒取整个），用陶瓷剪刀剪成小块置于微波消解容器中，加入 20.0mL 硝酸-盐酸混合消解液（配制方法：500mL 超纯水中加入 55.5mL 硝酸及 167.5mL 盐酸，定容至 1L），使滤膜（滤筒）碎片浸没其中，加盖，置于消解罐组件中并旋紧，放到微波转盘架上。设定消解温度为 200℃，消解持续时间为 15min。消解结束后，取出消解罐组件，冷却，以水淋洗微波消解容器内壁，加入约 10mL 水，静置 0.5h 进行浸提。将浸提液过滤到 100mL 容量瓶中，用水定容至 100mL，待测。当有机物含量过高时，可在消解时加入适量的过氧化氢以分解有机物。

电热板消解：取适量滤膜或滤筒样品（大流量采样器矩形滤膜可取 1/4，或截取直径为 47mm 的圆片；小流量采样器圆滤膜取整张，滤筒取整个），用陶瓷剪刀剪成小块置于聚四氟乙烯（PTFE）烧杯中，加入 20.0mL 硝酸-盐酸混合消解液，使滤膜（滤筒）碎片浸没其中，盖上表面皿，在(100±5)℃加热回流 2h，冷却。以水淋洗烧杯内壁，加入 10mL 超纯水，静置 0.5h 进行浸提、过滤，定容至 100.0mL 容量瓶中，待测。当有机物含量过高时，可在消解时加入适量过氧化氢消解，以分解有机物。

浸提消解和全量消解的主要区别有两点：一是浸提不使用 HF，二是浸提不加热或低温加热，处理时间较短。由于 HF 是唯一能分解硅酸盐或 SiO_2 的酸，因而酸浸提并不能或较难将颗粒物中包裹在矿物晶格中的金属元素溶出。然而，大量研究表明，大气颗粒物中 Cd、Cu、Mn、Zn 等元素相对容易溶出，用酸浸提溶出比在 80%以上，而 Pb、Cr 则易包含在矿物晶格中，溶出量仅为全量的 53%～67%。大气颗粒物不同于土壤，硅等地壳元素含量相对较少，特别对于细粒子，有研究表明地壳元素仅占细粒子总质量的 2.9%。因而，可以认为，用酸浸提方法能将颗粒物中大部分重金属元素溶出，且操作简便快捷，所以用酸浸提对颗粒物进行前处理，不失为一种快速分析颗粒物中重金属的方法，但也应考虑未溶解的颗粒物对重金属离子的吸附作用，使测量值偏低。

2. 湿法消解

样品的前处理消解方法很多，同一样品检测目的不同、检测条件不同、检测仪器设备不同，可能要采用的前处理方法也不同，所以对于不同样品中的分析对象要进行具体分析，确定最佳方案，某种程度上，前处理决定了分析测试的结果。

一般来说，尽量做到不损失、不污染样品，操作简便，回收率高，尽量除去对仪器或分析系统有害的物质，使仪器保持稳定良好的性能状态。前处理方法的步骤越多，误差值越大，而且样品的前处理常常改变金属元素的价态或化学组成，在后续的测量时，要认真分析，以保证测量结果的有效性和准确性。

1）酸消解

盐酸-硝酸-氢氟酸-高氯酸的全消解法。大气颗粒物样品因常含有硅酸盐等土壤元素成分，可以采用加入氢氟酸的全消解法，样品消解后全部变为液体，提高了测量的准确度，同时适用于后续的原子吸收、原子发射等方法测量。如再采用消化罐消解，适用于大部分金属元素的分析，但承装的器皿或样品转移器材均不能使用玻璃制品，需要选用耐氢氟酸的如聚四氟乙烯等化学性质稳定的材质，选用测试仪器也要充分考虑石英喷嘴等结构对样品溶液的耐蚀性，或测量前将氢氟酸赶尽。

硝酸-高氯酸消解法。硝酸-高氯酸消解法应用非常广泛，适用于大气颗粒物样品中铅、镉、铍、镍、锡、砷、硒等多种酸溶性金属的消解，对样品中的难氧化有机物也有很好的溶解作用，也是《空气和废气监测分析方法》中认可的最常用的一种消解方法。样品溶液要充分清洗并去除残渣，以便满足后续的仪器测量要求。因为高氯酸能与含羟基有机物激烈反应，有发生爆炸的危险，故应先加入硝酸氧化水样中的羟基有机物，稍冷后再加高氯酸处理。

根据样品的性状和测量要求，还有其他的酸消解法。硝酸消解法适用于较清洁的水样；硫酸-磷酸消解法有利于消除测定样品中 Fe^{3+}等离子的干扰；硫酸-高锰酸钾消解法、硝酸-硫酸-五氧化二钒消解法常用于测定含汞的样品；硝酸-硫酸消解法、硝酸-盐酸消解法对于易氧化的有机物质是可以消解的；硫酸-过氧化氢消解法可使有机氮和磷转化为铵盐和磷酸盐，适用于总氮、总磷、总钾的测定；多元消解法具有更强的溶解能力。

2）碱消解

碱消解法适用于酸消解法会造成某些元素的挥发或损失的环境样品，尤其适合测量六价铬元素。在样品中加入氢氧化钠和过氧化氢溶液，但由于加入大量碱金属盐，对后续的原子吸收测定会产生基体干扰，不宜采用此法。

消解时可使用电炉、电热板、高压消解罐、孔式消解器、微波消解仪等。电热板消解对实验室条件要求较低，但酸用量大，产生大量有害气体，样品空白值偏高，也会造成一些挥发性元素的损失。采用密闭容器消化罐或微波消解，样品溶解消化时间短、酸用量少、空白值低，且再现性好、易挥发元素损失较小、分解试样速度快、操作简便、可同时进行大批量试样的分解，但也不可避免地带来高压、消解样品量小的不足，分解有机物或者含有机质高的土壤时，特别是在有高氯酸存在下有发生爆炸的危险。

针对不同样品选择酸体系，消解温度也是有差别的，盐酸适合在 80℃以下的温度进行消解，硝酸适合在 80～120℃的温度进行消解，硫酸适合在 340℃左右的温度进行消解，盐酸-硝酸的混酸适合在 95～110℃的温度进行消解，硝酸-高氯酸的混酸适合在 140～200℃的温度进行消解，硝酸-硫酸的混酸适合在 120～200℃的温度进行消解，硝酸-过氧化氢适合在 95～130℃的温度进行消解。

3. 干法消解

干法消解又称干灰化法、燃烧法或高温分解法等，常规灰化温度为 500～600℃，通过高温灰化除去大量有机物，然后用酸或其他溶剂溶解，制成试样溶液。因加入试剂少、空白值低、灰分体积小，可处理较多的样品富集被测组，但会造成挥发性元素的损失，如在高温条件下，汞、铅、镉、锡、硒等易挥发损失。干灰化法具体可采用高温电炉直接灰化法、氧瓶燃烧法、燃烧法和低温灰化法。

利用高温电炉对样品进行灰化，温度一般为 450～550℃，根据样品种类和待测组分的性质不同，选用不同材质的坩埚和灰化温度。

氧瓶燃烧法是一种简单易行的低温灰化法。它是将少量样品用滤纸包裹后，固定在瓶塞的夹子上，放入预先充满氧气的锥形瓶（氧瓶）中燃烧，而密闭的瓶内盛有适当的吸收剂以吸收燃烧产物，然后进行测定。

燃烧法又称氧弹法，用于灰化含汞、砷、硫、氟、硒、硼等元素的生物样品。将样品装入样品杯，置于盛有吸收液的铂内衬氧弹中，旋紧氧弹盖，充入氧气，用电火花点燃样品，使样品灰化，待吸收液将灰化产物完全溶解后用于测量。

低温灰化法是利用高频电场激发氧气产生激发态原子的技术，使样品进行氧化分解。通常在 100℃以下就能使样品完全灰化，在测定含砷、汞、硒、氟等易挥发元素的生物样品时较适用。

4. 光谱学检测方法

1）原子吸收光谱法

原子吸收光谱法又称原子吸收分光光度法，是基于待测元素的基态原子蒸气对其特征谱线的吸收，由特征谱线的特征性和谱线被减弱的程度对待测元素进行定性定量分析的一种仪器分析的方法。根据原子化器的类型不同，还可进一步分为火焰原子吸收光谱法、石墨炉原子吸收光谱法（GFAAS）、氢化物发生原子吸收光谱法（HG-AAS）及冷蒸气原子吸收光谱法（CVAAS）。

（1）基本原理。

原子吸收光谱法是利用气态原子可以吸收一定波长的光辐射，使原子中外层的电子从基态跃迁到激发态的现象而建立的。从光源辐射出具有待测元素特征谱线的光通过试样原子蒸气时，被蒸气中待测元素基态原子所吸收，即入射辐射的频率等于试样原子中的电子由基态跃迁到较高能态（一般情况下都是第一激发态）所需要的能量频率时，原子中的外层电子将选择性地吸收其同种元素所发射的特征谱线，使入射光减弱。特征谱线因吸收而减弱的程度称吸光度 A，在线性范围内与被测元素的含量成正比，进而对某特定元素进行定量分析。AAS 现已成为无机元素定量分析应用中最广泛的一种分析方法，可采用标准曲线法、直接比较法、标准加入法进行分析。

（2）仪器结构。

原子吸收光谱仪由光源、原子化系统、分光系统和检测系统等几部分组成。光源的功能是发射被测元素的特征共振辐射。空心阴极放电灯是能满足上述各项要求的理想的锐线光源，应用最广。原子化器主要有四种类型：火焰原子化器、石墨炉原子化器、氢化物发生原子化器及冷蒸气发生原子化器。试样中被测元素的原子化是整个分析过程的关键环节，其功能是提供能量，使试样蒸发和原子化。

（3）主要特点。

原子吸收光谱法具有检出限低［火焰法检测下限为 ppm，石墨炉检测下限为 ppb（$1ppb = 10^{-9}$）］，准确度高（火焰法相对误差小于 1%），选择性好，分析速度快，灵敏度高等优点。火焰原子吸收法的灵敏度是 ppm 到 ppb 数量级，石墨炉原子吸收法绝对灵敏度可达到 10^{-10}～10^{-14}g。常规分析中大多数元素均能达到 ppm 数量级。应用范围广，理论上应用原子吸收光谱法可测定的元素达 73 种（火焰法可分析 30 多种元素，石墨炉法可分析 70 多种元素，氢化物发生法可分析 11 种元素）。就含量而言，既可测定低含量和主量元素，又可测定微量、痕量甚至超痕量元素；就元素的性质而言，既可测定金属元素、类金属元素，又可间接测定某些非金属元素，也可间接测定有机物；就样品的状态而言，既可测定液态样品，也可测定气态样品，甚至可以直接测定某些固态样品，这是其他分析技术所不能及的。

（4）局限性。

a. 不能多元素同时分析。测定元素不同，必须更换光源灯。不能消除光源被动所引起的基线漂移，对测定的精密度和准确度有影响。

b. 标准工作曲线的线性范围窄（一般在一个数量级范围）。

c. 由于原子化温度比较低，对于一些易于形成稳定化合物的元素，原子化效率低、检出能力差、受化学干扰严重、结果不能令人满意，如 P、S、W、K、Hg、Pb、Sb、As、Se、Sn、B、Si、Tl 等元素。

d. 非火焰的石墨炉原子化器虽然原子化效率高、检出限低，但是重现性和准确度较差。

原子吸收光谱法虽然适用于大气颗粒物中微量和痕量金属成分的测定，而且其精密度、准确度和自动化程度也在不断提高，但在多元素同时测定、提高灵敏度和降低干扰方面仍待进一步研究。

2）电感耦合等离子体原子发射光谱法

电感耦合等离子体原子发射光谱法（inductively coupled plasma atomic emission spectrometry，ICP-AES；或 inductively coupled plasma optical emission spectrometry，ICP-OES）利用等离子体形成的高温使待测元素产生原子发射光谱，通过对光谱特征和强度的检测，进行元素定性和定量分析，可进行多元素的同时测定。

等离子体是一种电离度大于 0.1%的气体，气体的导电能力达到最大导电能力的一半，由电子、离子、原子和分子所组成，其中正负电荷密度几乎相等，整体呈现电中性。形成稳定的电感耦合高频等离子体炬焰需要高频电磁场、载气（通常为氩气）、能维持气体放电的石英炬管及电子-离子源四个条件，试样溶液变成气溶胶被引入等离子体源后，在 6000～10000K 的高温下发生去溶剂、蒸发、离解、激发、电离、发射出特征谱线。图 2-3 是典型的电感耦合等离子体原子发射原理示意图。

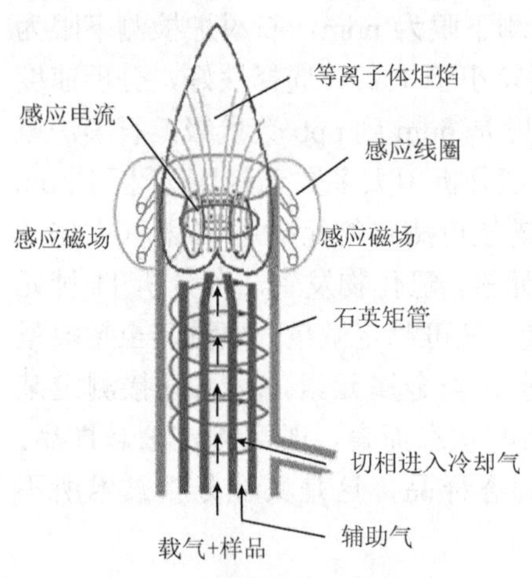

图 2-3 电感耦合等离子体原子发射原理示意图

电感耦合等离子体原子发射光谱仪由样品引入系统、电感耦合等离子体光源、分光系统、检测系统等构成，另有计算机控制及数据处理系统、冷却系统、气体控制系统等。测试时可采用标准曲线法、内标校正的标准曲线法、标准加入法等进行元素的定量测定。

（1）标准曲线法。

在选定的分析条件下，测定待测元素三个或三个以上的含有不同浓度的标准系列溶液（标准溶液的介质和酸度应与供试品溶液一致），以分析线的响应值为纵坐标，浓度为横坐标，绘制标准曲线，计算回归方程，相关系数应不低于 0.99。在同样的分析条件下，同时测定供试品溶液和试剂空白，扣除试剂空白，从标准曲线或回归方程中查得相应的浓度，计算样品中各待测元素的含量。

（2）内标校正的标准曲线法。

在每个样品（包括标准溶液、供试品溶液和试剂空白）中添加相同浓度的内标（ISTD）元素，以标准溶液待测元素分析线的响应值与内标元素参比线响应值的比值为纵坐标，浓度为横坐标，绘制标准曲线，计算回归方程。利用供试品中待测元素分析线的响应值和内标元素参比线响应值的比值，从标准曲线或回归方程中查得相应的浓度，计算样品中待测元素的含量。

内标元素及参比线的选择原则如下，内标元素的选择：①外加内标元素在分析试样品中应不存在或含量极微；如样品基体元素的含量较稳时，也可用该基体元素作内标；②内标元素与待测元素应有相近的特性；③同族元素，具有相近的电离能。参比线的选择：①激发能应尽量相近；②分析线与参比线的波长及强度接近；③无自吸现象且不受其他元素干扰；④背景应尽量小。内标的加入可以通过在每个样品和标准溶液中分别加入，也可通过蠕动泵在线加入。

（3）标准加入法。

取同体积的供试品溶液 4 份，分别置于 4 个同体积的量瓶中，除第 1 个量瓶外，在其他 3 个量瓶中分别精密加入不同浓度的待测元素标准溶液，分别稀释至刻度，摇匀，制成系列待测溶液。在选定的分析条件下分别测定，以分析线的响应值为纵坐标，待测元素加入量为横坐标，绘制标准曲线，将标准曲线延长交于横坐标，交点与原点的距离所对应的含量，即为供试品取用量中待测元素的含量，再以此计算供试品中待测元素的含量。此法仅适用于标准曲线呈线性并通过原点的情况。

电感耦合等离子体原子发射光谱法与原子吸收光谱法相比，主要优势是可多元素同时检出、准确度高、线性范围宽、检出限低。大多数仪器的检测下限为 ppm，平均检出限比原子吸收低 5～10 倍，特别是对于易形成耐高温氧化物的元素，检出限要低几个数量级，可准确检测除 Cd、Hg 等以外的绝大部分重金属。等离子体光源的光谱分析标准曲线线性范围可达 5～6 个数量级。

电感耦合等离子体原子发射光谱法成为当前大气颗粒物中重金属元素分析检测的主要技术，但是存在谱线强度影响因素多、不能进行结构形态测定和固体样品无法直接测定等不足，与电感耦合等离子体质谱法相比，灵敏度略低。

3）电感耦合等离子体质谱法

电感耦合等离子体质谱法（inductively coupled plasma mass spectrometry，ICP-MS），将等离子体与质谱联用，即将等离子体作为质谱的离子源，将受光部分改为质谱仪。ICP-MS 是 20 世纪 80 年代发展起来的无机元素和同位素分析测试技术，它以独特的接口技术将电感耦合等离子体的高温电离特性与质谱仪的灵敏快速扫描的优点相结合而形成的一种高灵敏度的分析技术，可进行元素的定性、定量分析。在大气颗粒物研究中，ICP-MS 显示出巨大的优势，已成为大气颗粒物研究的一个重要分析手段。

电感耦合等离子体质谱仪的原理是将被测物质用电感耦合等离子体离子化后，按离子的质荷比分离，测量各种离子谱峰强度的一种分析方法。一般由进样系统、电感耦合等离子体离子源、质量分析器和检测器组成。样品由雾化器雾化后由载气携带从等离子体焰炬中央穿过，迅速被蒸发电离，并导入到质量分析器，几乎对所有元素均有较高的检测灵敏度。

电感耦合等离子体质谱法可以同时测定多种元素及同位素比值，基体效应小，谱线简单，线性范围宽，适合测量液体样品中的微量、痕量和超痕量的金属元素、某些卤素元素、非金属元素。其最大特点是检出限低，检测下限为 ppb，比一般 ICP-AES 低 1000 倍，高分辨 ICP-MS 的检出限更低，测定精密度（RSD）可达到 0.1%。但在提高耐盐量、防止轻元素干扰、降低运行维护成本和控制污染等方面有待改进，用于大气颗粒物金属检测时重现性不佳。

4）原子荧光光谱法

原子荧光光谱法是介于原子发射光谱和原子吸收光谱之间的光谱分析技术。它的基本原理是基态原子（一般蒸气状态）吸收特征波长的辐射后，原子的外层电子从基态或低能态跃迁到高能态，约经 10^{-8}s，又跃迁至基态或低能态，同时发射出特征波长的荧光，根据共振荧光强度与待测元素浓度成正比，进行元素的定量分析。原子荧光光度计由激发光源、原子化器、检测电路等组成。

1964 年，Winefordner 等首先提出用原子荧光光谱作为分析方法的概念。1969 年，Holak 研究出氢化物气体分离技术并用于原子吸收光谱法测定砷。1974 年，Tsujiu 等将原子荧光光谱和氢化物气体分离技术相结合，提出了气体分离-非色散原子荧光光谱测定砷的方法。20 世纪 70 年代末，我国科技工作者针对当时原子荧光光谱分析的缺陷，对原子荧光光谱仪器和测试技术方法进行了卓有成效的开发和研究，研制出多通道、氢化物与火焰原子化一体和六价铬检测等多种原子荧光光谱仪；研究出铅、锌、铬和镉的新化学蒸气发生体系和专用试剂，以及碘、钼间接测定方法，将原子荧光光谱分析推向实际应用前沿。

原子荧光光谱分析法主要适用于微量元素砷、锑、铋、汞、硒、碲、锗等的测定，目前已有 20 多种元素的检出限优于原子吸收光谱法和原子发射光谱法，与原子吸收、原子发射技术相得益彰。该法的优点是能进行多元素同时测定、灵敏度高、谱线简单，在低浓度时，标准曲线的线性范围宽，达 3～5 个数量级。

由于大气颗粒物重金属元素的时空分布差异和人类对环境空气质量要求的提高及现代仪器科学技术的高速发展，对现有仪器进行改进或开发（汪玉洁等，2015），如连续光源原子吸收光谱法同时测定多种元素（Shaltout et al.，2014），原子发射光谱法直接测定颗粒物（Lowell and Vassili，2006），高分辨率激光剥蚀电感耦合等离子体质谱法测定固体样品（Shaheen and Fryer，2011），低散射同步加速荧光法测定大气颗粒物（María et al.，2011），具有实时、快速、检出限低、直接进样和操作简便的分析技术及设备将成为大气颗粒物重金属元素分析技术的未来发展趋势。

5）测汞仪

测汞仪是一种高灵敏度的测汞用的仪器。根据测汞方法不同，可以分为冷原子吸收法和冷原子荧光法。

冷原子吸收法。该法最低检测浓度为 0.1～0.5μg·L^{-1}（因仪器灵敏度和采气体积不同而异）。汞原子蒸气对 253.7nm 的紫外光有选择性吸收，在一定浓度范围内，吸收光与汞浓度成正比。颗粒样品中的汞被酸性高锰酸钾溶液浸提或酸消解成液体样品后，各种形态汞转变成二价汞，再用氯化亚锡将二价汞还原为单质气态汞，用载气将产生的汞蒸气带入测汞仪的吸收池测定吸光度，与汞标准溶液吸光度进行比较定量。

冷原子荧光法。该方法同样是将液体样品中的汞离子还原为汞原子蒸气，吸收 253.7nm 的紫外光后，被激发而产生特征共振荧光，在一定的测量条件下和较低的浓度范围内，荧光强度与汞浓度成正比。该方法最低检出浓度为 0.05μg·L^{-1}，测定上限可达 1μg·L^{-1}。

由于二氧化硫及许多稀有气体在 253.7nm 附近对谱线有显著的吸收，因而产生严重的干扰，应注意消除干扰或选用不同类型的测汞仪，例如：①利用贵金属捕集器使汞被截留，使干扰气体逸去；②使样品气流分成两股，将一股中的汞事先移除，然后比较同一光源通过两个吸收室时的输出；③利用压致展宽效应，将通过吸收室后的光线分成两股，一股再通过饱和汞蒸气室，然后测量两股透出光线强度的比值；④利用塞曼效应比较在光源上施加磁场与不加磁场时，通过吸收室的光线强度的比值。

6）比色分析

除了上述重金属的仪器分析，在一些重金属的经典分析方法中，利用重金属的某些价态与加入的化学物质发生显色反应，根据颜色的深浅判断，在可见分光光度计上进行样品浓度的测量。比色分析一般灵敏准确、对仪器要求低，但操作复杂、复杂样品容易出现干扰。下面列举一些重金属的比色分析方法：砷的二乙基二硫代氨基甲酸银分光光度法及新银盐分光光度法、铬的二苯碳酰二肼分光光度法、锑的 5-Br-PADAP 分光光度法、铍的桑色素荧光分光光度法、铁的 4, 7-二苯基-1, 10-菲啰啉分光光度法、铍的羊毛铬花青 R 分光光度法、镍的丁二酮肟-正丁醇萃取分光光度法、镉的对-偶氮苯重氮氨基偶氮苯磺酸分光光度法等。

在测量过程中，首先要经过样品前处理，将颗粒物制成样品溶液，可以采用酸法消解，含铅样品还可采用索氏浸提法，但要注意的是，如消解中采用硫酸-硝酸体系，应脱残存硝酸，以免形成亚硝酰硫酸，破坏有机显色剂，对测定产生严重干扰。

2.2.4　大气颗粒物中重金属的在线检测方法

1. 基于 X 射线荧光技术的在线监测

X 荧光检测技术、β 射线吸收检测技术与空气颗粒物自动富集技术相结合，不仅可以监测空气颗粒物质量浓度，还可以对颗粒物中元素成分进行定量分析。可以选择使用 TSP、PM_{10}、$PM_{2.5}$ 切割器，从而实现不同动力学直径颗粒物中重金属含量的测量。X 射线荧光检测技术的优势在于没有前处理工作、检测无损性、可同时检测多种元素，因此其可以实现现场和在线监测，可以同时在线分析大气颗粒物中的 Pb、Cd、Hg、As、Cr、Cu、Zn、Ni、Ba、Ag、Al、Se、K、Ca、Mn、Fe、Co、Sb 等 30 多种金属元素含量。目前，国内外均有仪器开发公司出售不同型号的商业产品。

X 射线荧光光谱法在线检测也存在缺点，检出限仅达 ppm 级，至今国内外还没有合适的颗粒物标准样品，颗粒物样品需要一定的富集时间，也部分抵消了其现场在线优势。

2. 单颗粒气溶胶质谱法

单颗粒气溶胶质谱法（single particle aerosol mass spectrometry，SPAMS）测定大气颗粒物中重金属是将大气中的气溶胶或气溶胶发生器产生的颗粒在大气压条件下引入仪器内部真空系统，颗粒在空气动力学透镜的作用下聚焦成为准直颗粒束。进入测径区后，颗粒连续通过两束相距一定距离的激光束，通过计算可以得到颗粒物的粒径信息，随后颗粒到达电离区，激光将颗粒电离，电离产生的正负离子由双极飞行时间质量分析器分别检测。SPAMS 融合气溶胶真空采集、粒径测量及质谱分析检测技术，可实现单颗粒气溶胶化学成分和粒径尺寸的同步实时在线检测，其粒径监测范围为 200～2000nm，初步检测到的金属离子超过 20 种，同时根据颗粒物的分类及时间变化，还可用于气溶胶污染源解析研究、污染过程捕捉与分析、不同污染天气的形成机理（灰霾、沙尘暴等）研究。目前广州禾信仪器股份有限公司开发出 SPAMS 单颗粒气溶胶质谱仪已应用于大气气溶胶中重金属组分的实时监测分析。

3. 离子色谱-伏安极谱法联用测量大气颗粒物中水溶性重金属

该方法是将空气样品液化器（particle into liquid sampler，PILS）与离子色谱仪（ion chromatography，IC）、伏安极谱仪（VA）联机，半连续监测气溶胶中的阴、阳离子和重金属含量的方法。由 PILS 的真空泵将大气样品吸入混合腔，与由超纯水加热而成的过饱和水蒸气混合，过饱和水蒸气与空气样品中的颗粒物相遇，颗粒物粒子作为结晶冷核，与周围的水蒸气相结合，形成液滴。收集下来的液体样品被转移至双通道离子色谱仪中，进行 Li^+、Na^+、NH_4^+、K^+、Ca^{2+}、Mg^{2+} 等阳离子及 Cl^-、NO_2^-、NO_3^-、SO_4^{2-} 等阴离子的检测；样品进入伏安极谱仪中，可分析空气中的 Zn、Cd、Pb、Cu 等重金属的含量。空气样品液化器将空气中的气溶胶转化为液体，从而能持续提供样品流，以供离子色谱仪和伏安极谱仪检测。

采样过程、样品流路的输送、VA 的测量、阴阳离子色谱测量及每次测量完成后系统的清洗可不间断地自动运行，实现连续监测。PILS 技术可实现大气颗粒物水相溶液中常规阴、阳离子及重金属的检测。目前瑞士万通灰霾化学成分分析系统已应用于大气成分监测。

4. 激光诱导击穿光谱法

激光诱导击穿光谱（laser-induced breakdown spectroscopy，LIBS）概念于 20 世纪 60 年代首次提出，随着稳定可靠的激光器、高分辨率光谱仪及分析软件技术等的进展，LIBS 的产业化在近十年中有了快速的发展。LIBS 技术的基本原理是使用高峰值功率的脉冲激光照射样品，在激光照射的光斑区域，样品中的材料被烧蚀剥离，并在样品上方形成纳米粒子云团。由于激光的能量显著地被该云团吸收，等离子体逐渐形成。高能量的等离子体使纳米粒子熔化，将其中的原子激发并且发出光。原子发出的光可以被检测器捕获并记录为光谱，通过对光谱进行分析，即可获得样品中存在的元素信息，通过软件算法可以对光谱进行进一步的定性分析和定量分析，可参见第 4 章 4.2.2 节。

LIBS 可测几乎所有自然元素，包括常规方法难以分析的 H、Li、Be、C、N、O、S 等元素，可实现无损检测，不需对样品进行前处理，分析检测速度快，可同时进行多元素分析，分析时间大约 20s，可以对任何物理状态的样品进行元素分析，包括固态、液态、气态和各种混合物，样品量范围为 1×10^{-10}～10g，检出限可以从几 ppm 一直到%级的范围，相对标准偏差可以达到 3%～5%以内，而对于均质材料通常可以到 2%以内，甚至＜1%。LIBS 可以做成手持便携装置或移动式车载系统，更是目前被认可的可做在线分析的元素分析技术。同时，LIBS 还可以广泛应用于地质、煤炭、冶金、制药、环境等不同领域。

2.3　重金属相关的环境空气质量标准

《环境空气质量标准》（GB 3095—2012 代替 GB 3095—1996、GB 9137—1988）规定了环境空气污染物中 PM_{10}、$PM_{2.5}$ 和 Pb 的浓度限值，见表 2-3。

表 2-3　环境空气污染物项目浓度限值　（单位：$\mu g\cdot m^{-3}$）

污染物项目	平均时间	浓度限值	
		一级	二级
PM_{10}	年平均	40	70
	24h 平均	50	150

续表

污染物项目	平均时间	浓度限值	
		一级	二级
$PM_{2.5}$	年平均	15	35
	24h 平均	35	75
TSP	年平均	80	200
	24h 平均	120	300
Pb	年平均	0.5	0.5
	季平均	1	1

注：一级适用于一类区（自然保护区、风景名胜区和其他需要特殊保护的区域），二级适用于二类区（居民区、商业交通居民混合区、文化区、工业区和农村地区）

《大气污染物综合排放标准》（GB 16297—1996）规定了铬酸雾，铅、汞、镉、铍、镍、锡及它们的化合物最高允许排放浓度限值，见表 2-4。

表 2-4　大气污染物重金属排放限值

污染物	最高允许排放浓度/$(mg \cdot m^{-3})$	无组织排放监控浓度限值	
		监控点	浓度/$(mg \cdot m^{-3})$
铬酸雾	0.070	周界外浓度最高点	0.0060
铅及其化合物	0.70	周界外浓度最高点	0.0060
汞及其化合物	0.012	周界外浓度最高点	0.0012
镉及其化合物	0.85	周界外浓度最高点	0.040
铍及其化合物	0.012	周界外浓度最高点	0.0008
镍及其化合物	4.3	周界外浓度最高点	0.040
锡及其化合物	8.5	周界外浓度最高点	0.24

2.4　大气中重金属的研究方法

2.4.1　大气中常见金属的背景值研究

大气中重金属背景值（本底值）的确定是研究与评价环境中重金属污染和制定环境质量标准的前提和基础。大气中的金属元素主要存在于大气颗粒物中，颗粒物通过大气干、湿沉降积累于地表。土壤中的主要金属元素包括 K、Na、Ca、Mg、Fe、Mn、Al、Ti 等，也是表土扬尘的主要金属元素，来源于土壤母质，属于“自然源”元素，鉴于此，大气颗粒物金属元素背景值一般都采用同区域表土元素背景值（Feng et al.，2009；Lu et al.，2009）。在 20 世纪 70～80 年代开展的环境背景值调查基本上仅限于土壤背景值的调查，进入 90 年代，环境背景值的研究对象扩大到了水、植物、大气，甚至于海底沉积物，但大多是各地根据需要而开展的地方性调查。自然界大气中重金属的含量不高，几种重要的重金属背景值见表 2-5。

表 2-5　大气中几种重金属的背景值（本底值）　（单位：$\mu g \cdot m^{-3}$）

元素	背景值	元素	背景值
Hg	0.5×10^{-3}～5×10^{-3}	Pb	0.1
Cr	1×10^{-3}	Cd	0.5×10^{-3}～620×10^{-3}（欧洲）
As	1×10^{-3}～9×10^{-3}		

实际上，大气颗粒物元素背景值与表土背景值是有一定差别的，大气颗粒物的来源包括表土扬尘和人类活动的烟尘降落，因此灰尘中化学元素的种类与含量既受自然土壤母质的影响，又与人类活动有关。刘德新等（2014）研究表明，颗粒物中大部分金属元素如 Al、Ti、Na、Ca、Mg 和 Fe 的背景值常高于同区域表土背景值，原因可能与其粒径大小、矿物组成、有机质含量及农业活动有关。与表土相比，灰尘的颗粒偏粗、原生矿物更多。表土有机质特别是植物残体含量高，大量的有机物增加了土壤质量，这在一定程度上也可导致表土金属元素低于同区域颗粒物含量。城市大气颗粒物中含有石灰和水泥等颗粒，从而出现 Ca 和 K 含量高。表土 K 和 Mn 高于颗粒物的原因，可能与在农业生产过程中大量施用钾肥（磷酸氢二钾、氯化钾、硫酸钾、复合肥等）和含锰杀虫剂（如代森锰、代森锰锌）等有关。

2.4.2　大气颗粒物的单颗粒分析

20 世纪 70 年代，大气颗粒物的单颗粒形貌分析是利用光学显微镜，并绘制颗粒物图集。随着电子显微镜分析技术的发展，扫描电子显微镜、透射电子显微镜、原子力显微镜（AFM）等研究微观形貌的手段的出现，使人们更加立体地看到了大气颗粒物的微观形状，进行大气颗粒物的单个颗粒物的分析（简称为单颗粒分析），得到更具体全面的颗粒物样品信息，其中包括颗粒物形貌、粒度、结构、化学成分、元素组成及矿物成分等（王会亮，2016）。20 世纪 90 年代至今，单颗粒在矿物学、形态学、化学成分及与颗粒物各种效应的关系等方面的文献越来越丰富。

1. 单颗粒形貌分析

大气颗粒物的形貌特征差异很大，有的光滑，有的粗糙；有的平坦，有的有棱角；有的质地疏松呈蜂窝状，有的质地紧密呈晶体状；有单个的，也有聚集体，表现出无定形特征，如图 2-4 所示。颗粒物随粒径、成分、来源不同，各种形状所占的比例也不相同；同一个颗粒物样品的不同颗粒含有的元素含量也不相同。

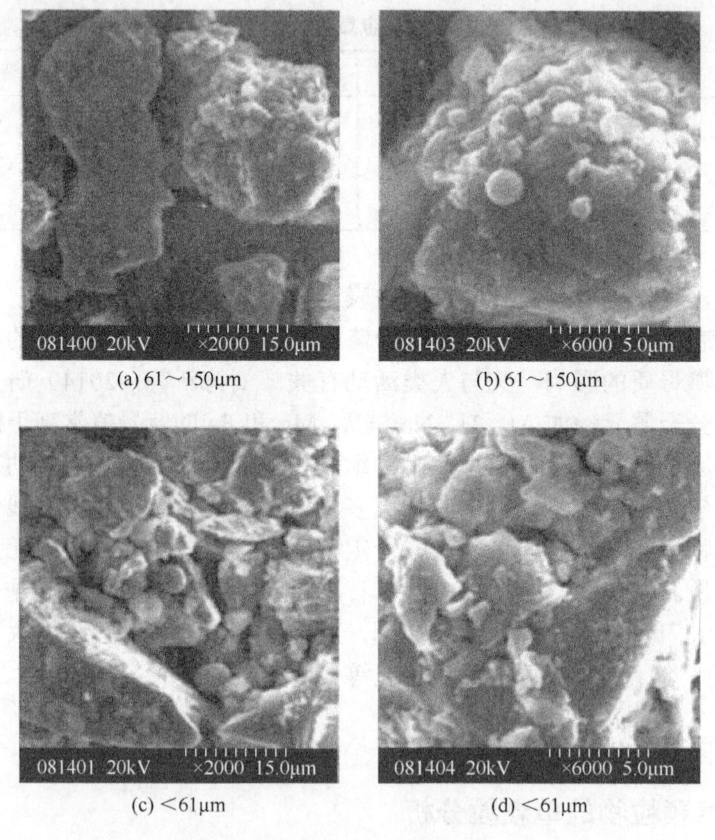

(a) 61～150μm　(b) 61～150μm

(c) ＜61μm　(d) ＜61μm

图 2-4　不同粒径颗粒物形貌（冯素萍和张玉玲，2007）

时宗波等（2008）采集的北京地区采暖期晴天低污染期间的 PM_{10} 样品的典型形貌如图 2-5（a）所示。其中链状颗粒的数量最多，含量达 50.5%，还含有球形颗粒、长条形颗粒、似圆状颗粒及不规则状颗粒。不同天气条件下，不同形状颗粒物所占比例发生明显改变，雾期间长条状颗粒、似圆状颗粒链所占比例增加，沙尘天气粗粒不规则状颗粒的数量所占比例增加，见图 2-6。图中 S1 和 S2 采集于天气晴朗的低污染期间；S3 和 S4 采集于雾期间；S5 采集于沙尘期间。不同的颗粒物形状与其化学组成和形成过程也有一定的关系，如中长条状颗粒由 Ca-K-S 或 Ca-S 所组成，主要是通过液相反应生成的；似圆状颗粒主要由硫酸盐和有机物所组成，液相反应在其形成过程中起到重要作用；雾期间＞0.2μm 的颗粒物浓度是晴天低污染期间的 5～8 倍、沙尘期间的 40～70 倍。

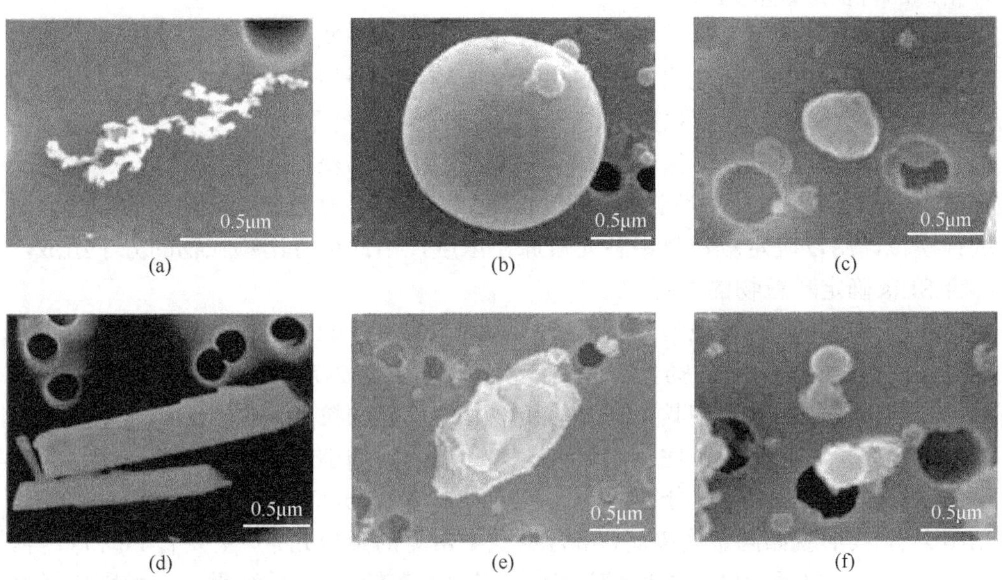

图 2-5　不同类型颗粒物的微观形貌（时宗波等，2008）

（a）链状，为碳粒聚集体，主要由 C 组成；（b）球形颗粒，主要为飞灰，由 SiAl 或 C 组成；（c）似圆状，主要为含 S 颗粒，部分为含 C 颗粒；（d）长条状，主要由 Ca-K-S 和 Ca-S 所组成；（e）粗粒不规则状，主要为矿物尘；（f）其他

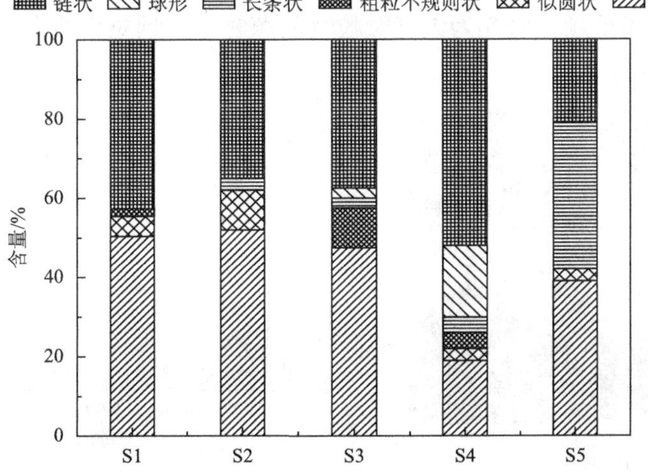

图 2-6　雾和非雾期间大气 PM_{10} 中不同类型颗粒的含量（时宗波等，2008）

2. 单颗粒源解析

单颗粒源解析是未来颗粒物源解析研究的重要发展方向。单个颗粒物的形貌特征和组成成分分析能够提供颗粒物来源的重要信息，相同来源的大气颗粒物具有相似的特征形貌和组成。

经电子探针微区分析技术、颗粒的二次电子像和 X 射线能谱分析，可以识别出硅酸盐、硫酸盐、氧化物、硫化物等。例如，利用扫描电子显微镜对颗粒物的二次电子像（SEIs）进行观察，使用能谱探测器对单个颗粒的 X 射线能谱进行测量，经 AXIL 程序拟合出各单个颗粒的 X 射线能谱，获得颗粒物中所含元素的谱峰值，然后由基于蒙特卡罗计算的 CASINO 程序对 X 射线在颗粒物中的运动轨迹进行模拟，用以确定颗粒物中各元素原子浓度，由此推算出颗粒物的分子组成，结合 SEIs 确定颗粒物的类别。

不规则状粗颗粒表现为含 Fe、Mg、Al、K、Na 的硅酸盐组合，符合地壳来源类元素组合特征，为与扬尘有关的一次粒子，见图 2-7；富含 C、Si 元素的颗粒物，它和矿物质颗粒形貌具有高度的相似性；烟尘颗粒主要来自于化石燃料及秸秆木材等有机物的燃烧，比表面积大，有利于吸附细小的重金属元素，表现为聚集体的形貌特征，主要成分是 C、Ca、Si、Al、S、Pb、Pt 等；典型的地铁颗粒物见图 2-8，其形貌如同金属碎屑，富含钢铁中常见的金属元素，主要有 Fe 和 O 等，其成因主要来自于地铁机械摩擦过程，如铁轨-车轮-刹车系统界面，触网电缆及接触轨界面，微米及亚微米级的铁颗粒在潮湿环境极易与空气中的氧气反应，形成氧化物；绝大多数无定形态颗粒物无恒定元素化学组成比，表现出硫酸盐 + 硝酸盐的组合特征，推测其形成机制可能为汽车尾气所排放的气态 NO_X 和 SO_2 进入大气环境中，在特定的物理化学条件下，通过成核作用发生相态改变而形成，为二次污染物。上述单颗粒研究为大气颗粒物的源解析、颗粒物的来源和转化提供了一定的研究基础。

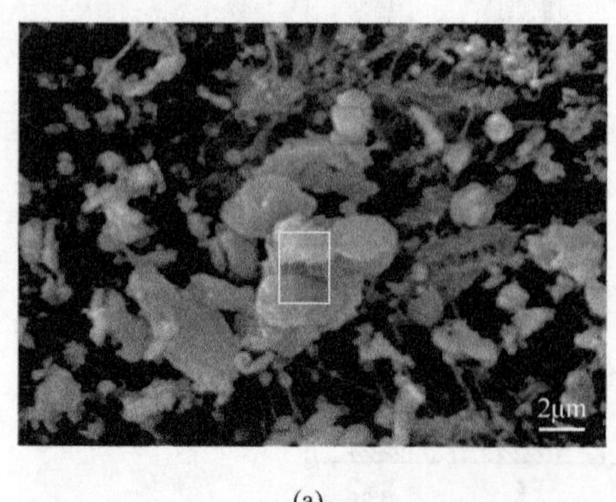

(a)

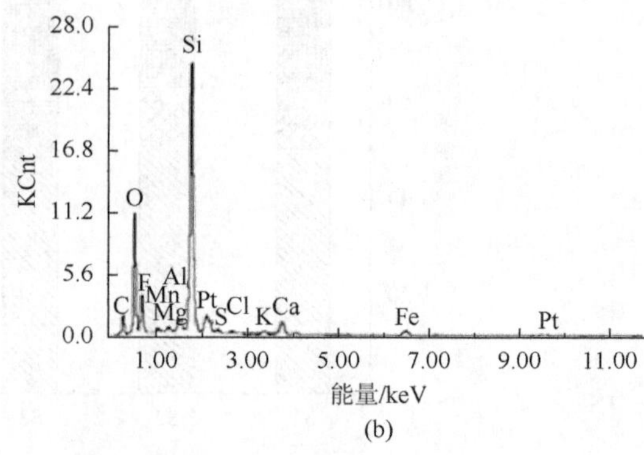

(b)

图 2-7　扬尘颗粒物的 SEM 图（a）和 EDS 谱图（b）（杨永兴等，2013）

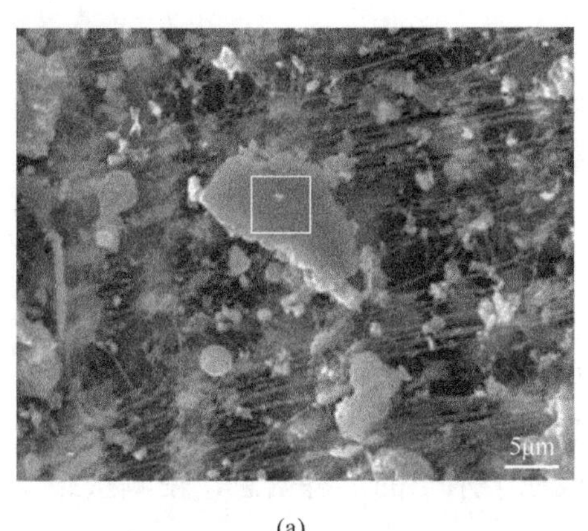

(a)

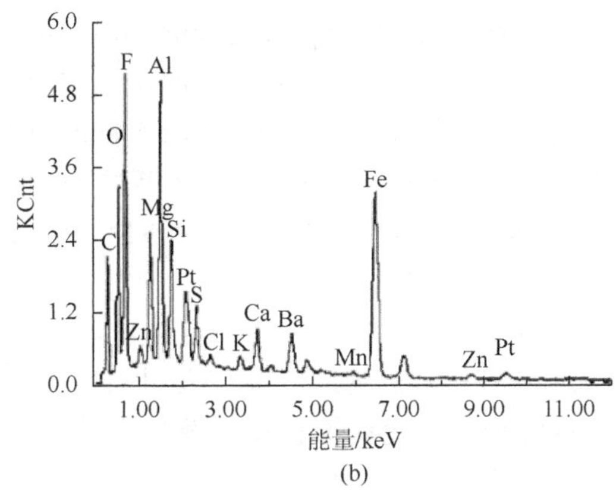

(b)

图 2-8　典型的单个地铁颗粒物的 SEM 图（a）和 EDS 谱图（b）（杨永兴等，2013）

2.4.3　大气颗粒物中重金属的形态分析

大气颗粒物中的重金属能以多种形态存在，每种形态重金属具有不同的化学活性，进而影响金属的生物有效性、可溶性、地球化学迁移和循环。重金属对环境的危害不仅取决于其含量，还取决于其化学活性。重金属污染物与其他无机、有机污染物的最大区别是不可降解，只会发生形态的转化。对于同一种重金属，在不同的形态下毒性可能有很大的差别。

1. 浸提法

在进行大气颗粒物中重金属的形态分析时，需要对采集好的大气颗粒物进行化学连续浸提或单级浸提。连续浸提法就是选择不同类型的浸提剂，根据重金属在颗粒物中存在的形态，分级连续进行重金属元素的提取。连续浸提法自 20 世纪 60、70 年代基于土壤的研究提出来之后，已经演化成了多种形式，并被广泛应用到各个领域的化学形态分析研究。单级浸提法主要用于特定的生物有效态提取，如通过模拟肺液，提取出易被人体吸收的生物有效性形态重金属（Julien et al.，2011）。根据需要选择浸提方法后，采用不同类型的提取剂，进行重金属元素的提取，获得待测浸提液，再对浸提液进行重金属元素分析。

连续提取法常用的有 BCR 法、SMT 法、Tessier 法等。其中，Tessier（Tessier et al.，1979）五步连续提取法被广泛应用于颗粒重金属的赋存形态分析。之后，不同学者在 Tessier 提取方法基础上进行改进，先后提出了 20 多种逐级提取流程。其中，影响较大的逐级提取流程有 Salomons 流程（1984 年）、Forstner 流程（1985 年）、Rauret 流程（1990 年）等。为获得通用的标准流程及其参照物，1987 年欧洲共同体标准物质局（European Community Bureau of Reference）在五步连续提取法的基础上，提出 BCR 三级四步提取法标准流程，并产生了相应的参照物 CRM 601。欧盟标准测量和测试机构（The Standard Measurements and Testing Program of the European Community）于 1999 年对 BCR 流程作了进一步改进，SMT 七步法成为欧洲新标准，相应的参照物为 CRM 701。详细请参见土壤颗粒的有效态浸提方法，第 4 章 4.4.3 节。

溶液连续浸提法都有一定的缺陷，由于试剂的加入、提取的过程中，重金属的形态也在动态变化，现在采用同步辐射（EXAFS/XANES）等原位分析技术可获取颗粒物中元素价态及其键合形式等分子或原子水平的形态信息，使测量结果更为精确一些。

随着对重金属形态分析研究的不断深入，颗粒物重金属赋存特性正不断被人们所认知。Banerjee（2003）对印度 Delihi 市的地表颗粒物研究发现：Cu 主要以有机物结合态存在；绝大部分 Zn 以铁锰氧化物结合态存在；Pb 主要以残渣态存在，其次结合于铁锰氧化物；Cd 虽然以残渣态为主，但碳酸盐态和可交换态含量较高，甚至达总量的 50%以上；Ni 和 Cr 的残渣态均占到总量的 70%以上。Li 等（2001）研究指出，碳酸盐结合态的 Zn 占 60%以上，而 Cu 主要是有机结合态，Pb 的碳酸盐结合态和铁锰氧化物结合态含量较高，Cd 可交换态重金属含量高。常静等（2009）对上海市地表颗粒物研究报道称，Zn 以碳酸盐结合态为主，Pb 的碳酸盐结合态较高，Cu 和 Cd 主要是有机结合态。章明奎（2010）对浙江省 73 个城市汽车站的地表颗粒物采用 BCR 法进行重金属形态分析时发现，Pb、Zn、Cu、Cd、Ni、Hg 和 Mn 的可提取态比例可高达 75%以上，其中 Zn、Mn 最易释放到环境中，弱酸可提取态占 30%以上，Cd 的也占到 23.34%±4.21%。Manish 等（2013）采用 BCR 法对东京居民区和高速路的地表颗粒物进行重金属形态研究时，发现 Cu、Zn、Cd 和 Pb 的各形态含量水平具有一定差异，其中残渣态含量尤为明显，甚至在 2 种功能区 Cu 的含量相差 50 倍以上。而颗粒物重金属的可交换态极易发生迁移转化，碳酸盐结合态存在的重金属在 pH 发生变化时容易释放到环境中去（Charlesworth et al.，2003），因此颗粒物中可交换态和碳酸盐结合态的重金属是评价颗粒物中重金属生物有效性的重要指标。

2. 大气颗粒物中水溶性离子

国家环境保护部 2016 年发布了《环境空气 颗粒物中水溶性阴离子（F^-、Cl^-、Br^-、NO_2^-、NO_3^-、PO_4^{3-}、SO_3^{2-}、SO_4^{2-}）的测定 离子色谱法》（HJ 799—2016）和《环境空气 颗粒物中水溶性阳离子（Li^+、Na^+、NH_4^+、K^+、Ca^{2+}、Mg^{2+}）的测定 离子色谱法》（HJ 800—2016），分别规定了测定环境空气颗粒（TSP、PM_{10}、$PM_{2.5}$、降尘等）中 8 种水溶性阴离子和 6 种阳离子的离子色谱测定方法。

大气颗粒物水溶性重金属具有较高的毒性和生物有效性，可以从颗粒物中浸出进入人体而损害人体机能，如肺毒性随水溶性重金属含量的增加而增大。

大气颗粒物中水溶性离子组分中阳离子主要是铵盐、碱金属和碱土金属离子；阴离子主要是硫酸盐、硝酸盐、卤素离子。重金属水溶性可分为 3 类（郑乃嘉等，2014），第一类水溶性≥50%，包括 Zn、Cd、As 和 V，第二类水溶性在 10%～40%，包括 Mn、Cu、Pb 和 Ni，第三类水溶性＜10%，包括 Hg、Al、Sn、Ag、Fe、Pt 和 Ti。

大气颗粒物重金属水溶性受多种因素影响，不仅与元素本身的化学性质有关，还与颗粒物粒径大小、酸碱性、重金属与颗粒物的结合方式、重金属的来源等多种因素有关。

颗粒物粒径大小对重金属的水溶性有重要影响，尽管各重金属化学形态分布与粒径的关系各有其独自特征，但总体上仍表现为颗粒越小，环境活性越大的特点。一般粒径越大重金属水溶性越低，即 TSP＜PM_{10}＜$PM_{2.5}$，因为小颗粒物比表面积大，可提供更多反应位点。但粒径对不同重金属元素的影响不同，如水溶性 As、Cu、Cd、Pb、Mn 和 Zn 的粒径在 0.44～0.77μm 范围内达到最大值，As、Cu、Cd 和 Pb 的水溶性随粒径的减小先升高后降低；而 Mn 和 Zn 的水溶性则随粒径的减小而降低，呈线性变化。颗粒物粒径大小对重金属水溶性的影响比较复杂，还需更深入的研究。

颗粒物酸碱性也会影响重金属的水溶性。研究表明，大气水溶性重金属含量与大气颗粒物中的致酸离子 SO_4^{2-} 和 NO_3^- 的含量间有较好的相关性，即大气颗粒物的酸性会增强重金属的水溶性，通常酸性颗粒物重金属的水溶性比碱性颗粒物大。颗粒物酸碱性对不同重金属水溶性的影响程度不同，由强到弱依次为 Cd、As、Fe、Zn、Cr、Mn、Pb 和 Cu，颗粒物重金属元素的水溶性在一定的酸碱性范围内可能与碱性成正比或者与酸性成正比。

金属元素与颗粒物之间的结合方式对其水溶性也有较大影响。含碳气溶胶中的重金属比含硅铝混合物气溶胶中的更易溶于水，这可能与大气颗粒物的吸附解吸过程有关。人为源排放的非地壳金属元素易在颗粒物石墨碳表面形成吸附杂质或金属盐，从而提高含碳气溶胶中金属元素的水溶性，因此富含黑碳的城市大气颗粒物比不含碳的工业颗粒物含有更高浓度的水溶性重金属。

污染源排放的重金属多为氧化物，金属氧化物的结合键能对重金属的水溶性有一定的影响，结合键能大的氧化物不易发生大气化学反应，即重金属的水溶性与元素的氧化物键能成反比。

人为源重金属通常比自然源水溶性高，如机动车、垃圾焚烧和植物燃烧排放的 Mn，垃圾焚烧产生的 Cu，燃烧和工业过程排放的 Ni 均比自然源相应元素的重金属水溶性高。

3. 酸雨溶出的金属元素

随着酸雨对陆地生态系统影响研究的发展，大气颗粒物中重金属的活化和毒性引起了人们的关注。酸雨成分中主要的无机致酸成分为 H_2SO_4 和 HNO_3，我国降雨中 $\rho(SO_4^{2-})/\rho(NO_3^-)$平均为 6.4，有些甚至高达 8～10。酸雨条件下各种粒径降尘中金属元素如 Cu、Pb、Mn 和 Fe 的溶出量均随 pH 的降低而增大，这是因为 pH 降低，H^+浓度增大，除大部分 H^+与降尘颗粒物发生反应外，部分 H^+参与颗粒物的阳离子交换，从而将吸附的重金属元素置换出来，且随着 H^+浓度增大，置换量也增加。土壤与阳离子结合强度随着 pH 降低而减弱，这可能也适合降尘颗粒物中的重金属元素。模拟酸雨条件下不同粒径降尘中重金属元素的溶出量曲线见图 2-9（冯素萍和张玉玲，2007）。其中 Zn 在 pH 为 3.0、4.0、4.5 和 5.0 时，其溶出量随 pH 增高而降低；但 pH 为 5.6 时，Zn 的溶出量反而增大。这是因为 Zn 为两性元素，$Zn(OH)_2(s)$的溶度积常数 $K_{sp} = 4.5\times10^{-17}$，即当 pH 为 5.4 时 $Zn(OH)_2$ 的溶解度最大，pH 大于 5.4 时，随着 pH 增大，OH^-浓度增大，$Zn(OH)_2$ 再次水解，与 OH^-结合为 $Zn(OH)_4^{2-}$。

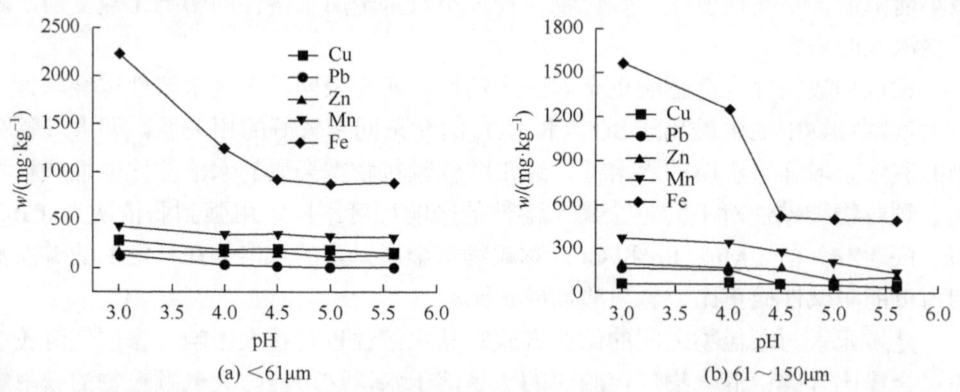

图 2-9 模拟酸雨条件下不同粒径降尘中重金属元素的溶出量（冯素萍和张玉玲，2007）

4. 其他形态提取方法

由于研究目的不同，颗粒物中重金属的形态分类还有一些其他的提取方法，利用特定的提取剂把重金属的形态分为：①溶解态和难溶态；②无机态和有机态；③离子态和络合态；④氧化态和还原态；⑤用于动物、微生物及植物重金属可吸收部分。也有些学者从人体生理环境考虑设计分析方案，研究了颗粒物中痕量金属的形态分布。

重金属的化学形态在一定的环境条件下可发生转化。如酸雨浸淋、湖水浸泡、氧化还原条件变化，其对环境的危害性也发生了相应的改变。如颗粒物中金属形态在环境中存在着由无机金属及其化合物向有机金属化合物的转化途径。目前在金属甲基化方面研究得最为深入，有多种金属和类金属元素都可在环境中发生甲基化反应，如 Hg、Pb、Sn、Pd、Tl、Pt、Au、Cr、Ge、Co、Sb 和 As 等。

2.4.4　大气颗粒物中重金属的化学种态（价态）分析

大气颗粒物是一个复杂的体系，其中的元素往往不是以单一化合物形式存在。由于一些元素所处的化学种态（价态）不同而产生不同的毒性，如六价铬的毒性比三价铬强，三价砷的毒性比五价砷的毒性大得多，因此，了解大气颗粒物中重金属元素的化学价态，有助于大气颗粒物的生物活性研究。

目前，用于大气颗粒物重金属价态的分析主要有 X 射线吸收精细结构谱（X-ray absorption fine structure，XAFS）、X 射线吸收近边结构谱（X-ray absorption near edge structure，XANES）和扩展（外延）X 射线吸收精细结构谱（extended X-ray absorption fine structure，EXAFS）。XAFS 基于同步辐射光源，当 X 射线经过样品时所激发的光电子被周围配位原子所散射，致使 X 射线吸收强度随能量发生振荡，研究这些振荡信号可以获得研究体系的电子和几何局域结构，具有原子选择性，所有原子对 XAFS 都是响应的。XANES 是由低能光电子在配位原子做多次散射后再回到吸收原子与出射波发生干涉形成的，其特点是强振荡。EXAFS 是电离光电子被吸收原子周围的配位原子做单次散射回到吸收原子与出射波发生干涉形成的，其特点是振幅不大，似正弦波动，其原理见图 2-10。XANES 可以确定价态、表征 d-带特性、测定配位电荷，提供包括轨道杂化、配位数和对称性等结构信息；EXAFS 主要包含着详细的局域原子结构信息，其能够给出吸收原子近邻配位原子的种类、键长、配位数和无序度因子等结构信息。

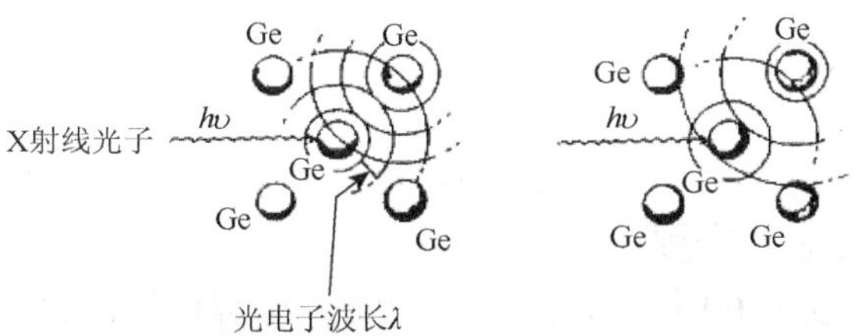

(a) 出射波与散射波位相相同　　(b) 出射波与散射波位相相反

图 2-10　EXAFS 产生原理示意图

对于大气颗粒物中的金属元素分析，EXAFS 通过测量不同 X 射线能量下样品的吸收系数，得到吸收谱，把样品的 EXAFS 谱与已知参考物质的谱进行比较，其谱形与样品中元素的化学种态有关，得到元素的化学种态信息。张元勋等（2007）、张桂林等（2006）的研究表明，上海大气气溶胶不同采样点和不同粒径的大气颗粒物重金属的组成有一定差别，铬以三价形式存在，主要是铬酸盐和三价铬氧化物；锰主要是硫酸盐和其他二价锰化合物；铜主要是水合硫酸铜和氧化铜；锌主要以硫酸盐形式存在。利用 EXAFS 谱进行回归分析，可以获取各化合物的相对含量。颗粒物样品中铁主要由一定比例的三氧化二铁、四氧化三铁和硫酸铁组成，在钢铁工业区的样品中含有较多的四氧化三铁，这可能因为四氧化三铁是炼钢的原料之一。硫酸铁有在细粒子中富集的现象，其原因可解释为大气中的硫酸铁可能由二氧化硫和颗粒物表面的氧化铁反应生成。铅不存在 PbO_2（四价铅），主要以二价存在，主要由 $PbCl_2$、$PbSO_4$ 和 PbO 组成，它们之间的相对铅浓度分别为 (41±4)%、(37±2)%和(22±3)%。

大气颗粒物中砷以三价和五价两种价态形式存在，其中五价砷化物较多，占总砷含量的 81%～99%，虽然三价砷占总砷比例不高，但其毒性大，也不容忽视。颗粒物 As 主要来自化石燃料的燃烧，且以微溶于水的剧毒物 As_2O_3 为主，排放的 As_2O_3 一方面可以被迅速氧化为 As_2O_5，As_2O_5 在空气中吸潮、溶于水形成砷酸；另一方面，As_2O_3 微溶于水可直接形成亚砷酸，砷酸和亚砷酸可与碱反应生成可溶性碱金属砷酸盐（如 Na_3AsO_4、KH_2AsO_4 等）和碱金属亚砷酸盐（如 $NaAsO_2$、$KAsO_2$ 等），从而以水溶性盐形式存在于大气颗粒物中。

另外光度分析也可以进行金属元素的价态分析，如 Miguel 等（1999）在乙酸溶液中利用 Fe(Ⅱ)与菲洛嗪络合后用光度分析法定量测定了大气颗粒物中可溶的 Fe(Ⅱ)和 Fe(Ⅲ)。

电化学形态分析方法以其特有的优势适应现代分析简单快速、灵敏度高的要求，尤其适于现场实时检测。现在的电化学分析方法在灵敏度方面已能基本满足大部分实际样品的测定需要。

2.4.5 污染源解析

大气颗粒物来源解析是通过化学、物理学、数学等方法定性或定量识别环境受体中大气颗粒物污染的来源。

美国率先在 20 世纪 60 年代开展了颗粒物来源解析的研究，研发了以因子分析（factor analysis，FA）和化学质量平衡（chemical mass balance，CMB）为主的各类受体模型源解析技术，随后在欧洲采用受体模型解析颗粒物来源的相关研究也有了显著的发展，我国源解析工作起步于 20 世纪 80 年代，2013 年我国环境保护部科技标准司组织南开大学、中国环境科学研究院、中国科学院大气物理研究所、北京工业大学、北京大学等单位起草编制了适用于指导城市、城市群及区域开展大气颗粒物（PM_{10}和$PM_{2.5}$）来源解析的《大气颗粒物来源解析技术指南（试行）》，指南内容包括开展大气颗粒物来源解析工作的主要技术方法、技术流程、工作内容、技术要求、质量管理等方面。

目前大气颗粒物来源解析技术方法主要包括源清单法（emission inventory）、源模型法（source-oriented model，SM）和受体模型法（receptor model，RM），见图 2-11，各种技术方法的适用性见表 2-6。

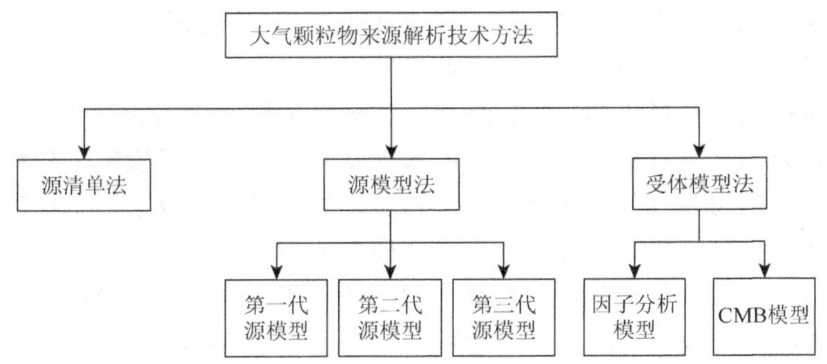

图 2-11　大气颗粒物来源解析技术方法

表 2-6　主要大气颗粒物来源解析技术方法的适用性

技术方法	优势和局限性	必备条件	可达目标
源清单法	方法简单、易操作，定性或半定量识别有组织污染源	收集统计基准年研究区域各污染源污染物排放量	得到排放源清单及重点排放区域和重点排放源的污染物排放量
源模型法	定量识别污染的本地和区域来源，可预测；解析源强未知的源类尤其是颗粒物开放源贡献困难	建立与源模型要求相适应的高时间和高空间分辨率的排放源清单、气象要素场	定量解析本地和区域各类源的贡献；针对具有可靠排放源清单的点源，定量给出贡献值与分担率；对于面源和线源，定量解析各源类的贡献
受体模型法	可有效解析开放源贡献；定量解析污染源类，不依赖详细的源强信息和气象场；不可预测	采集颗粒物样品，分析颗粒物化学组成	定量解析各污染源类，尤其是源强难以确定的各颗粒物开放源类的贡献值与分担率，识别主要排放源类的来向
源模型与受体模型联用	定量解析污染源的贡献；工作量大，成本高	建立高分辨率的排放源清单和气象要素场；采集颗粒物样品	定量给出污染源贡献值与分担率，定量解析出本地和区域各类源的贡献

解析常态污染下颗粒物的来源，为制定长期颗粒物污染防治方案提供支撑，建议使用受体模型；$PM_{2.5}$污染突出的城市或区域，建议受体模型和源模型联用；

解析重污染天气下颗粒物污染的来源，为颗粒物重污染应急响应决策提供支撑，建议受体模型和源模型联用，同时基于在线高时间分辨率的监测和模拟技术，开展快速源识别；评估颗粒物污染的长期变化趋势和控制效果，建议使用受体模型；评估多污染物协同控制的环境效益，建议使用源模型。应分析的金属元素为Na、Mg、Al、Si、K、Ca、Ti、V、Cr、Mn、Fe、Ni、Cu、Zn、Pb、As、Hg、Cd等。使用ICP-AES法、ICP-MS法或XRF法进行分析。ICP法的样品前处理采用微波消解或加热板消解法。

2014年，我国为规范全国环境空气颗粒物来源解析的监测技术，由中国环境监测总站组织北京市环境保护监测中心及上海市、浙江省、江苏省、重庆市、济南市等六家环境监测中心站共同起草了《环境空气颗粒物来源解析监测方法指南（试行）》（第二版）。本指南规定了环境空气颗粒物来源解析中涉及的监测技术方法，主要包括污染源样品的采集、环境受体样品采集、样品的管理、颗粒物监测项目和分析方法、全过程质量保证与质量控制等，以提高环境空气颗粒物来源解析中监测结果的可靠性与可比性。其中颗粒物的化学组成复杂，主要包括水溶性离子、含碳组分和无机元素等。采用受体模型的重金属源解析方法一般需要分析颗粒物的以上三类化学组分，尤其是与源类密切相关的特征组分，如二次粒子的特征组分NO_3^-、SO_4^{2-}、NH_4^+，海盐粒子的特征组分Na^+、Cl^-等，扬尘的特征组分Si、Al等，建筑尘的特征组分Ca、Mg等，生物质燃烧尘的特征组分K、Cl、Zn等，燃煤尘的特征组分Se、As、S、EC（元素碳）等，机动车尾气尘的特征组分OC（有机碳）、EC、Ni、Cu、Zn等。

1. *源清单法*

源清单法是根据排放因子及活动水平估算污染物排放量，据此排放量识别对环境空气中颗粒物有贡献的主要排放源。源清单法技术流程见图2-12。

一般可将颗粒物排放源分为固定燃烧源、生物质开放燃烧源、工业工艺过程源、移动源等。调查各类颗粒物源的排放特征（包括位置、排放高度、燃料消耗、工况、控制措施等），根据排放因子和活动水平确定颗粒物排放源的排放量，建立颗粒物排放源清单。最后根据颗粒物源排放清单，统计颗粒物排放总量及各区域、各行业、各类颗粒物排放量，定性或半定量识别主要颗粒物排放源，计算重点排放区域、重点排放源对当地颗粒物排放总量的分担率。在我国已建立了重点区域和典型城市的大气污染源清单，并确定了影响空气质量的重点源和敏感源，如燃煤、机动车、生物质燃烧等一次源和二次源。

源清单法存在活动水平资料缺乏、排放因子的不确定性大、开放源（如扬尘）和天然源排放量统计困难等问题。源清单仅考虑了各类污染源排放的相对重要性，

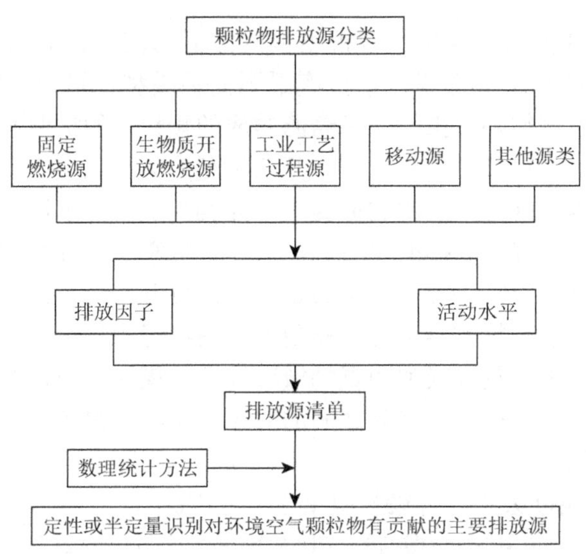

图 2-12　源清单法技术流程图

没有同空气质量变化建立直接关系，因此，源清单法是大气颗粒物源解析的重要辅助手段。

2. *源模型法*

源模型法也称扩散模型法，以不同尺度数值模式方法定量描述大气污染物从源到受体所经历的物理化学过程，定量估算不同地区和不同类别污染源排放对环境空气中颗粒物的贡献，源模型法技术流程见图 2-13。

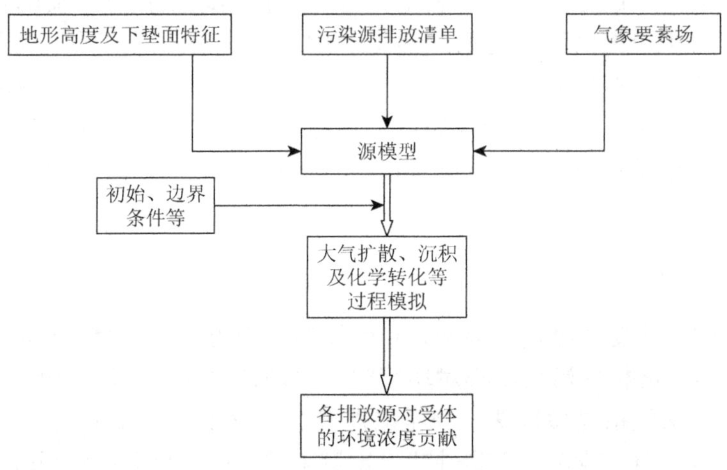

图 2-13　源模型法技术流程图

利用源模型进行来源解析，应根据模式的适用范围、对模型参数的要求及环境管理的需求进行合理选择。小尺度采用简易模型，城市和区域尺度采用复杂模型。简易模型可粗略模拟一次污染源排放的颗粒物的扩散和干湿沉降，推荐AERMOD、ADMS、CALPUFF 模型；复杂模型为第三代空气质量模型，在各污染源排放量（或排放强度）确定的前提下，此类模型包含了污染源追踪模块，可较好模拟颗粒物在大气中的扩散、生成、转化、清除等过程。代表性模型有 Models-3/CMAQ、NAQPMS、CAMx、WRF-chem 等。利用大气污染物环境背景值或实际监测资料作为模型运算初始条件，模型外层网格污染物浓度模拟结果作为内层网格的边界条件。采用复杂模型内置的敏感性评估模块、源追踪模块、源开关法等，模拟建立颗粒物源排放与受体之间的对应关系，获得各地区各类污染源排放对环境浓度的贡献。

Models-3/CMAQ 采用的污染物质量守恒方程：

$$\begin{aligned}&\frac{\partial c_i}{\partial t}+\frac{\partial(uc_i)}{\partial x}+\frac{\partial(vc_i)}{\partial y}+\frac{\partial(wc_i)}{\partial z}\\&=\frac{\partial}{\partial x}\left(K_{\mathrm{H}}\frac{\partial c_i}{\partial x}\right)+\frac{\partial}{\partial y}\left(K_{\mathrm{H}}\frac{\partial c_i}{\partial y}\right)+\frac{\partial}{\partial z}\left(K_{\mathrm{V}}\frac{\partial c_i}{\partial z}\right)+R_i+S_i+L_i\end{aligned} \tag{2-5}$$

式中，i 为化学物种数（$i = 1, 2, \cdots, N$）；c_i 为化学物种 i 的浓度；u，v，w 为水平和垂直方向上的风矢量；K_{H}，K_{V} 为水平和垂直方向上的湍流扩散系数；R_i 为化学物种 i 的化学反应速率；S_i 为化学物种 i 的排放速率；L_i 为化学物种 i 的去除速率。

针对模型模拟的结果，可采用敏感性分析或示踪技术对污染物进行源解析。源模型法可以得到源解析结果的空间分布，可区分本地排放源和外来传输源，并能分析不同地区的分担率，对制定大气污染控制政策具有重要的指导意义。源模型法对于小尺度区域内有组织的工业烟尘及粉尘源同区域大气颗粒物浓度间响应关系的建立有较好的效果。源模型法在面对较大尺度范围或无组织开放源问题时，不确定性主要在于源清单、边界层气象过程及复杂大气化学过程，特别是在重污染条件下其结果的不确定性更明显。因此，为源模型的实际应用带来一定的困难。

3. 受体模型法

受体模型法从受体出发，根据源和受体颗粒物的化学、物理特征等信息，利用数学方法定量解析各污染源类对环境空气中颗粒物的贡献，主要包括物理法和化学法。物理法包括显微镜法（光学显微镜、扫描电子显微镜法）、X 射线衍射法（XRD）等，但一般仅用于定性或半定量来源解析。化学法应用较为广泛，要包括 CMB 模型和 FA 模型。其中 FA 模型根据大量样品的化学物种相关关系，从中归纳总结公因子，计算因子载荷，通过因子载荷及源类特征示踪物推断源类别，主要包括正定矩阵因子分解（positive matrix factorization，PMF）模型、主成分分析/多元线性回归模型（principal component-multivariate linear regression analysis，PCA/MLR）及 UNMIX、ME2 等模型。国内外广泛应用的是 CMB 模型和 PMF 模型，CMB 和 PMF 模型都是基于质量平衡原理：

$$X = GF + E \tag{2-6}$$

式中，X 为给定受体站点的化学物种浓度；G 为源对受体站点的贡献；F 为化学物种在源中的质量分数，即源成分谱（简称源谱）；E 为残差。

受体模型的不确定性主要来自于大气 $PM_{2.5}$ 采集和化学成分测量的不确定性、源成分谱的共线性（即不同排放源可能有相似的源成分谱）及对二次来源正确判定等问题。

1）化学质量平衡模型

CMB 模型法不依赖详细的排放源强信息和气象资料，能够定量解析源强信息难以确定的源类如扬尘源类的贡献，解析结果具有明确物理意义。CMB 模型法的技术流程见图 2-14。

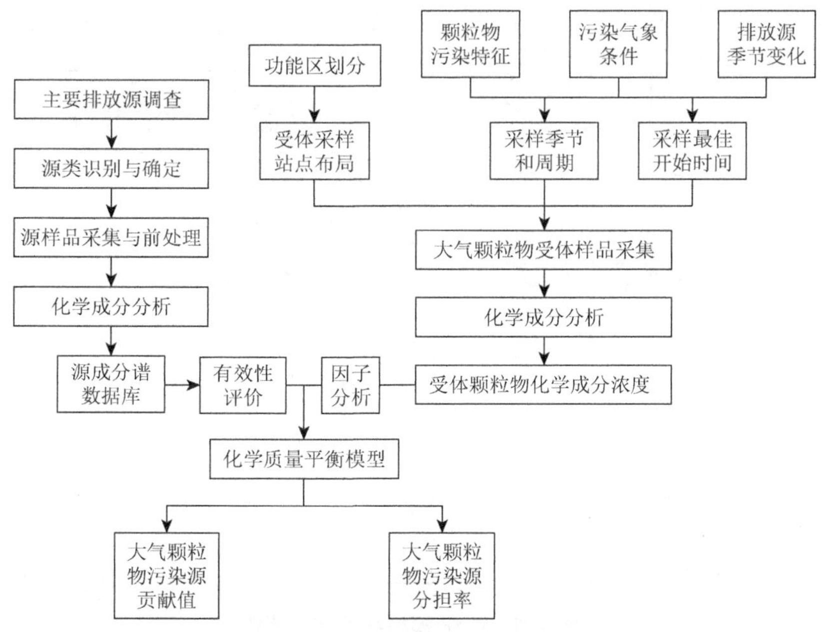

图 2-14　CMB 模型法的技术流程

首先进行颗粒物源类调查、识别及主要排放源类的确定，调查固定源、移动源、开放源、餐饮油烟源、生物质燃烧源及二次粒子的前体物排放源等，建立颗粒物污染源类排放基础数据库，识别颗粒物污染的主要排放源类，确定需要采集和分析的源类样品种类、点位和数量。然后进行颗粒物源类和受体样品的采集及化学分析，其中具有明显地域特点的颗粒物源类（扬尘源、土壤尘源、当地特殊行业源等）必须采集，其他源类可根据各地实际情况确定是否采集或应用已有颗粒物源谱，所采集样品的种类和数量能代表研究区域污染源排放的时空分布特征。最后进行颗粒物源类和受体化学成分谱的构建。使用颗粒物排放量加权平均或算数平均的方法构建颗粒物源类成分谱，包括各成分的含量（$g \cdot g^{-1}$）及标准偏差等信息，其中颗粒物受体化学组成通过算数平均法构建，给出各化学组成的质量浓度（$\mu g \cdot m^{-3}$）及标准偏差等信息。可选用的 CMB 模型软件有 NKCMB 2.0 软件和 CMB 8.2 模型软件辅助进行解析。

2）正定矩阵因子分解模型

PMF 模型法根据长时间序列的受体化学组分数据集进行源解析，不需要源类样品采集，提取的因子是数学意义的指标，需要通过源类特征的化学组成信息进一步识别实际的颗粒物源类。PMF 模型法的技术流程见图 2-15。

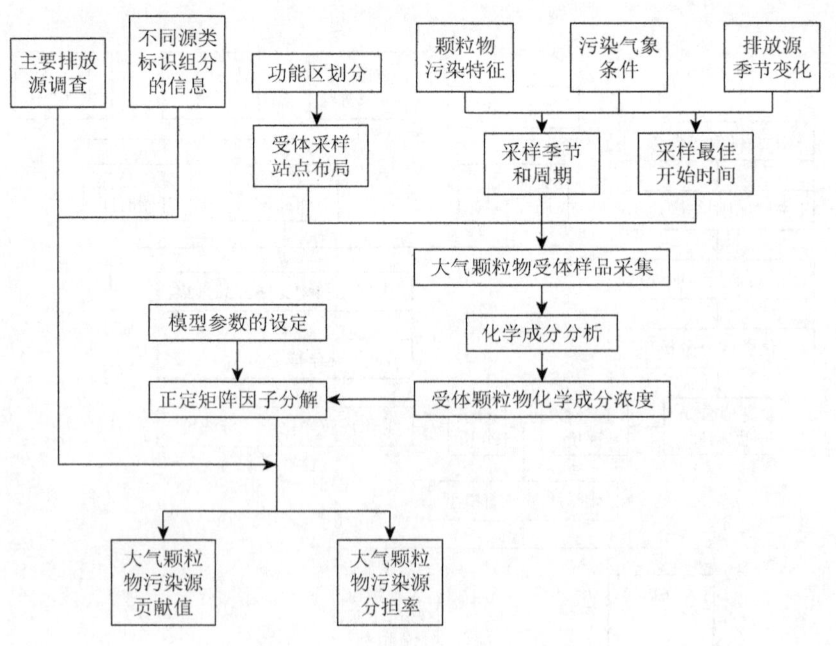

图 2-15　PMF 模型法的技术流程

PMF 模型法颗粒物受体样品的采集及分析过程的要求与 CMB 模型源解析技术基本相同。重要区别在于，PMF 模型法中受体样品应在同一点位进行采集，有效受体样品量不少于 80 个，可选用的模型有 PMF 3.0 软件等。对于扬尘污染问题突出的城市，可采用因子分析-CMB 复合受体模型技术解析扬尘、土壤尘和煤烟尘等共线性源类的贡献。PMF 模型法存在源类个数的确定和源类的判别有一定的主观性和不确定性。

4. 源模型与受体模型联用法

对复合污染特征较为明显的城市或区域，可使用源模型与受体模型联用法对颗粒物来源进行详细解析。使用受体模型计算各源类对受体的贡献值与分担率，利用源模型模拟计算各污染源排放气态前体物的环境浓度分担率，解析二次粒子的来源。对于受体模型解析结果，使用源模型进一步解析具有可靠排放源清单的点源贡献。

世界各国开发了多种复合模型来降低当前颗粒物源解析方法的不确定性，如 CMB-无机、CMB-MM（molecular marker）模型、CMB-LGO（Lipschitz generalized optimization）模型、CMB-iteration 模型、NCPCRCMB 模型、PMF-new 模型、CMAQ 模型等（张延君和郑玟，2015）。Hu 等（2014）利用扩散模型的敏感性分析工具进行 $PM_{2.5}$ 源解析，并通过受体模型和实测数据进一步对该源解析结果进行校正，提出一种颗粒物混合源解析方法（a hybrid SM-RM particulate matter source apportionment approach）。此外，Shi 等（2009）利用 PCA/MLR-CMB 和 PMF-CMB 方法，将因子分析法和化学质量平衡法相结合以开展源解析研究。

此外，源解析方法还包括特定化学物种比值法，如多环芳烃比值、金属元素比值、同位素法（如铅同位素、碳同位素法）、后向轨迹法、卫星反演法等方法。针对重污染过程，还可以采用在线高时间分辨率的监测和模拟技术，以便实现快速源识别和解析。

目前国内外的研究针对重金属成分的源解析还较少，采用的方法主要有 PCA-MLR、富集因子（EF）法和 Pb 稳定同位素法等（Luo et al.，2014，2015）。表 2-7 总结了目前 $PM_{2.5}$ 中重金属源解析的主要方法，实际应用时可按条件选择或综合。

表 2-7　大气 $PM_{2.5}$ 中重金属的来源解析方法（赵朕等，2017）

分类	具体方法	应用
定性半定量	化学-统计方法	
	主成分分析法（PCA）	利用主成分分析法将重金属元素的主要来源进行分类
	富集因子法	进行双重归一化数据分析处理，根据元素成分与参考元素的比值来推断自然和人为源
	同位素示踪法	运用铅同位素的比值来指示燃煤和机动车的排放

续表

分类	具体方法	应用
定量	受体模型（PMF）	先利用权重计算出重金属成分的误差，再通过最小二乘法计算重金属的主要污染源及贡献率
	过程解析模型（后向轨迹）	结合气象要素、各种物理过程和重金属污染源排放等模拟重金属污染物的输送、扩散和沉降模式，如 HYSPLIT
	单颗粒分析法（质子微探针法）	采用质子微探针法对单颗粒痕量元素进行分析，并结合模式识别方法对重金属元素进行解析

我国大气 $PM_{2.5}$ 中重金属的主要来源为工业燃煤及机动车尾气排放等（Liu et al.，2016），杨复沫等（2003）运用 EF 法判断北京 $PM_{2.5}$ 中重金属污染主要是人为来源，Se 可能主要由燃煤产生，Pb 可能主要由机动车尾气排放产生，但准确定量各种具体来源权重的方法还有待探讨。重金属在大气颗粒物的迁移和转化过程中也随之复杂化，Pecorari 等（2013）利用光化学传输模型系统［包括诊断气象模型（MINERVE）、排放模块（EMMA）、欧拉光化学模型（FARM）］对城市 $PM_{2.5}$ 的时空分布及其来源和传输进行模拟和预测，为 $PM_{2.5}$ 重金属源解析提供了一种思路。

参 考 文 献

常静，刘敏，李先华，等. 2009. 城市地表灰尘-降雨径流系统重金属生物有效性研究. 环境科学，30(8)：2241-2247

冯素萍，张玉玲. 2007. 降尘中重金属的形态及其在模拟酸雨下的溶出规律. 环境科学研究，20(4)：40-44

国家环境保护总局，《空气和废气监测分析方法》编委会. 2010. 空气和废气监测分析方法. 第四版增补版. 北京：中国环境科学出版社

刘德新，马建华，董运武. 2014. 开封市周边地区地表灰尘主要金属元素背景值研究及应用. 地球与环境，42(2)：245-251

刘志荣. 2013. 谈谈大气颗粒物的分类和命名. 中国科技术语，(2)：31-34

时宗波，贺克斌，陈雁菊. 2008. 雾过程对北京市大气颗粒物理化特征的影响. 环境科学，29(3)：551-556

汪玉洁，涂振权，周理. 2015. 大气颗粒物重金属元素分析技术研究进展. 光谱学与光谱分析，35(4)：1030-1032

王会亮. 2016. 大气颗粒物的形貌特征及单颗粒的研究. 济南：齐鲁工业大学

杨复沫，贺克斌，马永亮，等. 2003. 北京大气 $PM_{2.5}$ 中微量元素的浓度变化特征与来源. 环境科学，24(6)：33-37

杨永兴，包良满，雷前涛. 2013. 地铁颗粒物 $PM_{2.5}$ 的 SEM 和微束 XRF 分析. 电子显微学报，32(1)：47-53

张桂林，谈明光，李晓林，等. 2006. 上海市大气气溶胶中铅污染的综合研究. 环境科学，27(5)：831-836

张延君，郑玫，蔡靖. 2015. $PM_{2.5}$ 源解析方法的比较与评述. 科学通报，60(2)：109-121

张元勋，李德禄，陆文忠，等. 2006. 大气颗粒物 PM_{10} 污染监测和源解析新技术. 过程工程学报，6(S2)：60-64

章明奎. 2010. 浙江省城市汽车站地表灰尘中重金属含量及其来源研究. 环境科学学报，30(11)：2294-2304

赵朕，罗小三，索晨，等. 2017. 大气 $PM_{2.5}$ 中重金属研究进展. 环境与健康杂志，34(3)：273-276

郑乃嘉，谭吉华，段菁春. 2014. 大气颗粒物水溶性重金属元素研究进展. 环境化学，33(12)：2109-2116

中华人民共和国生态环境部. 环境保护标准. http://kjs.mee.gov.cn/hjbhbz/

Banerjee A D K. 2003. Heavy metal levels and solid phase speciation in street dusts of Delhi，India. Environmental Pollution，123(1)：95-105

Charlesworth S，Everett M，McCarthy R，et al. 2003. A comparative study of heavy metal concentration and distribution in deposited street dusts in a large and a small urban area：Birmingham and Coventry，West Midlands，UK. Environment International，29(5)：563-573

Eliana P，Stefania S，Mauro M，et al. 2013. Using a photochemical model to assess the horizontal，vertical and time distribution of $PM_{2.5}$ in a complex area：relationships between the regional and local sources and the meteorological conditions. Science of the Total Environment，443：681-691

Feng X D，Dang Z，Huang W L，et al. 2009. Chemical speciation of fine particle bound trace metals. International Journal of Environment Science and Technology，6(3)：337-346

Hu Y，Balachandran S，Pachon J，et al. 2014. Fine particulate matter source apportionment using a hybrid chemical transport and receptor model approach. Atmospheric Chemistry Physics，14：5415-5431

Julien C，Esperanza P，Bruno M，et al. 2011. Development of an in vitro method to estimate lung bioaccessibility of metals from atmospheric particles. Journal of Environmental Monitoring，13(3)：621-630

Li X D，Poon C S，Liu P S. 2001. Heavy metal contamination of urban soils and street dusts in Hong Kong. Applied Geochemistry，16(11-12)：1361-1368

Liu B S，Song N，Dai Q L，et al. 2016. Chemical composition and source apportionment of ambient $PM_{2.5}$ during the non-heating period in Taian，China. Atmospheric Research，170：23-33

Lowell G，Vassili K. 2006. Particle sample introduction system for inductively coupled plasma-atomic emission spectrometry. Spectrochimica Acta Part B：Atomic Spectroscopy，61(2)：164-180

Lu X W，Wang L J，Lei K，et al. 2009. Contamination assessment of copper，lead，zinc，manganese and nickel in street dust of Baoji，NW China. Journal of Hazardous Materials，161(2-3)：1058-1062

Luo X S，Ip C C M，Li W，et al. 2014. Spatial-temporal variations，sources，and transport of airborne inhalable metals (PM_{10}) in urban and rural areas of northern China. Atmospheric Chemistry and Physics Discussions，14(9)：13133-13165

Luo X S，Xue Y，Wang Y L，et al. 2015. Source identification and apportionment of heavy metals in urban soil profiles. Chemosphere，127：152-157

Manish K，Hiroaki F，Futoshi K，et al. 2013. Tracing source and distribution of heavy metals in road dust，soil and soakaway sediment through speciation and isotopic fingerprinting. Geoderma，211-212：8-17

María L L，Sergio C，Gustavo G P，et al. 2011. Elemental concentration and source identification of PM_{10} and $PM_{2.5}$ by SR-XRF in Córdoba City，Argentina. Atmospheric Environment，45(31)：5450-5457

Miguel E D，Llamas J F，Chacón E，et al. 1999. Sources and pathways of trace elements in urban environments a multi-elemental qualitative approach. Science of the Total Environment，235(1-3)：355-357

Pecorari E，Squizzato S，Masiol M，et al. 2013. Using a photochemical model to assess the horizontal，vertical and time distribution of $PM_{2.5}$ in a complex area：Relationships between the regional and local sources and the meteorological conditions. Science of the Total Environment，443：681-691

Rauret G，López-Sánchez J F，Sahuquillo A，et al. 1999. Improvement of the BCR three step sequential extraction procedure prior to the certification of new sediment and soil reference materials. Journal of Environmental Monitoring，1(1)：57-61

Shaheen M E，Fryer B J. 2011. A simple solution to expanding available reference materials for Laser Ablation Inductively Coupled Plasma Mass Spectrometry analysis：Applications to sedimentary materials. Spectrochimica

Acta Part B：Atomic Spectroscopy，66(8)：627-636

Shaltout A A，Boman J，Welz B，et al. 2014. Method development for the determination of Cd，Cu，Ni and Pb in $PM_{2.5}$ particles sampled in industrial and urban areas of Greater Cairo，Egypt，using high-resolution continuum source graphite furnace atomic absorption spectrometry. Microchemical Journal，113：4-9

Shi G L，Feng Y C，Zeng F，et al. 2009. Use of a nonnegative constrained principal component regression chemical mass balance model to study the contributions of nearly collinear sources. Environmental Science and Technology，43(23)：8867-8873

Tessier A，Campbell P G C，Bisson M. 1979. Sequential extraction procedure for the speciation of particulate trace metals. Analytical Chemistry，51(7)：844-851

第 3 章　水环境中重金属的研究方法

3.1　水环境中重金属的布点与采集

水环境中重金属的监测分析主要包括元素总量分析、价态和形态分析。在环境研究中除了要分析重金属污染物的价态、吸附态、络合态，还要研究它们在环境介质中的氧化还原和生物甲基化等问题，此外，水体的悬浮颗粒物和底部沉积物（底质）也是水环境中重要的组成部分。从质量保证和质量控制角度出发，还要求水体监测数据具有代表性、准确性、精密性、可比性和完整性。

3.1.1　水环境中重金属的布点与采集的规范方法

我国环境保护部门为了保护环境，保障人体健康，加强环境管理，规范水质监测工作，国家环境保护总局《水和废水监测分析方法》编委会编制了《水和废水监测分析方法》，2002 年国家环境保护总局发布了《地表水和污水监测技术规范》(HJ/T 91—2002)，规定了地表水和污水监测的布点与采样、监测项目与相应监测分析方法、流域监测、监测数据的处理与上报、污水流量计量方法、水质监测的质量保证、资料整编等内容。此外，该规范还规定了污染物总量控制监测、建设项目污水处理设施竣工环境保护验收监测、应急监测的基本方法。《水污染物排放总量监测技术规范》(HJ/T 92—2002）规定了水污染物排放总量监测方案的制定、采样点位的设置、监测采样方法、监测频次、水流量测量、监测项目与分析方法、质量保证和总量核定等的要求。2017 年国家环境保护部发布的《地表水自动监测技术规范（试行)》(HJ 915—2017）规定了地表水水质自动监测系统建设、验收、运行和管理等方面的技术要求。

《地下水环境监测技术规范》(HJ/T 164—2004）规定了地下水环境监测点网的布设与采样、样品管理、监测项目和监测方法、实验室分析、监测数据的处理与上报、地下水环境监测质量保证等项工作的要求。

《近岸海域环境监测规范》(HJ 442—2008）规定了开展近岸海域环境监测过程中的站位布设、样品采集、保存、运输、实验室分析、质量保证等各个环节及监测方案和监测报告编制的一般要求，适用于全国近岸海域的海洋水质监测、海洋沉积物质量监测、海洋生物监测、潮间带生态监测、海洋生物体污染物残留量监测等环境质量例行监测及近岸海域环境功能区环境质量监测、海滨浴场水质监测、陆域直排海污染源环境影响监测、大型海岸工程环境影响监测和赤潮多发区环境监测等专题监测。2014 年国家环境保护部发布了《近岸海域环境监测点位布设技术规范》（HJ 730—2014）规定了近岸海域环境监测点位的布设方法和调整技术要求。《近岸海域水质自动监测技术规范》（HJ 731—2014）规定了开展近岸海域水质自动监测的系统建设、验收和运行相关技术要求，包括建设与运行，自动监测系统校准与维护，自动监测系统运行的质量控制与质量保证，数据采集频率、有效性、上报及报告等内容。

2007 年国家环保部发布了水污染源在线监测系统安装、验收、运行与考核、数据有效性判别的系列技术规范，具体为《水污染源在线监测系统安装技术规范（试行）》（HJ/T 353—2007）、《水污染源在线监测系统验收技术规范（试行）》（HJ/T 354—2007）、《水污染源在线监测系统运行与考核技术规范（试行）》（HJ/T 355—2007）、《水污染源在线监测系统数据有效性判别技术规范（试行）》（HJ/T 356—2007）。

3.1.2 采样点位的布设

水质监测点位的布设关系到监测数据是否有代表性，能否真实地反映水环境质量现状及污染发展趋势的关键问题。为了获取完整的环境水体质量或污染源信息，从理论上要求监测的空间和时间分辨率越高越好，所以首先进行环境监测点位的优化布设，追求以最少（或尽可能少）的监测点位获取最有空间代表性的监测数据。

1. 河流采样断面的设置

《水质 河流采样技术指导》（HJ/T 52—1999）确立了评价河流水质的物理、化学和微生物特性时的采样方案设计、采样技术、样品的保存和管理的基本原则，不适用于入海河口区，对于运河和其他水流不畅的内陆水体可酌情使用。

采样断面是指在河流采样中，实施水样采集的整个剖面，可设背景断面（水系源头）、入境断面（对国境河流）、交界断面（对省、自治区、直辖市界）、控制断面、入海断面、出境断面、管理断面等。在各控制断面下游，如果河段有足够长度（至少 10km），还应设消减断面。

背景断面指为评价一完整水系的污染程度，不受人类生活和生产活动影响，提供水环境背景值的断面，应设在水系源头处或未受污染的上游河段，如选定断面处于地球化学异常区，则要在异常区的上、下游分别设置；如有较严重的水土流失情况，则设在水土流失区的上游。控制断面指为了了解水环境受污染程度及其变化情况的断面，即收纳城市或区域的全部工业和生活污水的断面，应设置在排污区的下游，污水与河水基本混均处。控制断面的数量、控制断面与排污区（口）的距离还要根据各污染源的实际情况、主要污染物的迁移转化规律、水文特征等因素优化决定。入境断面、交界断面也可以称为区域的对照断面，指某行政区域所有污染源上游处，也为提供这一水系区域背景值的断面，应设置在水系进入本区域且未受到本区域污染源影响处。消减断面指工业污水或生活污水在水体内流经一定距离而达到最大程度混合，污染物被稀释、降解，其主要污染物浓度有明显降低的断面。管理断面指为特定的环境管理需要而设置的断面，常见的有量化考核、了解各污染源排污、监视饮用水源、流域污染源期限达标排放和河道整治等。除上述断面外，为了特定需要，如了解饮用水源地、水源丰富区、旅游区、自然保护区、地方病发病区、水土流失区及地球化学异常区等，设定断面采样位置。断面位置避开死水区、回水区、排污口，尽量选择顺直河段、河床稳定、水流平稳、水面宽阔、无急流无浅滩处。

监测断面力求与水文测流断面一致，以便利用其水文参数，实现水质监测与水量监测的结合。如入海口的河口断面要设置在能反映入海河水水质，临近入海口的位置。其他如突发性水环境污染事故、洪水期和退水期的水质监测，应根据现场情况，布设能反映污染物进入水环境和扩散、消减情况的采样断面及位点和采样频次。总之，采样断面在总体和宏观上能反映水系或区域水环境质量状况；各断面的具体位置能反映所在区域环境的污染特征；尽可能以最少的断面获取有足够代表性的环境信息；应考虑实际采样时的可行性和方便性。

潮汐河流监测断面的布置原则与河流相同，设有防潮桥闸的潮汐河流，根据需要在桥闸的上、下游分别设置断面；潮汐河流的对照断面一般设在潮区界以上；潮汐河流的消减断面一般应设在接近入海口处。

2. 湖泊、水库监测垂线的布设

《水质 湖泊和水库采样技术指导》（GB/T 14581—1993）规定了湖泊和水库采样方案设计、采样技术、样品保存和处理的详细原则，适用于以下三种情况：①水质特性检测：水体长期的质量检测，用于调查研究湖库水质状况及发展趋势；②水质控制检测：在水体中一个或几个指定的采样点进行长期水质检测；③特殊情况的检测：当有生物种类或种群发生障碍、死亡或其他异常现象（水华、颜色等）出现时对污染的鉴定和测定。

在一般的静止水体采样点布设时，通常只设监测垂线，如有特殊情况，可参照河流的有关规定设置监测断面。湖（库）区不同的水域，如进水区、出水区、深水区、浅水区、湖心区、岸边区，按水体类别设置监测垂线。湖（库）区若无明显功能区别，可用网络法均匀设置监测垂线。监测垂线上采样点的布置一般与

河流的规定相同，但对有可能出现温度分层现象时，应做水温、溶解氧的探索性试验后再定。受污染物影响较大的湖泊（水库），应在污染物主要输送路线上设置控制断面。

3. 采样点位的确定

在一个监测断面上设置的采样垂线数与各垂线上的采样点数应符合表 3-1 和表 3-2，湖（库）监测垂线上的采样点的布设应符合表 3-3。

表 3-1　采样垂线数的设置

水面宽	采样垂线数	说明
≤50m	一条（中泓）	1. 垂线布设应避开污染带，要测污染带应另加垂线
50～100m	二条（近左、右岸有明显水流处）	2. 确能证明该断面水质均匀时，可仅设中泓垂线
＞100m	三条（左、中、右）	3. 凡在该断面要计算污染物通量时，必须按本表设置垂线

表 3-2　采样垂线上的采样点数的设置

<table>
<tr><th>水深</th><th>采样点数</th><th>说明</th></tr>
<tr><td>≤5m</td><td>上层一点</td><td rowspan="3">1. 上层指水面下 0.5m 处，水深不到 0.5m 时，在水深 1/2 处
2. 下层指河底以上 0.5m 处
3. 中层指 1/2 水深处
4. 封冻时在冰下 0.5m 处采样，水深不到 0.5m 处时，在水深 1/2 处采样
5. 凡在该断面要计算污染物通量时，必须按本规定设置采样点</td></tr>
<tr><td>5～10m</td><td>上、下层两点</td></tr>
<tr><td>＞10m</td><td>上、中、下三层三点</td></tr>
</table>

表 3-3　湖（库）监测垂线采样点的设置

<table>
<tr><th>水深</th><th>分层情况</th><th>采样点数</th><th>说明</th></tr>
<tr><td>≤5m</td><td></td><td>一点（水面下 0.5m 处）</td><td rowspan="4">1. 分层是指湖水温度分层状况
2. 水深不足 1m，在 1/2 水深处设置测点
3. 有充分数据证实垂线水质均匀时，可酌情减少测点</td></tr>
<tr><td>5～10m</td><td>不分层</td><td>二点（水面下 0.5m，水底上 0.5m）</td></tr>
<tr><td>5～10m</td><td>分层</td><td>三点（水面下 0.5m，1/2 斜温层，水底上 0.5m 处）</td></tr>
<tr><td>＞10m</td><td></td><td>除水面下 0.5m，水底上 0.5m 处外，按每一斜温分层 1/2 处设置</td></tr>
</table>

4. 污染源的采样布设

污染源的采样涉及采样的时间、地点和频次三个方面。为了采集到有代表性的污水，采样前应该了解污染源的排放规律和污水中污染物浓度的时间、空间变化，在采样的同时还应测量污水的流量，以获得排污总量数据。

第一类污染物采集点位一律设在车间或车间处理设施的排放口或专门处理此类污染物设施的排放口。第二类污染物采集点位一律设在排污单位的外排口。必须在全面掌握与污水排放有关的工艺流程、污水类型、排放规律、污水管网走向等情况的基础上确定采样点位。

3.1.3　水样的采集与保存

1. 水质采样与保存的规范方法

对于广泛存在的天然水、生活污水及工业废水等，国家环境保护部发布了《水质采样　样品的保存和管理技术规定》（HJ 493—2009 代替 GB 12999—91），规定了水样从容器的准备到添加保护剂等各环节的保存措施及样品的标签设计、运输、接收和保证样品保存质量的方法。《水质　采样技术指导》（HJ 494—2009 代替 GB 12998—91）规定了质量保证控制、水质特征分析、底部沉积物及污泥的采样技术指导，适用于开阔河流、封闭管道、水库和湖泊、底部沉积物、地下水及污水采样技术的基本原则指导，不包括详细的采样步骤。《水质　采样方案设计技术规定》（HJ 495—2009 代替 GB 12997—91）规定了采集各种水体包括废水、底部沉积物和污泥的质量控制、质量表征、采样技术要求、污染物鉴别采样方案的设计和原则。

《水质自动采样器技术要求及检测方法》（HJ/T 372—2007）规定了地表水、工业废水和生活污水水质自动采样器的技术性能要求和性能检测方法，适用于水质自动采样器的性能检验、选型使用和日常校核。

2. 地表水和地下水样的采集

采样瓶应是带磨口的溶解氧瓶或其他能密闭的容器，保证采样后采样瓶内充满溶液。采样器、采样瓶及塞子应先用水样润洗 2～3 次。如选用特殊的专用采样器，应按照采样器的使用方法采样。

1）表层水

在河流、湖泊表层直接汲水，注意不能混入漂浮于水面上的物质，水样装满容器并密封。

2）一定深度的水

在湖泊、水库等处采集一定深度的水时，应用直立式或有机玻璃采水器。这类装置在下沉过程中，水能从采样器中流过，当达到预定的深度时，容器能够闭合而汲取水样。为了使采水器容易下沉或稳定，最好在采样器下系上适宜质量的坠子或配备绞车。

3）泉水、井水

对于自喷的泉水，可在涌口处直接采样。采集不自喷泉水时，汲取新水。从井水采集水样，必须在充分抽汲后进行，以保证水样能代表地下水水源。

4）自来水或抽水设备中的水

采集这些水样时，应先放水数分钟以排出水管中的陈旧水，然后再取样。

3. 污水采集

污水采样频次根据环保行政主管部门的监测要求，或企业自控监测按生产周期和生产特点确定监测频次，一般每个生产周期不少于 3 次，根据加密监测结果，绘制污水污染物排放曲线（浓度-时间、流量-时间、总量-时间），确定企业自行监测的采样频次。采样的同时测定流量。如果污染物排放曲线比较平稳，可以采瞬时样；如果排放污水的流量、浓度甚至组分都有明显变化，即排放曲线不稳定，要根据曲线情况分时间单元采样，再组成混合样品。正常情况下，混合样品的单元采样不得少于两次，采样量与流量成正比，以使混合样品更有代表性。

目前我国对 Cr(Ⅵ)、Pb、Cd、Hg、As 等金属元素实施排污总量控制，流量的测量是排污总量监测的关键。流量监测的原则是：污染源的污水排放的“流量-时间”排放曲线波动较小，用瞬时流量代表平均流量，则在某一时段内的任意时间测得的瞬时流量乘以该时段的时间即为该时段的总流量；如排放污水的“流量-时间”排放曲线有明显波动，但其波动有固定的规律，可以用该时段中几个等时间间隔的瞬时流量来计算出平均流量，则可定时进行瞬时流量测定，在计算出平均流量后再乘以时间得到总流量；如排放污水的“流量-时间”排放曲线既有明显波动，又无规律可循，则必须连续测定流量，流量对时间的积分即为总流量。

4. 水样保存

水样采集后，应尽快送到实验室进行分析。样品久放，金属元素的分析受生物因素、化学因素和物理因素的影响，某些组分发生氧化还原、挥发、沉淀或吸附等变化，造成浓度、价态和组成的改变。为了测定金属含量，水样中的保存方法可以采用如下几种方式：

1）冷藏或冷冻

样品在 4℃冷藏或迅速冷冻，贮存于暗处，可以抑制生物活动，减缓物理挥发作用和化学反应速率。但在冷冻时注意避免水样结冰体积膨胀，而使玻璃仪器破裂或样品瓶盖顶开失去密封，进而使样品受到污染。

2）加入化学保存剂

控制溶液 pH。测定金属离子的水样常用硝酸酸化至 pH = 1～2，这样既可以防止重金属的水解沉淀，又可以防止金属在器壁表面上的吸附，还能抑制微生物的生长，此法保存大多数金属可稳定数周至数月。

作为水环境中金属监测保存样品的一般条件见表 3-4，可以保存 14 天，单项样品的最少采样量为 250mL。

表 3-4　水样金属元素的保存条件

项目	采样容器	保存剂用量	备注
Be	G、P	HNO_3，1L 水样中加浓 HNO_3 10mL	
B	P	HNO_3，1L 水样中加浓 HNO_3 10mL	
Na	P	HNO_3，1L 水样中加浓 HNO_3 10mL	
Mg	G、P	HNO_3，1L 水样中加浓 HNO_3 10mL	
K	P	HNO_3，1L 水样中加浓 HNO_3 10mL	
Ca	G、P	HNO_3，1L 水样中加浓 HNO_3 10mL	
Cr(Ⅵ)	G、P	NaOH，pH = 8～9	
Mn	G、P	HNO_3，1L 水样中加浓 HNO_3 10mL	
Fe	G、P	HNO_3，1L 水样中加浓 HNO_3 10mL	
Ni	G、P	HNO_3，1L 水样中加浓 HNO_3 10mL	
Cu	P	HNO_3，1L 水样中加浓 HNO_3 10mL	如用溶出伏安法测定，可改用 1L 水样中加 19mL 浓 $HClO_4$
Zn	P	HNO_3，1L 水样中加浓 HNO_3 10mL	如用溶出伏安法测定，可改用 1L 水样中加 19mL 浓 $HClO_4$
As	G、P	HNO_3，1L 水样中加浓 HNO_3 10mL；DDTC（二乙基二硫代氨基甲酸盐）法，HCl 2mL	
Se	G、P	HCl，1L 水样中加浓 HCl 2mL	
Ag	G、P	HNO_3，1L 水样中加浓 HNO_3 2mL	
Cd	G、P	HNO_3，1L 水样中加浓 HNO_3 10mL	如用溶出伏安法测定，可改用 1L 水样中加 19mL 浓 $HClO_4$
Sb	G、P	HCl，0.2%（氢化物法）	
Hg	G、P	HCl，1%；如水样为中性，1L 水样中加浓 HCl 10mL HNO_3，1L 水样中加浓 HNO_3 7mL（或浓 H_2SO_4 10mL） 5%高锰酸钾溶液 4mL，必要时多加一些，使其呈现持久的淡红色	
Pb	G、P	HNO_3，1%；如水样为中性，1L 水样中加浓 HNO_3 10mL	如用溶出伏安法测定，可改用 1L 水样中加 19mL 浓 $HClO_4$
总 Cr		加入 HNO_3 或 H_2SO_4，调 pH = 1～2	

注：G 为硬质玻璃；P 为聚乙烯

此外，由于样品的成分不同，尤其是工业废水，同样的保存条件很难保证适用于所有样品，因此，要根据样品的性质、组成和环境条件，要检验保存方法或选用的化学保存剂的可靠性。加入的化学保存剂其纯度和等级必须达到分析的要求，并进行空白试验。

3.1.4 底质样品的采集

底质是指江、河、湖、库、海等水体底部表层沉积物质。底质中所含的腐殖质、微生物及土壤微粒往往吸附许多重金属物质；水体中的悬浮物和胶态物质通过聚凝作用，沉降到底质中；水体中的重金属化合物在一定的条件下形成沉淀，成为底质中的一部分。此外，由于水污染或 pH 的改变，底质可能发生一系列的吸附-解吸、沉淀-溶解、化合-分解、氧化-还原、络合-解络等物理化学和生物转化作用，对水体的自净、降解、迁移、转化等过程起着重要作用。因此，底质是水环境中的重要组成部分。

1. 底质采样与保存

底质采样点位通常为水质采样点位垂线的正下方，当正下方无法采样时，可略作移动，并详细注明移动情况。底质采样点应避开河床冲刷、底质沉积不稳定、水草茂盛表层及底质易受搅动之处。湖（库）底质采样点一般应设在主要河流及污染源排放口与湖（库）水混合均匀处。

底质采样量通常为1～2kg，一般用掘式采泥器采样，用塑料袋或玻璃瓶盛装，并密封。样品尽量采用低温冷冻保存。处理柱状分层样品时，不要使其分层状态破坏，分层后分别进行预处理。

2. 底质的脱水

1）自然风干

待测组分较稳定，样品可置于阴凉、通风处晾干。

2）离心分离

离心分离脱水后立即取样分析，同时另取一份烘干测定水分含量，对结果加以校正。

$$含水量(\%)=\frac{离心后样重-烘干后样重}{离心后样重}\times100 \tag{3-1}$$

3）真空冷冻干燥

适用于各种类型样品，特别适用于对光、热、空气不稳定的污染物样品。

3. 样品的筛分

将干燥后的底质样品用微力压散，不要破坏自然粒径，样品过 20 目筛。进一步的粒度按研究目的要求进行筛分或研磨，对 Hg、As 等易挥发元素和需要测低价铁、硫化物等时，样品不可用粉碎机粉碎。在测定金属时所用筛网材质应为非金属。

3.2　水体中重金属的检测方法

利用原子吸收光谱法、电感耦合等离子体原子发射光谱法、电感耦合等离子体质谱法等仪器进行水样重金属检测时，清洁的地表水和地下水一般不需要特殊的前处理，可以直接进行检测，或过滤后直接检测。

原子荧光光谱法进行样品的测定，一般需要氢化物发生装置，测量前用盐酸羟胺（$NH_2OH \cdot HCl$）还原。该法主要适用于微量元素砷、锑、铋、汞、硒、碲、锗等的测定。

水样采用比色法进行测量时，一般要经过样品前处理，有颗粒存在的水样，要根据需要进行过滤或将悬浮胶态颗粒物消解成样品溶液。水中有机物会干扰测定结果，这也是需要进行消解处理的原因。

采用电化学分析法进行测量时，根据需要选择性地进行过滤、酸化或消解处理。最好采用硝酸-高氯酸消解的方法去除水中的有机物。

溶解性重金属的检测需要过 0.45μm 的滤膜，水相酸化后可以测定溶解态重金属总量；如果过滤后水相不经酸化，直接测量具有电活性的、游离的、简单的无机络离子，可以得到不稳定态重金属量。

污水可适当进行稀释、酸化或消解再进行检测。酸化是用 HCl 或 HNO_3 对水样进行简单的酸处理，以保存水样。酸消解是将水样中的有机物去除、可测的悬浮胶体物质溶解或对金属价态进行调整，以达到测量要求，常用的酸消解体系可采用 HNO_3-HCl 体系、HNO_3-H_2SO_4 体系、HNO_3-H_2SO_4-$HClO_4$ 体系、HCl-HNO_3-$HClO_4$ 或 HNO_3-$HClO_4$ 体系，用电热板、微波、消解罐等均可。一般 Cr、As 的测定适用于 HNO_3-HCl 体系。难溶金属一般选择含 HNO_3、H_2SO_4 的体系。有机物高的体系宜选择含有 HNO_3-$HClO_4$ 的体系。石墨炉分析不要加入 $HClO_4$，可用 30% H_2O_2 代替。含 Hg、As 金属离子的水样，由于二者的挥发性较强，样品的前处理方法较特殊。测定 Hg 的前处理方法可采用混酸（硫酸 + 盐酸）-高锰酸钾法、高锰酸钾-过硫酸钾法、溴酸钾-溴化钾法进行消解处理，可用测汞仪测试水中汞。

为了消除其他组分的干扰，测量时有时需要采取加入掩蔽剂、氢化物发生剂、萃取、吸附柱吸附-解吸等方式进行前处理。

3.2.1　水体中重金属检测的规范方法

国际标准化组织发布的 *Inductibely Coupled Plasma-atomic Emission Spectrometry*（EPA Method 6010C）和 *Determination of Metals and Trace Elements in Water and Wastes by Inductively Coupled Plasma-Atomic Spectrometry*（EPA Method 200.7）分别规定了电感耦合等离子体原子发射光谱法和电感耦合等离子体质谱法为测定水和废水中的金属和痕量元素的检测方法。

我国环境保护标准或国家标准规定了一些重金属元素的规范检测方法，见表 3-5。尤其是电感耦合等离子体原子发射光谱法和电感耦合等离子体质谱法在测定地表水、地下水、生活污水及工业废水中的重金属时被普遍采用。

表 3-5　国内水体中重金属元素检测的规范方法

序号	标准代号	标准名称
1	《水质 32 种元素的测定　电感耦合等离子体发射光谱法》	HJ 776—2015
2	《水质 65 种元素的测定　电感耦合等离子体质谱法》	HJ 700—2014
3	《水质烷基汞的测定吹扫捕集/气相色谱-冷原子荧光光谱法》	HJ 977—2018
4	《水质　汞、砷、硒、铋和锑的测定　原子荧光法》	HJ 694—2014
5	《水质　总汞的测定　冷原子吸收分光光度法》	HJ 597—2011
6	《水质　总汞的测定　高锰酸钾-过硫酸钾消解法双硫腙分光光度法》	GB 7469—1987
7	《水质　汞的测定　冷原子荧光法（试行）》	HJ/T 341—2007
8	《环境　甲基汞的测定　气相色谱法》	GB/T 17132—1997
9	《水质　烷基汞的测定　气相色谱法》	GB/T 14204—93
10	《水质　四乙基铅的测定　顶空/气相色谱-质谱法》	HJ 959—2018
11	《水质　铅的测定　示波极谱法》	GB/T 13896—1992
12	《水质　铅的测定　双硫腙分光光度法》	GB 7470—1987
13	《水质　六价铬的测定　流动注射-二苯碳酰二肼光度法》	HJ 908—2017
14	《水质　铬的测定　火焰原子吸收分光光度法》	HJ 757—2015
15	《水质　镉的测定　双硫腙分光光度法》	GB 7471—1987
16	《水质　总砷的测定　二乙基二硫代氨基甲酸银分光光度法》	GB 7485—1987
17	《水质　痕量砷的测定　硼氢化钾-硝酸银分光光度法》	GB 11900—1989
18	《水质　总硒的测定　3, 3′-二氨基联苯胺分光光度法》	HJ 811—2016
19	《水质　硒的测定　石墨炉原子吸收分光光度法》	GB/T 15505—1995
20	《水质　硒的测定　2, 3-二氨基萘荧光法》	GB 11902—1989

续表

序号	标准代号	标准名称
21	《水质 钴的测定 火焰原子吸收分光光度法》	HJ 957—2018
22	《水质 钴的测定 石墨炉原子吸收分光光度法》	HJ 958—2018
23	《水质 钴的测定 5-氯-2-(吡啶偶氮)-1, 3-二氨基苯分光光度法》	HJ 550—2015
24	《水质 钼和钛的测定 石墨炉原子吸收分光光度法》	HJ 807—2016
25	《水质 铊的测定 石墨炉原子吸收分光光度法》	HJ 748—2015
26	《水质 钡的测定 火焰原子吸收分光光度法》	HJ 603—2011
27	《水质 钡的测定 石墨炉原子吸收分光光度法》	HJ 602—2011
28	《水质 钡的测定 电位滴定法》	GB/T 14671—1993
29	《水质 铁的测定 邻菲啰啉分光光度法（试行）》	HJ/T 345—2007
30	《水质 铁、锰的测定 火焰原子吸收分光光度法》	GB 11911—1989
31	《水质 锰的测定 甲醛肟分光光度法（试行）》	HJ/T 344—2007
32	《水质 锰的测定 高碘酸钾分光光度法》	GB 11906—1989
33	《水质 铍的测定 铬菁 R 分光光度法》	HJ/T 58—2000
34	《水质 铍的测定 石墨炉原子吸收分光光度》	HJ/T 59—2000
35	《水质 钒的测定 石墨炉原子吸收分光光度法》	HJ 673—2013 代替 GB/T 14673—1993
36	《水质 钒的测定 钽试剂（BPHA）萃取分光光度法》	GB/T 15503—1995
37	《水质 银的测定 镉试剂 2B 分光光度法》	HJ 490—2009
38	《水质 银的测定 3, 5-Br_2-PADAP 分光光度法》	HJ 489—2009
39	《水质 银的测定 火焰原子吸收分光光度法》	GB 11907—1989
40	《水质 铜的测定 2, 9-二甲基-1, 10-菲啰啉分光光度法》	HJ 486—2009
41	《水质 铜的测定 二乙基二硫代氨基甲酸钠分光光度法》	HJ 485—2009
42	《水质 铜、锌、铅、镉的测定 原子吸收分光光度法》	GB 7475—1987
43	《水质 镍的测定 火焰原子吸收分光光度法》	GB 11912—1989
44	《水质 镍的测定 丁二酮肟分光光度法》	GB 11910—1989
45	《水质 锌的测定 双硫腙分光光度法》	GB 7472—1987
46	《水质 钙和镁的测定 原子吸收分光光度法》	GB 11905—1989
47	《水质 钙的测定 EDTA 滴定法》	GB 7476—1987
48	《水质 钙和镁总量的测定 EDTA 滴定法》	GB 7477—1987
49	《水中钾-40 的分析方法》	GB/T 11338—1989
50	《水质钾和钠的测定 火焰原子吸收分光光度法》	GB 11904—1989

3.2.2 水样的前处理

1. 水样消解的规范方法

《水质 金属总量的消解 硝酸消解法》（HJ 677—2013）规定了水中金属总量的硝酸消解预处理方法。

《水质 金属总量的消解 微波消解法》（HJ 678—2013）规定了水中金属总量的微波消解方法。

2. 酸消解法

通常在一定体积的均匀样品中加入硝酸溶液进行消解，例如，100mL 样品加入 5.0mL 硝酸(1 + 1)置于电热板上加热消解，在不沸腾的情况下，缓慢加热至近干。取下冷却，反复进行这一过程，直至试样溶液颜色变浅或稳定不变。冷却后，加入硝酸(1 + 1)若干毫升，再加入少量水，置于电热板上继续加热使残渣溶解。冷却后，用超纯水定容至原取样体积，使溶液保持 1%（体积比）的硝酸酸度。对有机物含量高的样品，如后续采用 ICP-AES 检测重金属，可适量加入高氯酸；如后续采用 ICP-MS 检测重金属，可适量加入过氧化氢。若消解液中存在一些不溶物，可静置或在 200～3000r/min 转速下离心分离 10min 以获得澄清液。

3. 电热板消解法

准确量取(100.0±1.0)mL 摇均后的水样于 250mL 聚四氟乙烯烧杯中，加入 2mL 硝酸(1 + 1)溶液和 1.0mL 盐酸(1 + 1)溶液于上述烧杯中，置于电热板上加热消解，加热温度不得高于 85℃。消解时，烧杯应盖上表面皿或采取其他措施，保证样品不受通风柜周边的环境污染。持续加热，保持溶液不沸腾，直至样品蒸发至 20mL 左右。在烧杯口盖上表面皿以减少过多的蒸发，并保持轻微持续回流 30min。待样品冷却后，用去离子水冲洗烧杯至少三次，并将冲洗液倒入容量瓶中，确保消解液转移至 50mL 容量瓶中，用去离子水定容，加盖，摇匀保存。若消解液中存在一些不溶物，可静置过夜或离心以获得澄清液（若过滤去除，应避免过滤过程中可能的污染）。

4. 微波消解法

准确量取 45.0mL 摇匀后的水样于消解罐中，加入 4.0mL 浓硝酸和 1.0mL 浓盐酸（根据微波消解罐的体积等比例减少取样量和加入的酸量），在 170℃下微波消解 10min。消解完毕，冷却至室温后，将消解液移至 100mL 容量瓶中，用去离子水定容至刻度，摇匀，待测。也可适度浓缩样品，定容至 50mL 容量瓶中。

5. Hg 元素的高锰酸钾-过硫酸钾消解法

1）近沸保温法

该法适用于一般废水、地表水或地下水。将样品摇匀，取 10～50mL 废水（或 100～200mL 地表水或地下水），移入 125mL（或 500mL）锥形瓶中，补充适量无汞去离子水至约 50mL。依次加浓硫酸 1.5mL（对地表水或地下水应加 2.5～5.0mL，使硫酸约为 $0.5mol·L^{-1}$）、硝酸(1 + 1)溶液 1.5mL（对地表水或地下水，应加 2.5～5.0mL）、5%高锰酸钾溶液 4mL（如不能在 15min 内维持紫色，再补加适量高锰酸钾溶液使维持紫色，但总量不超过 30mL）、5%过硫酸钾溶液 4mL，插入小漏斗，置沸水浴中。使样液在近沸状态保温 1h，取下冷却至约 40℃。临近测定时，边摇边滴加 20%盐酸羟胺溶液，直至刚好使过剩的高锰酸钾褪色及二氧化锰全部溶解为止。转入 1000mL 容量瓶中，用稀释液稀释至刻度（地表水或地下水不稀释定容）。

2）煮沸法

对消解含有机物、悬浮物较多、组分复杂的废水，煮沸法比近沸保温法效果好。按近沸保温法取样和加入试剂后，向样液中加数粒玻璃珠或沸石，插入小漏斗，擦干瓶底，置电炉或电热板上加热煮沸 10min，取下冷却，同近沸保温法进行还原和定容。

6. 氢化物发生法

氢化物发生法适用于砷、硒、锑、铋的原子荧光、原子吸收等分析方法的前处理。该方法的原理是在消解处理水样后加入硫脲，把砷、锑、铋还原成三价，硒还原成四价，在酸性介质中加入硼氢化钾或硼氢化钠溶液，形成砷化氢、锑化氢、铋化氢和硒化氢气体，进而再原子化，进行原子荧光或原子吸收的检测。例如，移取 20mL 清洁的水样或经过预处理的水样于 50mL 烧杯中，加入 3mL 盐酸、2mL 10%硫脲溶液混匀。放置 20min 后，用定量加液器注入 5.0mL 于原子荧光仪的氢化物发生器中，加入 4mL 硼氢化钾溶液，进行测定，或通过蠕动泵进样测定（调整进样和进硼氢化钾溶液流速为 $0.5mL·s^{-1}$），但需要通过设定程序保证进样量的准确性和一致性，记录相应的相对荧光强度值。从校准曲线上查得测定溶液中砷（或硒、锑、铋）的浓度。

7. 萃取法

1）APDC-MIBK 萃取法

该方法适用于水样中总铜、总铅、总镉的萃取测定。采用吡咯烷二硫代氨基甲酸铵-甲基异丁基甲酮（APDC-MIBK）萃取体系时，如果样品的化学需氧量超过 500mg·L^{-1}，可能影响萃取效率。当水样中的铁含量较高（高于 5mg·L^{-1}）时，宜采用碘化钾-甲基异丁基甲酮（KI-MIBK）萃取体系。具体步骤：100mL 消解好的水样用 10%氢氧化钠调节 pH = 3.0（单萃取铅，pH = 2.3 最佳），加入 2% APDC 2mL，摇匀后加入 MIBK 10mL，摇动 1min，有机相待测。

2）KI-MIBK 萃取法

该方法适用于水样中铁含量高时总铜、总铅、总镉的萃取测定。取水样或消解好的试样 50mL，放入 125mL 分液漏斗中。加入 1mol·L^{-1} 碘化钾溶液 10mL，摇匀后加入 5%抗坏血酸溶液 5mL，再摇匀。准确加入 MIBK 10.0mL，摇动 1～2min，测试有机相。

8. 底质样品的前处理

干燥后底质样品根据研究目的不同，选用合适的溶解或浸提方法，再进行重金属的测量。例如，要调查底质中元素含量水平及随时间的变化和空间的分布，一般宜用全量分解方法；要了解底质受重金属污染的状况，用硝酸分解法就可使水系中由于水解和悬浮物吸附而沉淀的大部分重金属溶出；要评价底质向水体中释放出重金属的量，则用蒸馏水按一定的固液比做溶出（或浸出）试验；要监测底质中元素存在的价态和形态则要用特殊的溶样方法。

由于金属化合物的物理化学性质不同，选择消解体系不同。例如，样品中的 As 有卤化物存在时，加热过程中 As^{3+} 易挥发损失（$AsCl_3$ 沸点 130.2℃），因此最好选用 HNO_3-$HClO_4$-H_2SO_4 体系，使 As 保持在 As^{5+} 状态，此时不易挥发损失；Zn、Mn、Co、Ni、Cu、Cd 可采用 HNO_3-HF-H_2SO_4 和 HNO_3-HF-$HClO_4$ 体系溶解；Pb 宜用 HNO_3-HF-$HClO_4$ 体系溶解，原因是样品中 Pb^{2+} 易与 Ca^{2+}、Sr^{2+}、Ba^{2+} 的硫酸盐产生共沉淀，用 HNO_3-HF-H_2SO_4 消解结果严重偏低；Cr 宜用 HNO_3-HF-H_2SO_4 消解，在 HNO_3-HF-$HClO_4$ 体系消解时会挥发损失；Cd、Zn 易从底质中溶出，可采用王水、王水-$HClO_4$ 和全量消解法。应用 $HClO_4$ 消解的体系，最好先加入 HNO_3 氧化样品中的羟基有机物，稍冷后再加 $HClO_4$，防止 $HClO_4$ 与含羟基有机物反应发生爆炸。

1）全分解法

（1）HNO_3-HF-$HClO_4$ 消解法。

称取 0.1000～0.5000g 样品，置于聚四氟乙烯坩埚中，用少量水冲洗内壁润湿试样后，加入 HNO_3 10mL［若底质呈黑色，说明含有机质很高，则改加(1 + 1) HNO_3，防止剧烈反应发生迸溅］。待剧烈反应停止后，在低温电热板上加热分解。若反应还产生棕黄色烟，说明有机质还多，要反复补加适量的 HNO_3，加热分解至液面平静，不产生棕黄色烟。取下，稍冷，加入 HF 5mL，加热煮沸 10min。取下，冷却，加入 $HClO_4$ 5mL，蒸发至近干。然后再加 $HClO_4$ 2mL，再次蒸发至近干（不能干涸），残渣为灰白色。冷却，加入 1% HNO_3 25mL，煮沸溶解残渣，移至 50～100mL 容量瓶中，加水至标线，摇匀备测。

（2）王水-HF-$HClO_4$ 消解法。

称取 0.5000～1.0000g 样品，置于聚四氟乙烯烧杯中，加少量水润湿，加王水 10mL 后盖好盖子，在室温下放置过夜。置 120℃电热板上分解 1h，待溶液透明、液面平稳后（否则补加适量的王水继续分解），取下稍冷，加 $HClO_4$ 5mL，逐渐升温至 200℃加热至冒白烟，残液剩 0.5mL 左右，取下冷却。再加 HF 5mL，去盖，在 120℃加热挥发除去硅，蒸至近干，冷却。再加 $HClO_4$ 1mL，继续加热蒸至近干（但不要干涸），以去除 HF。加入 1% HNO_3 10mL，温热溶解，定容至 50mL。立即移入干燥洁净的聚四氯乙烯瓶中，保存备用。

（3）高压釜酸分解法。

称取 1.000～2.0000g 试样于内筒聚四氟乙烯坩埚中，加少量水润湿试样，再加入 HNO_3、$HClO_4$ 各 5mL，摇匀后把坩埚放入不锈钢套筒中，拧紧。放在 180℃的烘箱中分解 2h 取出，冷却至室温后，取出坩埚，用水冲洗坩埚盖的内壁，加入 3mL HF 置于电热板上，在 100～120℃加热飞硅，待坩埚内剩下 2～3mL 分解物溶液时，调高温度至 150℃，蒸至冒白烟后再蒸至近干，用 1% HNO_3 定容后进行测定。

在分解含有机质较多的试样时，可先在 80～90℃下加热 2h，使有机质充分分解，再升温至 150～180℃，以免有机质和 $HClO_4$ 发生强烈反应。在分解红壤等含铝较高的底质试样时，可适当延长加热时间。如果聚四氟乙烯内筒带有静电，易使干燥土壤试样飞散，可用金属电极放电处理。

（4）微波酸分解法。

称取 0.1000～0.5000g 试样于洗净的 Teflon-PFA 消解罐中，用少量水润湿后加入 9mL HCl、3mL HNO_3 和 2mL HF 盖上压力释放阀和瓶盖，用锁盖机将容器盖锁紧，将容器放到有排气管与中央接收器相连的旋转台上，用 Teflon-PFA 排气管与消解罐相连。设置微波消解功率和时间参数（如 240～450W，3～30min）进行消解，同时打开转盘开关，使试样均匀消解。消解程序完成后，关闭转盘开关，打开微波炉门，将消解罐从转盘上取下，冷却后放入锁盖机中拧松瓶盖。向罐内加入 4% H_3BO_3 10mL 后，将消解液移入 50mL 容量瓶中，用蒸馏水定容至刻度（如减压阀内有少量试液，应用少量水冲洗罐内壁，以免损失试液）。

注：若仅称取 0.10g 试样，可不用加入 HF，在定容前也不必加入 H_3BO_3。

2）浸溶法

（1）HNO_3 浸溶法。

称取 0.5000g 样品于 50mL 校正过的硼酸玻璃管中，加 4～5 粒沸石（防止受热暴沸），加 1mL 水润湿样品，加浓 HNO_3 6mL，待剧烈反应停止后，徐徐加热至沸并回流 15min。取下冷却，加水至 50mL，摇匀，放置过夜，令其澄清。取上清液进行分析。

（2）$0.1mol \cdot L^{-1}$ HCl 浸溶法。

称取约 10.00g 风干过筛的试样放入 150mL 硬质玻璃三角瓶中，加入 50.0mL $0.1mol \cdot L^{-1}$ HCl 提取液，用水平振荡器振荡 1.5h。干滤纸过滤，滤液用于分析测定。

（3）DTPA 浸溶。

浸提液可测定有效态（即易于释放于水体中）Cu、Zn、Fe 等。

a. 浸提液的配制：称取 1.967g 二乙烯三胺五乙酸（DTPA）溶于 14.92g 三乙醇胺（TEA）和少量水中，再将 1.47g $CaCl_2 \cdot 2H_2O$ 溶于水，一并转入 1000mL 容量瓶中。加水至约 90mL，用 $6mol \cdot L^{-1}$ HCl 调节 pH 至 7.30（每升提取液约需加 $6mol \cdot L^{-1}$ HCl 8.5mL），最后用水定容。贮存于塑料瓶中，三个月内不会变质。

b. 浸提程序：称取约 25.00g 风干过筛的试样放入 150mL 硬质玻璃三角瓶中，加入 50.0mL DTPA 浸提剂，于 25℃用水平振荡机振荡提取 2h。干滤纸过滤，滤液用于分析。

（4）水浸溶。

称取 5.00～10.00g 样品置于 150mL 磨口锥形瓶中，加水 50mL 密塞。置于往复式振荡器上，于室温下振摇 4h，放置 0.5h。干滤纸过滤，滤液待测。

3）其他消解方法

因汞和砷在用前述方法消解试样时容易挥发损失，须用专门的试样预处理方法。

（1）测汞的试样消解。

a. 硫硝混酸-$KMnO_4$ 法：称取经粉碎过筛（80 目）的样品 0.1000～2.000g 于 150mL 锥形瓶中，加 H_2SO_4、HNO_3(1∶1)混合酸 2mL，待剧烈反应停止后，加水 20mL、2% $KMnO_4$ 溶液 5mL，在瓶口插一三角漏斗，在低温电热板上加热分解，并煮沸 5min。若紫红色褪去，应及时补加 $KMnO_4$ 溶液，以保持有过量 $KMnO_4$ 的存在。取下冷却，在临测定前，滴加盐酸羟胺溶液至 $KMnO_4$ 和 MnO_2 褪色，移入 100mL 容量瓶中，加水稀释至标线，混匀。

b. HNO_3-H_2SO_4-V_2O_5 法：称取风干底质样品 1.000～3.000g 于 150mL 锥形瓶中，加入 V_2O_5 约 50mg，瓶口插一小漏斗。加入 HNO_3 10mL，摇匀，置于 145℃电热板上加热，保持微沸 5min，冷却。加入 H_2SO_4 10mL，继续加热煮沸 15min，此时试样为浅灰白色（若试样色深应适当补加 HNO_3 再进行分解）。冷却后，用水冲洗漏斗及瓶壁，煮沸溶液片刻以驱除氮氧化物，试液为蓝绿色。冷却，将试液移入 100mL 容量瓶中，用少量水洗残渣几次，洗涤液并入容量瓶中，滴加 5% $KMnO_4$ 数滴至紫色不褪，加水定容。在临测定前用盐酸羟胺还原。

（2）测砷的试样消解。

称取样品 0.2000～1.000g 于 150mL 锥形瓶中，加(1 + 1) H_2SO_4 7mL、浓 HNO_3 10mL、$HClO_4$ 2mL，置电热板上加热分解，破坏有机物（若试液颜色变深，应及时补加 HNO_3）。蒸至冒浓厚 $HClO_4$ 白烟，取下放冷，用水冲洗瓶壁，再加热至冒浓白烟，以除尽 HNO_3。取下锥形瓶，瓶底仅剩下少量白色残渣（若有黑色颗粒物应补加 HNO_3 继续分解），加水至 50mL，全量用于分光光度法测定。

消解方法可能会对重金属后续仪器测定产生一定的基体干扰，选择适当的方法消除干扰成分，或选择可行的基体改良方法。例如，碱溶法由于加入大量碱金属盐，对后续的原子吸收等测定会产生基体干扰，不宜采用。在酸消解法对样品消解后，适当加入 HF 溶液，在 100～120℃下加热飞硅，有利于后续原子吸收和原子发射的测定。

样品的消解试剂应选用优级纯或达到纯度要求的试剂，并做空白试验。

3.2.3　光谱学检测方法

适于测量液体样品的元素的分析仪器一般可用来测量水环境中的金属元素总量，主要包括 AAS 法、ICP-AES 法、ICP-MS 法、AFS 法等、气相色谱（GC）法等。水样中几乎所有的重金属元素均可优先采用 ICP-MS 法、ICP-AES 法、AAS 法，仪器的原理和适用范围详见第 2 章 2.2.3 节。

美国 EPA Method 6010C 方法是用 ICP-AES 法测定溶液中金属及非金属元素，可分析饮用水、地表水、生活及工业废水、土壤底泥、固体废弃物及生物体中铝、锑、砷、钡、铍、硼、镉、钙、铬、钴、铜、铁、铅、锂、镁、锰、汞、钼、镍、磷、钾、硒、二氧化硅、银、钠、锶、铊、锡、钛、钒、锌，共计 31 个元素和化合物，EPA Method 6010C 方法需对样品进行前处理。

ICP-MS 法适合检测银、铝、砷、金、硼、钡、铍、铋、钙、镉、铈、钴、铬、铯、铜、镝、铒、铕、铁、镓、钆、锗、铪、钬、铟、铱、钾、镧、锂、镥、镁、锰、钼、钠、铌、钕、镍、磷、铅、钯、镨、铂、铷、铼、铑、钌、锑、钪、硒、钐、锡、锶、铽、碲、钍、钛、铊、铥、铀、钒、钨、钇、镱、锌和锆等元素。

ICP-AES 法适合检测银、铝、砷、硼、钡、铍、铋、钙、镉、钴、铬、铜、铁、钾、锂、镁、锰、钼、钠、镍、磷、铅、硫、锑、硒、硅、锡、锶、钛、钒、锌和锆等元素。

AAS 法适合检测铁、锰、铍、钒、硒、铜、锌、铅、镉、银、钴、钡、铬、钾、镍、钙和镁等元素。

AFS 法主要适用于微量元素汞、砷、硒、铋、锑、碲和锗等的测定，检出限优于 AES 法和 AAS 法。

GC 法主要适用于四乙基铅、烷基汞、甲基汞的测定，2017 年国家环境保护部将 GC-MS 法联用方法作为检测四乙基铅的标准方法。

3.2.4 比色法

水体中的重金属元素除了 3.2.3 节中提到的仪器分析方法外，还有一些经典的比色法，又称分光光度法，是水体样品化学分析中常用的方法之一。一些便携式的水质分析仪也基于比色法，将显色剂制成袋装标准试剂，便于现场使用和分析。比色分析的主要原理为朗伯-比尔（Lambert-Beer）定律，在一定条件下，重金属离子与某一特定的试剂进行化学反应，在溶液中产生新的化学物质，该物质一般为具有特定吸收波长的光，溶液的吸光度与溶液中新产生的化学物质浓度相关，从而实现水中重金属的定量检测。该方法原理简单，不需要特殊设备，一般分光光度计即可满足需求。选择合适的显色剂，以及消除其他金属组分干扰是关键，其次是获得稳定可靠的单色光，因此，比色法重金属分析适合一些特殊组分的单组分分析或浓度较高的水质样品，如饮用水中含量较高的锌离子、铜离子、铁离子的检测和工业废水中高浓度重金属的检测等。如选择适当的显色剂有时可以进行重金属的价态检测，但比色法的灵敏度相对较低，不适用饮用水、地下水等痕量重金属含量的分析。

水环境一些重金属的比色法列举如下：铬的二苯碳酰二肼分光光度法；砷的二乙基二硫代氨基甲酸银分光光度法及新银盐分光光度法；锑的 5-Br-PADAP 分光光度法；铍的桑色素荧光分光光度法（铬天青 S 光度法）；铁的 4,7-二苯基-1, 10-菲啰啉分光光度法；铍的羊毛铬花青 R 分光光度法；镍的丁二酮肟分光光度法；镉的对-偶氮苯重氮氨基偶氮苯磺酸分光光度法等；银的 3, 5-Br_2-PADAP 分光光度法；铅、锌、汞等重金属的双硫腙分光光度法；钴的 5-Cl-PADAB 分光光度法；钡的铬酸盐间接分光光度法；锰的高碘酸盐氧化光度法；钒的钽试剂（BPHA）萃取分光光度法等。

3.2.5 电化学法

由于重金属在水环境，特别是地表水、饮用水源地等水环境中的含量不高，检测限低的电化学溶出分析技术可以实现较为精准的定量分析。在一些水质监测的标准中也规定了特定金属如钡的电位滴定法、铅的示波极谱法等电化学法。重金属电化学法由海洛夫斯基（MichaeL Heyrovsky，其因发明该方法而获得 1959 年诺贝尔化学奖）发明，后经众多学者优化发展。目前，电化学法应用于水环境中重金属测量，根据电化学测量过程可概括分为以下几类。

1. 离子选择电极法

离子选择电极法属于电位分析法，利用能对溶液中特定金属离子有选择性响应的电极，把被测物的活度变为电极电位值，再按能斯特（Nernst）方程计算被测物的量，电位对溶液中相应的离子活度的对数呈线性关系。

离子选择电极法可直接对样品进行测定，不受样品颜色、浊度、悬浮物或黏度的影响，但该法灵敏度较低，在样品中待测物质浓度很低时不适用。由于离子选择性电极的选择性问题和样品中其他离子的干扰问题，该法只适用于误差要求不高的快速分析。

2. 溶出伏安法

溶出伏安法是将电解富集与溶出伏安曲线分析相结合的电化学方法，通过预电解将被测物质沉积到电极上，然后施加反向电压再将富集在工作电极上的重金属溶出，得到溶出过程的伏安曲线，对被测重金属组分进行定量分析。该方法突出的优点是灵敏度很高，一般为 $1\times10^{-9}\sim1\times10^{-10}mol\cdot L^{-1}$，适用于现场检测微量和痕量的物质，操作简单快速，选择性好且分析成本低。溶出伏安法根据溶出时工作电极上发生的是氧化反应还是还原反应，可分为阳极溶出伏安法（ASV）和阴极溶出伏安法。其中，阳极溶出伏安法的电解富集过程是电还原，溶出测定过程是电氧化。相反，阴极溶出伏安法指被测物在较正电位下以生成难溶膜形式富集于电极上，然后通过阴极极化使难溶膜溶出，过程与阳极溶出伏安法相反，电解富集过程是电氧化，溶出测定过程是电还原。

金属离子的定量分析多用阳极溶出伏安法，如水中镉、铜、铅、锌的测定方法已经较为成熟。阳极溶出伏安法常将电化学富集与测定方法有机地结合在一起，先将被测物质通过阴极还原富集在一个固定的微电极上，再由负向正电位方向扫描溶出，根据溶出极化曲线来进行分析测定。阳极溶出伏安法使得样品中很低浓度的金属都能够被快速检测出来，并有良好精密度。

吸附溶出伏安法是 20 世纪 80 年代后期发展起来的，是利用电活性物质在电极表面的吸附富集来加强溶出峰电流值，以提高灵敏度的溶出伏安法。测量过程可以是阳极或阴极溶出伏安法。吸附溶出伏安法与单纯的溶出伏安法相比，主要优势在于富集过程，在整个富集过程中，待测物质本身没有发生氧化还原反应，而电极响应值得到了改善，特点是：①灵敏度很高，一般可达 $10^{-9}\sim10^{-10}mol\cdot L^{-1}$，对有些物质的测定甚至可达 $10^{-11}mol\cdot L^{-1}$，有利于检测痕量金属，可低至溶出伏安法很难或不能达到的程度；②由于许多金属离子可与配体形成吸附性络合物，通过改变介质，可以获得良好的选择性或灵敏度，灵活方便；③开发领域广泛，仪器结构简单，简便快速，操作方法简便，适合在线检测。

溶出伏安法所用工作电极分为汞电极、汞膜电极、非汞电极。汞和汞膜电极曾被广泛地应用于溶出伏安法。滴汞电极容易制备、灵敏度高、空白值低、精密度和准确度都比较好，但其 *A*/*V*（面积/体积）比值较低，使电沉积效率和溶出峰分辨能力都不能得到很好的保证，且为了防止汞滴脱落或变形，使用时必须控制好搅拌速率。汞膜电极常以玻碳电极、银电极或铂电极为基体，镀以汞膜。汞膜电极克服了悬汞电极的这些缺点，有效提高了电极稳定性，并适合复杂体系中重金属离子的定量分析。由于汞膜薄，电极面积大，汞膜电极溶出峰高而尖，分辨能力强。它的缺点是重现性较差，膜薄易使溶解的金属达到过饱和，形成金属间化合物，产生相互干扰，易受支持电解质组分的影响。而且汞有很高的毒性，长期使用对工作者的健康有害，对环境也造成很大污染。近年来，溶出伏安法出现了各种环境友好型的无汞工作电极——化学修饰电极，如铋膜电极、锑膜电极、欠电位沉积相关的贵金属电极、其他惰性电极等。而铋膜电极作为一种绿色环保的电极材料广泛地用于重金属离子的检测（Wang，2005；Economou，2005）。铋的毒性可以忽略，电化学性能与汞膜电极十分相似，可以与重金属形成类似于汞齐的二元或多元合金，且氢在铋膜电极上的过电位高，可避免或降低析氢的影响，铋膜电极背景电流几乎不受溶解氧的影响。

铋膜电极的基体选择和汞膜电极一样，主要以碳材料为主，如玻碳电极、石墨电极、碳微电极、碳糊电极、掺硼金刚石电极、丝网印刷电极、铅笔芯等，还可以选用金属材料如 Cu、Pt、Au 等作为铋膜电极的基底。其中，玻碳电极背景电流低、稳定性好而被广泛应用。由碳纤维电极制作的微电极可用于小体积、低传导介质体系的溶出法测定。碳糊电极容易制得，活化简单，而且价格低廉。硼掺杂的金刚石薄膜电极的背景电流效果最好，但价格昂贵。人们在镀铋膜之前要对基底电极进行机械打磨抛光和化学活化等预处理，每次机械打磨抛光可以获得新鲜、光滑的电极表面，可提高电极重现性，而电极经过活化，可增加电极表面的活性位点，利于铋膜的沉积。

Wang 等（2000）首次将铋膜电极用于溶出伏安法，继同时测定 Pb、Cd、Zn 后，人们用铋膜电极检测过的如 Pb、Cd、Zn、Co、Ni、Cr、Cu 等元素或其化合物已达 20 余种。Luo 等（2010）采用蒙脱石修饰的碳糊电极对重金属 Pb、Cd 进行测定，灵敏度高并成功用于实际水样中的 Pb、Cd 检测。Krolicka 等（2003）以丁二酮肟为络合剂，在酸性条件下制备的铋膜电极为工作电极，采用阴极吸附溶出伏安法在铋膜电极上实现了 Co 的检测。为了提高检测金属离子的灵敏度，人们还将纳米材料化学修饰电极引入到铋电极重金属离子的分析中。一方面，纳米材料拥有大的比表面积，有利于溶液中金属离子富集，另一方面，可将材料本身的特性（如高导电性）引入到电极界面，两者的结合进一步提高了溶出分析的灵敏度。在铋膜电极上的修饰剂主要为基于碳的纳米材料，主要包括碳纳米管、石墨纳米纤维、有序介孔碳、乙炔黑及石墨烯等。图 3-1 为 Cr(Ⅵ)在铋/多壁碳纳米管/玻碳电极（Bi/MWCNTs/GCE）修饰电极上的方波阴极吸附溶出曲线。

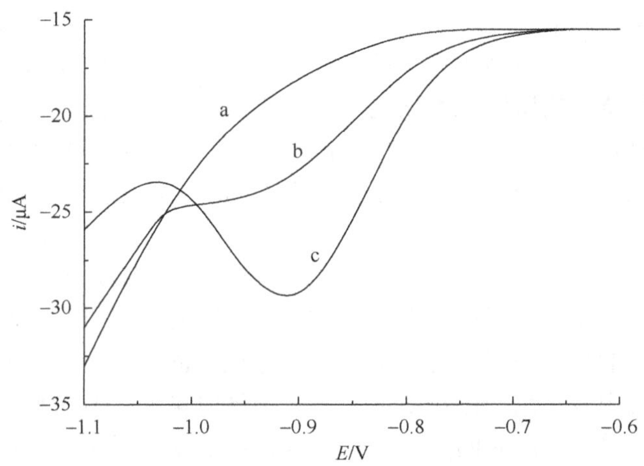

图 3-1　Cr(Ⅵ)在铋/多壁碳纳米管/玻碳修饰电极的方波阴极吸附溶出曲线（赵祺平，2014）

a. 无 Cr(Ⅵ)；b. Cr(Ⅵ)浓度 $15\mu g\cdot L^{-1}$，吸附时间 0min；c. Cr(Ⅵ)浓度 $15\mu g\cdot L^{-1}$，吸附时间 60s

此外，聚合物修饰铋膜电极通过静电作用能很好地排除表面活性物质的干扰，增加测定的灵敏度和稳定性。例如，Jia 等（2008）利用离子液体/聚 4-苯乙烯磺酸钠复合物修饰铋膜电极实现了 Cd 和 Pb 的高灵敏度检测。

3. 极谱法

极谱法特指使用的工作电极为表面能够周期性更新的液体电极（如滴汞电极等）的一大类电化学分析法，强调电极的表面更新状态，与表面静止的液体或固体电极相对立（如汞膜、碳电极、金铂电极等）。极谱法根据电解过程又可分为两大类：控制电位极谱法和控制电流极谱法。控制电位极谱法又细分为恒电位极谱法、交流极谱法、单扫描极谱法、方波极谱法、脉冲极谱法等；控制电流极谱法又细分为计时电位法和示波极谱法等。极谱法仪器简单、分析速度快、可同时测定多种物质。在普通极谱法的基础上，如果底液中引入催化剂，使待测金属产生灵敏的催化波，测量精密度、准确度和选择性等进一步改善，就称为极谱催化法。如果底液选择得好或底液中有较好的催化物质，就可以得到较高的灵敏度和较低的检出限（普通极谱法的测定浓度范围为 $1\times10^{-5}\sim1\times10^{-2}mol\cdot L^{-1}$，极谱催化法为 $1\times10^{-11}\sim1\times10^{-8}mol\cdot L^{-1}$）。采用示波极谱法测量水样中的镉、铜、铅、锌和镍等的技术已比较成熟，钼、钒等可采用极谱催化法测量。硝酸的存在会影响锌的测定，故测锌的样品应除尽硝酸。

4. 电位溶出法（计时电位法）

电位溶出法是由瑞典化学家 Jagner 在 1976 年提出的一种能够精密和准确地测量微量重金属元素的新技术，它是在一定条件下使待测物质富集在电极上，再附加一个电流使待测物质发生氧化反应，通过记录溶出过程中的电位-时间（计时电位）特性来进行分析的方法。电位溶出法具有灵敏度高、分辨率高、测定范围宽、有机物干扰少、操作简单、仪器价廉等优点，因此近些年来发展迅速。

5. 计时电流法

计时电流法使用固定面积的电极，将电化学体系的工作电压控制于一固定值，记录电流随时间的变化曲线，进而根据通过电极表面氧化或者还原电流的大小，定量计算电解质中发生反应的物质的量。目前计时电流法具有检测限低、灵敏度高、试验步骤简单、响应时间短等优点，因此在痕量分析中占有重要的地位。

6. 生物电化学法

基于生物电化学法的水环境重金属分析方法有酶抑制法、免疫分析法。在应用于检测水环境中重金属离子时，生物传感器具有高度的特性选择性，体积小，样品用量少。但同时受到生物分子本身特性的限制，存在可靠性和稳定性差，样品前期处理过程复杂，对仪器设备的安装环境和使用维护要求较高，难以实现现场或在线检测。

酶抑制法是指当待测溶液中含有重金属抑制剂时，特异性的酶活性受到抑制，产生电位差，以此测定待测溶液中的重金属含量。Bagal-Kestwal 等提出了一种基于修饰蔗糖酶和葡萄糖氧化酶抑制的超微电极的电化学传感器，检测水中重金属离子 Hg^{2+}、Ag^{+}、Pb^{2+}、Cd^{2+}，琼脂糖凝胶膜作为电极的保护膜提高了检测精度，基质和抑制剂能透过膜迅速扩散，传感器总的检测范围为 $10^{-10}\sim10^{-7}mol\cdot L^{-1}$，检测限为 $10^{-10}mol\cdot L^{-1}$。

免疫分析法利用的是抗原抗体特异性结合反应检测，用于重金属离子检测的有荧光偏振免疫检测、酶联免疫吸附检测和 KinExA 免疫检测等。

近几年，基于电化学检测原理的水环境重金属分析仪的发展除了追求更低的检测限，更高的灵敏度以外，更注重仪器的便携性、操作的简便性、电分析化学仪器的微型化。微型化电分析化学仪器常是现场、原位、活体检测技术的基础。

探索新的高灵敏度、高选择性的电化学检测技术、制备新型电极材料、获取更多检测信息、克服电分析化学方法现存的缺陷，一直是研究工作者努力的方向。

3.2.6　水体中重金属的在线监测方法

1. 水体中重金属的在线监测规范方法

2015～2017 年间，国家环境保护部发布了系列水质中重金属的自动在线监测仪技术要求和检测方法的规范标准，见表 3-6。

表 3-6　水质中重金属的自动在线监测仪的规范标准

序号	标准名称	标准编号
1	《汞水质自动在线监测仪技术要求及检测方法》	HJ 926—2017
2	《总铬水质自动在线监测仪技术要求及检测方法》	HJ 798—2016
3	《铅水质自动在线监测仪技术要求及检测方法》	HJ 762—2015
4	《镉水质自动在线监测仪技术要求及检测方法》	HJ 763—2015
5	《砷水质自动在线监测仪技术要求及检测方法》	HJ 764—2015
6	《六价铬水质自动在线监测仪技术要求》	HJ 609—2011

2. 其他在线监测方法

原子发射光谱法、质谱法、原子吸收光谱法、原子荧光光谱法等检测仪器的体积较大，对环境条件要求较高，在在线监测领域中的应用较少，而比色法和电化学分析法则是水体中重金属在线监测技术中的常用方法。

比色法原理相对简单，对设备要求较低，在实验室重金属分析中应用广泛，而在水体中重金属在线监测中应用时，需要选择合适的显色剂，同时消除其他金属组分的干扰。利用比色法进行水体中重金属在线监测的过程中，不同的重金属待测组分需要分别采用不同的显色剂，例如，铅、锌等重金属的测定需要采用双硫腙作为显色剂，砷的测定则需要采用银盐作为显色剂。为了消除其他组分的干扰，需要采取加入掩蔽剂、氢化物发生剂等方式进行处理。比色法重金属在线分析仪的灵敏度相对较低，对于一些特殊组分或浓度较高的重金属监测比较适用。

电化学溶出法在线监测能够实现对水体中 ppb 数量级重金属的精确定量分析，其精度较好，且能够同时对水中多种重金属进行分析，不会产生具有较大危害性的副产品。现阶段国内外基于电化学检测原理的便携式的水环境重金属分析仪的产品，主要包括两类：通用型和专项型。通用型水质重金属分析仪可以检测的重金属种类多，但通常灵敏度相对不高；专项型水质重金属分析仪只针对某种重金属离子的检测，因此检测原理单一、仪器设计复杂度降低、成本低、检测灵敏度高。通用型产品占据着重金属分析仪市场的大份额，仪器的特点比较见表 3-7。

表 3-7 通用型便携式水质重金属分析仪的特点比较

厂商及型号	体积/质量	测试原理	测量范围	产品特点	数据存储格式	人机交互画面
美国 HACH 公司 HQd 台式/便携式水质分析仪	430g	电化学方法	pH、电导率、水中溶氧量（LDO），水中生物需氧量（LBOD）、氧化还原电位（ORP）、钠、铵、氨、硝酸盐、氯	可以自动识别电极，具备数据追溯性，数据可以和样品 ID、用户 ID、电极序号相关联	通用串行总线（USB）传输	大屏幕，多参数，多项目显示
上海雷磁公司 SJB-801 型便携式重金属离子分析仪		阴极溶出伏安法	铅、镉、铜、砷、汞、锌、硒、锰、镍	自动标定、自动清洗、操作过程界面显示	USB 传输及 REX 数据采集软件，支持数据存储、删除、查询，输出保存至 SD 卡	高亮彩屏，菜单式操作
加拿大 AVVOR 公司 AVVOR 8000 便携式重金属检测仪	9kg	光度比色法和伏安法	铝、砷、硼、镉、六价铬、铁、汞、锰、铅、锌	ppb 级灵敏度，电极无须维护、推插式可移动电极、内置温度感应、外界环境恶劣不影响正常操作	可连接计算机上传数据	
江苏天瑞仪器公司 HM 5000P（多功能）便携式水质重金属检测仪[21]	配套便携式手提箱	光度比色法和溶出伏安法	铜、镉、铅、锌、汞、砷、锰、铊、镍、铬、铁、钴等重金属离子，结合 PC 机可拓展测量金属种类	ppb 级灵敏度，支持无线打印（可接蓝牙打印机），现场打印测试结果	USB 接口，可以联机操作，进行硬件检测，电极维护，测量操作、历史数据上传、极谱图分析和算法应用分析等所有界面操作	中英文界面，友好智能

3.3 重金属水环境质量标准

水环境标准是基于水环境基准并综合考虑技术的、经济的、社会的等各种影响因子而制定的，是对水体中污染物和其他物质的最高容许浓度所做的规定，用于控制污染的发展，保护和改善环境质量。水环境质量标准包括《地表水环境质量标准》（GB 3838—2002）、《地下水质量标准》（GB/T 14848—2017）、《生活饮用水卫生标准》（GB 5749—2006）、《农田灌溉水质标准》（GB 5084—2005 代替 GB 5084—1992）、《渔业水质标准》（GB 11607—1989）、《海水水质标准》（GB 3097—1997）；水污染物排放标准包括：《污水综合排放标准》（GB 8978—1996）及各行业水污染物排放标准。下面列举了《地表水环境质量标准》、《海水水质标准》规定的重金属阈值。

3.3.1　地表水环境质量标准

依据地表水水域环境功能和保护目标，按功能高低依次划分为五类：

Ⅰ类主要适用于源头水、国家自然保护区；

Ⅱ类主要适用于集中式生活饮用水地表水源地一级保护区、珍稀水生生物栖息地、鱼虾类产卵场、仔稚幼鱼的索饵场等；

Ⅲ类主要适用于集中式生活饮用水地表水源地二级保护区、鱼虾类越冬场、洄游通道、水产养殖区等渔业水域及游泳区；

Ⅳ类主要适用于一般工业用水区及人体非直接接触的娱乐用水区；

Ⅴ类主要适用于农业用水区及一般景观要求水域。

对应地表水上述五类水域功能，将地表水环境质量标准基本项目标准值分为五类，不同功能类别分别执行相应类别的标准值，见表 3-8。水域功能类别高的标准值严于水域功能类别低的标准值。同一水域兼有多类使用功能的，执行最高功能类别对应的标准值。实现水域功能与达功能类别标准为同一含义。

表 3-8　地表水环境质量标准基本项目标准限值　（单位：$mg·L^{-1}$）

序号	项目	Ⅰ类	Ⅱ类	Ⅲ类	Ⅳ类	Ⅴ类
1	铜≤	0.01	1.0	1.0	1.0	1.0
2	锌≤	0.05	1.0	1.0	2.0	2.0
3	氟化物（以 F^-计）≤	1.0	1.0	1.0	1.5	1.5
4	硒≤	0.01	0.01	0.01	0.02	0.02
5	砷≤	0.05	0.05	0.05	0.1	0.1
6	汞≤	0.00005	0.00005	0.0001	0.001	0.001
7	镉≤	0.001	0.005	0.005	0.005	0.01
8	六价铬≤	0.01	0.05	0.05	0.05	0.1
9	铅≤	0.01	0.01	0.05	0.05	0.1

3.3.2 海水水质标准

按照海域的不同使用功能和保护目标，海水水质分为四类，不同功能类别分别执行相应类别的标准值，见表 3-9。

第一类适用于海洋渔业水域、海上自然保护区和珍稀濒危海洋生物保护区。

第二类适用于水产养殖区、海水浴场、人体直接接触海水的海上运动或娱乐区，以及与人类食用直接有关的工业用水区。

第三类适用于一般工业用水区、滨海风景旅游区。

第四类适用于海洋港口水域、海洋开发作业区。

表 3-9 海水水质标准 （单位：$mg \cdot L^{-1}$）

序号	项目	第一类	第二类	第三类	第四类
1	汞≤	0.00005	0.0002	0.0002	0.0005
2	镉≤	0.001	0.005	0.010	0.010
3	铅≤	0.001	0.005	0.010	0.050
4	六价铬≤	0.005	0.010	0.020	0.050
5	总铬≤	0.05	0.10	0.20	0.50
6	砷≤	0.020	0.030	0.050	0.050
7	铜≤	0.005	0.010	0.050	0.050
8	锌≤	0.020	0.050	0.10	0.50
9	硒≤	0.010	0.020	0.020	0.050
10	镍≤	0.005	0.010	0.020	0.050

3.4 水体中重金属的研究方法

3.4.1 水体中重金属的背景值研究

水环境背景值是指自然界河流、湖泊、海洋等水体在未受污染和破坏的情况下，环境要素本身固有的化学组成和含量，有时也称为本底值。

影响陆地水体中重金属背景值的主要因素是水体集水区内的岩性和土壤类型。例如，石灰岩及其发育的土壤环境中，铜、铬、锌的背景值较高，而这些离子有较强的配位络合能力，可以与各种无机、有机配位体络合，当土壤被淋滤后它们便流失进入水中，形成了相应水环境中这些元素的高背景值。而泥灰岩、页岩的重金属背景值较高，而且岩性松散，容易风化，微量元素离子大量被淋滤进入水体中，造成水体中各种元素的背景值较高。大气降水、地表径流对水环境的背景值也有较大影响。锡、铅、汞离子等一些比较容易挥发或蒸发的物质扩散到大气中，通过降水，对水体的背景值产生了较大的影响。此外，地下水、径流流量、地貌类型及水化学类型等因素也会影响陆地水体的背景值。

影响海水水体中重金属背景值的主要因素有背景值区域的划分、海区周围的地理环境、水动力条件、大陆径流、化学、生物、气候等海区的环境要素，还要考虑季节带来的海洋环流的影响。通常情况下，表层海水中重金属元素锌会有明显的变化，铬、汞、铅、铜、锌等，这些元素均会随着环境因子的变化而出现改变，并且其含量变化还会受到控制因子的影响，例如，铬和海水盐度、pH 有着密切的联系；汞和海水中有机碳的浓度有着一定的关系；铅会受到大气沉降的影响；铜、锌会受到径流、排污的影响。

在环境污染研究的早期，依据水体的原始状况作为参考背景值是环境科学中的一项基础工作，对判断环境污染程度和评定环境质量的优劣具有重要意义。水体重金属背景值由于地区差异、研究方法的局限性等，研究结果各有很大差异。

3.4.2　水环境基准研究

环境基准（environmental criteria）是指环境中污染物对特定对象（人或其他生物等）不产生不良或有害影响的最大剂量（无作用剂量）或浓度，是由污染物同特定对象之间的剂量-反应关系确定的。环境基准是制定环境质量标准、评价、预测和控制环境污染的科学依据，其研究在环境科学和环境管理中具有十分重要的意义。在进行环境基准研究时，依据环境介质的不同，环境基准分为水环境质量基准［水质基准（water quality criteria，WQC）］、土壤环境质量基准、大气环境质量基准、沉积物环境质量基准等。事实上，环境基准不是单一的浓度或者剂量，而是一个基于不同保护对象的一个范围值，因此，环境基准又可分为保护生物（生态受体）的生物基准（如水生生物基准、陆生生物基准、土壤生态筛选值等）、保护人体健康的人体健康基准、保护生态系统的生态学基准等。

水质基准是基于科学试验和推论获取的客观结果，一般研究耗资大、周期长，而且由于研究区域不同，研究介质、对象、方法的差异性，因此水质基准也具有明显的区域性，结果也往往具有不确定性。国际上两类具有代表性的水质基准体系分别是美国和欧盟。按照水体不同的使用功能，水质基准又可以分为饮用水水质基准、农业用水水质基准、休闲用水水质基准、渔业用水水质基准及工业用水水质基准等。根据水环境中污染物的种类不同，水质基准包含了重金属、有机物、营养盐、病原菌等基准。基于保护对象的不同，水质基准主要分为保护水生生物水质基准和保护人体健康水质基准。

1. 水生生物水质基准研究方法

水生生物水质基准是指水环境中的污染物对水生生物不产生长期和短期不良或有害效应的最大允许浓度。评价因子法、毒性百分数排序法和物种敏感度分布（species sensitivity distribution，SSD）法是目前国际上推导水生生物基准常用的方法。其中，毒性百分数排序法是美国推导水质基准的标准方法；物种敏感度分布法是目前国际上比较通用的水质基准研究方法。评价因子法的优点在于它所需基础数据少、计算方法简单，缺点是该法属于经验法，依赖于敏感生物的毒性值，不确定性很高。此外，评价因子法也没有考虑物种之间的相互关系及污染物的生物富集效应，因此只有在数据很难获得或者进行比较验证时采用。毒性百分数排序法的优点是将污染物的急性和慢性毒性效应分开考虑，并且考虑了污染物在生物体内的富集效应，缺点是用于计算基准的只是累积概率接近 0.05 的 4 个属的相应数据，存在一定的不确定性，而且也没有考虑物种之间的相互关系。物种敏感度分布法的优点在于充分利用了获得的所有物种的毒性数据，并且假定有限的物种是从生态系统中随机取样的，可以代表整个生态系统，缺点就是由模型差异造成的最终基准值的差异很大，而且没有考虑污染物在生物体内的富集效应，在使用范围上，当污染物的急/慢性毒性数据均较充分时，可以用这种方法进行基准的推导。美国的水质基准指南采用的是毒性百分数排序法（陈艳卿等，2011），是双值基准体系，使用该方法得出的基准值包括基准最大浓度（criteria maximum concentration，CMC）和基准连续浓度（criteria continuous concentration，CCC），欧盟通过推导预测的无效应浓度（predicted no effect concentration，PNEC），来最终确定水质基准，澳大利亚、新西兰及欧盟均采用物种敏感度分布法。对于基准的计算，则推荐使用物种敏感度分布和评价因子两种方法。通过物种敏感度分布最终获得保护 95%以上物种的慢性基准值，即 HC_5（图 3-2），它是利用已知污染物的所有毒性数据来拟合物种的敏感度分布曲线，进而外推获得基准值。通常曲线上指定物种 5%受到危险点处所对应的浓度值即为 HC_5。

2. 人体健康水质基准

人体健康水质基准是保护人体避免受到环境水体中污染物造成的有害影响的某一水体浓度值。人体健康水质基准则针对污染物类别的不同，根据污染物的毒理学效应，分别推导了致癌和非致癌两种毒性效应基准研究方法。对于可疑的或已经证实的致癌物，人体健康水质基准是指人体暴露于特定污染物时可能增加 10^{-6} 个体终生致癌风险的水体浓度，而不考虑其他特定来源暴露引起的额外终生

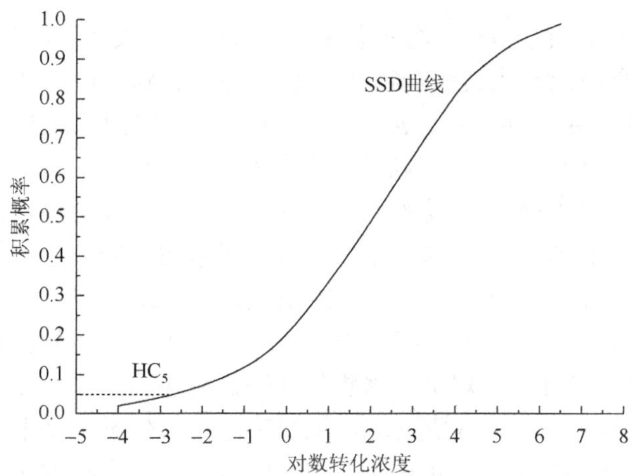

图 3-2　应用物种敏感度分布法推导 HC_5 的示意图（冯承莲等，2012）

致癌风险；对于非致癌物，则估算不对人体健康产生有害影响的水体浓度。人体健康水质基准主要通过剂量效应关系的无观察有害作用水平（no observed adverse effect level，NOAEL）及最低观察有害作用水平（lowest observed adverse effect level，LOAEL）等相关参数，最终计算人体健康基准值。人体健康基准推导过程见图 3-3。

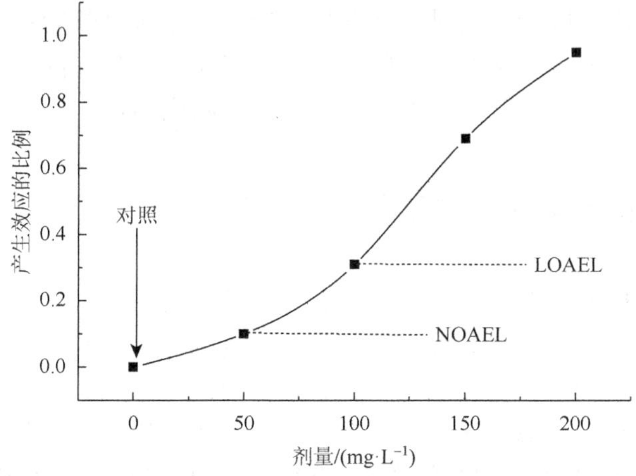

图 3-3　剂量效应关系示意图（冯承莲等，2012）

美国是最早进行水质基准研究的国家，2000～2009 年美国环境保护署逐渐形成了较为完整的水质基准体系，2009 年颁布了最新水质基准文件(National Recommended Water Quality Criteria)，包括 120 种优控污染物和 47 种非优控污染物，共计 167 项污染物的淡水急性、淡水慢性、海水急性、海水慢性和人体健康基准值及 23 项感官基准，其中含金属元素或其化合物共计 15 种［Sb、As、Be、Cd、Cr(Ⅲ)、Cr(Ⅵ)、Cu、Pb、Hg、甲基汞、Ni、Se、Ag、Ta、Zn］。加拿大也在 1999 年发布了保护水生生物水质基准指南。2000 年以后，澳大利亚和新西兰、欧盟、加拿大、荷兰及世界卫生组织等也相继发布或者修订了各自的水质基准文件。我国水质基准的研究起步较晚，2010 年，孟伟和吴丰昌编写了《水质基准的理论与方法学导论》，是我国第一部关于水质基准理论方法学的系统论述。2017 年 9 月首次发布了《淡水水生生物水质基准制定技术指南》（HJ 831—2017）、《人体健康水质基准制定技术指南》（HJ 837—2017），规定了水质基准制定程序、方法与技术要求，逐步建立了集水生生物基准、人体健康基准、沉积物基准、生态学基准、营养物基准等于一体的综合水质基准体系，并建立了“三门六科”、“生物效应比”、“物种种间关系估算”、“水效应比”、“BLM 生物配体模型”等水质基准关键技术，推导了重金属（Cd、Pb、Cu、Cr、Zn 等）、富营养物质（氨氮）、新型有机污染物（三氯生等）、多环芳烃类（菲、芘等）、POPs［PFOs（全氟辛烷磺酸盐类）、PFOAs（全氟辛酸盐类）］等多种基于本土生物毒性数据的我国水生生物基准值，此外，推导了多种污染物质的沉积物基准值、生态学基准值等。

环境基准和环境质量标准是两个不同的概念，前者是由污染物同特定对象之间的剂量反应关系确定的，主要针对污染物长期低剂量暴露产生的影响，不考虑社会、经济、技术等人为因素，不具有法律效力；后者是以前者为依据，并考虑社会、经济、技术等因素，经过综合分析制定的，由国家管理机关颁布，一般具有法律的强制性。但二者又有密切的关系，前者是制定后者的科学依据，后者规定的污染物容许剂量或浓度原则上应小于或等于相应的基准值。

3.4.3 水体中重金属的存在形态研究

水体中重金属的存在形态直接影响着它的迁移转化和环境毒性，因此，在研究其总量的同时，还要研究其存在形态。元素的形态分析是指对样品中测定元素的物理形态和化学形态（如价态、化合态、结合态、结构态等）进行定性和定量的分析。对于特定的金属元素而言，其存在形态还可以指它们具体的化合态，如 Cu 在水溶液中存在多种溶解的化合态：Cu^{2+}、$CuCO_3$、$Cu(OH)_2$、$CuOH^+$、$Cu(OH)_3^-$、$CuHCO_3^+$ 等。重金属形态的研究与分析方法目前尚无统一的划分标准和分析程序，常根据研究的具体要求和试验仪器条件而定。通常，将自然水体中重金属简单地分为溶解态与颗粒态两大类。水样不经酸化以 0.45μm 滤膜过滤，沉渣为颗粒态，水相为溶解态。

1. 溶解态

溶解态金属在淡水中最主要的形式是简单的无机金属离子、水合金属离子、羟基络合物、碳酸盐络合物及与有机质结合的络合物。在海水中除了这些形态外，更多的是含氯络合物。

溶解态重金属可再分为不稳定态和稳定态、离子态和胶体态及无机态和有机态等。例如，水相酸化后测定可以得到溶解态重金属总量。如果水样过滤后水相不经酸化而直接测得的具有电活性的、游离的、简单的无机络离子称为不稳定态，其他部分称为稳定态（络合态），包括与有机物和胶体物络合结合较弱的中等不稳定态、络合结合较强的慢不稳定态和对树脂不敏感而与水中有机物或胶体物强烈结合的惰性态。胶体态是水中的金属以胶体微粒的形式存在的一种化学形态，金属胶体态不能被离子螯合树脂交换，也不能透过孔径为 1～15nm 的超滤膜或孔径为 1～5nm 的渗析膜，故在金属形态分析中，可用这些方法使它和离子态分开。水体中的汞可分为元素汞、无机汞（如氯化汞）和有机汞（如甲基汞）等不同化学状态。

2. 颗粒态

颗粒态的重金属主要是指吸附或结合在水体颗粒物中的重金属，根据颗粒物在水体中的运动情况，还可进一步细分为悬移态和沉积态。悬移态是指悬浮于水体的颗粒物中的重金属，可以随水体流动迁移运动；沉积态是指沉积在水体的底泥中，成为基底的颗粒物中的重金属。

天然水中颗粒物主要包括：①土壤矿物微粒。水中常见的矿物微粒为石英、长石、云母、伊利石、蒙脱石、高岭石等土壤颗粒物。②金属水合氧化物等无机高分子。铝、铁、锰、硅等金属的水合氧化物在天然水体中以无机高分子及溶胶等形态存在，在水环境中发挥重要的胶体化学作用。所有的金属水合氧化物都能结合水中微量重金属物质，同时本身又趋向于结合在矿物微粒和有机物的界面上。③腐殖质、蛋白质等有机高分子。腐殖质是动植物残体的降解产物，是一种带负电的高分子弱电解质，在碱性溶液中，构型伸展，趋于溶解；在 pH 较低的酸性溶液中，或有较高浓度的金属阳离子存在时，趋于蜷缩成团沉淀或凝聚。④悬浮沉积颗粒物。天然水体中的各种胶体微粒物质往往并非单独存在，而是相互作用结合成为某种聚集体，成为水体中悬浮沉淀物，可以沉入水体底部成为基底，也可再悬浮重新进入水体。⑤其他。藻类、细菌、病毒等生物胶体，废水排出的表面活性剂、油滴、泡沫等，这些也都有类似胶体的化学表现。

颗粒态重金属也可按欧洲共同体标准物质局提出的三级四步提取法标准流程

（BCR）、欧盟标准测量和测试机构提出的 SMT 法、Tessier 法（连续提取五步法）用于颗粒重金属的形态分析，具体可参见第 4 章 4.4.3 节。其中 Tessier 法区分为可交换态、碳酸盐结合态、铁锰氧化物结合态、有机物/硫化物结合态及残渣态。交换态吸附在黏土矿物、氢氧化铁、氢氧化锰或腐殖质等成分上，对环境变化敏感、容易被动植物吸收；碳酸盐结合态在乙酸中溶解，当环境变化特别是 pH 变化时较易重新释放进入水体；铁锰氧化物与水合氧化铁、氧化锰结合，当环境变化时会部分释放，对生物有潜在有效性；有机物/硫化物结合态以不同形式进入或包裹在有机质颗粒上，同有机质发生螯合或生成硫化物，不易被生物吸收利用；残渣态主要来源于天然矿物，稳定存在于石英和黏土矿物等结晶矿物晶格里，对生物无效。

电分析化学法在元素形态分析中起着重要的作用。用于 Cu、Pb、Cd、Zn、Hg、Cr、Al、Fe 等元素形态分析的方法主要有溶出伏安法、极谱法、离子选择性电极法、电位溶出法等，其中常用方法是溶出伏安法。溶出伏安法具有灵敏度高、选择性好、工作电极多样化，适合多组分元素分析，特别在分析 Cu、Pb、Cd、Zn 时灵敏度较高，适于痕量金属的形态分析。但是单纯的阳极溶出伏安法测定重金属形态存在不足，如干扰因素多、检出限高、重现性差，可采用溶出伏安法提高灵敏度和选择性，或者将电化学分析技术和其他分离分析手段联用。联用技术包括高效液相色谱-电化学联用、光谱-电化学联用（如表面等离子体共振、圆二色光谱、红外、紫外、拉曼等光谱技术），可以实现方便、快速、现场、高灵敏度的分析。溶出伏安法可以与溶出滴定法相结合来测定元素形态。其原理是达到滴定终点前，峰电流与物质浓度的曲线呈平台状；当到达滴定终点时，完全络合，没有多余的络合剂；到达滴定终点后，随着络合剂加入峰电流上升，利用这种方法可以测定海水中的“络合容量”。还可以利用溶出伏安法测定络合物的稳定常数，以此来确定重金属络合形态。

3.4.4　水体颗粒物对重金属的吸附-解吸特性研究

1. 水体颗粒物的吸附作用

水体中重金属的吸附-解吸（释放）主要发生在水溶液中的重金属与水体沉积物之间。水体中胶体颗粒的吸附作用主要有表面吸附、离子交换吸附和专属吸附三种形式。由于颗粒物具有相对较大的比表面积和表面能，具有物理吸附作用。其次，由于环境中胶体颗粒物常常带有负电荷，容易吸附各种阳离子，重金属在吸附过程中，重金属阳离子与胶体颗粒已吸附的 H^+、Na^+、K^+等阳离子发生交换，是一种可逆反应，根据环境中不同阳离子的含量和吸附能力迅速达到可逆平衡，这种吸附属于物理化学吸附。专属吸附是指吸附过程中，除了化学键的作用外，尚有加强的憎水键、范德瓦耳斯力或氢键起作用，因此专属吸附作用不仅可使颗粒物表面电荷改变符号，而且可使金属离子化合物吸附在同号电荷表面上。金属水合氧化物等无机高分子对重金属离子具有较强的专属吸附作用，例如，不带电荷或带正电荷的水锰矿均能吸附 Co、Cu、Ni 等过渡金属元素。

水体中重金属的吸附基本符合 Henery 型、Freundlich 型和 Langmuir 型吸附模式，其中，Henery 型适用于金属浓度非常低且变化很小的情况，其吸附等温线为直线型，表达式为

$$G = kc \tag{3-2}$$

式中，G 为吸附量；k 为比例系数，与吸附剂量等条件因素有关；c 为吸附平衡浓度。

Freundlich 型适用于中等浓度，其吸附等温线为曲线型，表达式为 $G = kc^{1/n}$，两侧取对数，则有

$$\lg G = \frac{1}{n}\lg c + \lg k \tag{3-3}$$

以 $\lg G$ 对 $\lg c$ 作图可得一直线。

Langmuir 型适用范围较宽，表达式为

$$G = G^0 c/(A + c) \tag{3-4}$$

当溶质浓度很低时，曲线近似转化为 $G = (G^0/A)c$，呈现 Henery 型；当溶质浓度较高时，曲线可能表现为 Freundlich 型；当浓度很高并趋于∞时，$G \to G^0$，表达了单位表面上的最大吸附量，但各区段统一起来，仍属于 Langmuir 型的不同区段。将式(3-4)转化为

$$1/G = 1/G^0 + (A/G^0)(1/c) \tag{3-5}$$

以 $1/G$ 对 $1/c$ 作图，同样得到一直线。

2. 影响颗粒物中重金属释放的因素

除了颗粒物本身的物理化学性质（颗粒粒径分布、有机质含量、酸挥发性硫化物含量等）对颗粒物中重金属的释放产生影响外（俞慎和历红波，2010）。水体一些条件因素变化影响重金属的释放，主要表现在以下几个方面。

1）pH 对重金属再释放的影响

水体 pH 直接影响着颗粒物重金属的释放，其释放量随着水体 pH 的降低而升高。相关机制主要有两个方面：①pH 降低，金属难溶盐类（碳酸盐和氢氧化物）及配合物会发生溶解，同时，铝、铁、锰、硅等金属的水合氧化物胶体物质也趋于溶解，它们吸附或与之共沉淀的重金属也随之释放；②pH 降低，由于 H^+与重

金属离子在颗粒物表面发生竞争吸附，增加了重金属离子的解吸量，抑制了颗粒物释放的重金属离子的再吸附，从而促进了沉积物中重金属的释放。

2）盐度的影响

水体盐度表征了电解质浓度，盐基离子（主要是Ca^{2+}、Na^{+}、Mg^{2+}等碱金属和碱土金属）通过竞争吸附来交换解吸被吸附的重金属离子。这是重金属从沉积物中释放出来的主要途径之一，盐度越高，颗粒物重金属的释放越多。例如，Ca^{2+}浓度为 $0.5mol \cdot L^{-1}$ 时能将颗粒物吸附的 Cu、Zn、Pb 交换出来，三种金属被 Ca^{2+}交换的能力从大到小排序为 Zn＞Cu＞Pb（杨丽莉等，2007）。另外，水体阴离子，特别是Cl^{-}，能与Cd^{2+}发生络合反应，因此，Cl^{-}含量的提高能促进Cd^{2+}从悬浮沉积物中释放，但对Zn^{2+}、Cu^{2+}和Pb^{2+}的释放影响不大（Zhong et al.，2006）。

3）氧化还原条件的改变

溶解氧浓度是水体沉积物硫化物和有机物氧化释放重金属的必备条件，但溶解氧质量浓度与再悬浮水体水溶性重金属浓度并非线性相关。Atkinson 等（2007）发现水体的水溶态 Cu、Zn、Pb、Fe、Mn 浓度在低溶解氧（$3mg \cdot L^{-1}$）条件下要高于中等（$6mg \cdot L^{-1}$）和高等（$8mg \cdot L^{-1}$）溶解氧条件，这是由于Fe^{2+}和Mn^{2+}在高溶解氧水平下迅速氧化生成铁锰（氢）氧化物，并同时快速吸附悬浮沉积物释放的重金属，从而降低了水溶态重金属浓度。在一定深度以下沉积物中的氧化还原电位急剧降低，将使铁、锰氧化物部分或全部溶解，故被其吸附或与之共沉淀的重金属也同时释放出来。但在有硫化物的体系中，还原态硫为S^{2-}，与金属有很强的结合作用，生成难溶的金属硫化物。金属硫化物是沉积物重金属的重要赋存形态，对重金属在水-沉积物界面的分配起着调控作用。相反，沉积物中的硫化物暴露于具有较高氧化还原电位和好氧微生物活性的水体中，在硫氧化细菌作用下，硫化物发生氧化反应生成硫酸盐，金属从硫化物结合态中释放，使水体中的水溶态重金属浓度升高。硫化物的氧化过程产生H^{+}，降低水-沉积物体系的 pH，进一步促进重金属从难溶盐类或配合物中溶解释放。

重金属硫化物的氧化释放过程可以用以下化学反应来表示：

$$H_2S + 2O_2 \longrightarrow SO_4^{2-} + 2H^+$$

$$4FeS + 9O_2 + 6H_2O \longrightarrow 4FeOOH + 4SO_4^{2-} + 8H^+$$

$$4FeS_2 + 15O_2 + 10H_2O \longrightarrow 4FeOOH + 8SO_4^{2-} + 16H^+$$

4）温度的影响

温度对再悬浮沉积物重金属的氧化释放有着重大影响。一方面，温度决定着有机质和硫化物氧化反应动力学常数的大小。在一定范围内，温度越高硫化物氧化反应的动力学常数越大。另一方面，温度影响着沉积物中微生物（特别是硫氧化细菌）的活性。温度高微生物活性强，硫化物氧化速率大。在适宜温度（20℃）下硫化物氧化和重金属释放速率显著高于低温（5℃）条件（Petersen et al.，1997）。

5）配合剂的影响

水体中天然或合成的配合剂含量增加，能和重金属形成可溶性配合物，配合物一般稳定度较大，常以溶解态存在，使重金属从颗粒物中解吸释放出来。

6）微生物活性的影响

微生物可以加快有机质降解和硫化物氧化，尤其是硫氧化细菌能极大地加快硫化物的氧化速率，对重金属释放起着重要作用。

有机质在微生物作用下会发生降解，使结合态重金属得以释放进入水体。有机质来源、厌氧电子受体可利用性、溶解氧含量等都可影响有机质氧化速率。在厌氧条件下，有机质是在厌氧微生物作用下以 NO_3^-、SO_4^{2-} 等为电子受体而被降解，速率相对较慢，因此导致的有机质结合态重金属的释放效应可以忽略。但在有氧环境下，O_2 取代 NO_3^-、SO_4^{2-} 为电子受体，好氧微生物活性作用增强，有机质的氧化降解速率提高，可促进有机质结合态重金属的释放。因此，颗粒物中有机质结合态重金属因有机质氧化降解而释放是一个重要的沉积物再释放途径。

应用高温灭菌或者加入 $HgCl_2$ 溶液等方法抑制沉积物微生物活性的模拟试验表明（Lors et al.，2004），无微生物活性的沉积物再悬浮时其重金属释放非常少，而微生物活性高的沉积物再悬浮后重金属释放量显著提高。这表明在没有微生物的作用下，有机质单纯依靠化学氧化过程所释放的重金属量是微不足道的。因此，有机质氧化释放重金属过程主要是一个微生物驱动的生物化学过程，但相关机制研究有待深入。

3. 沉积物再悬浮及重金属释放的研究

重金属通过地表径流、污水排放、大气沉降等途径进入河流、湖泊及沿海海域等水体，进入水体的重金属的重要归趋之一是通过物理或化学作用进入水体沉积物——基底（底泥）部分，而因自然、生物、人为活动等引起的沉积物再悬浮，或水体中的酸度、氧化还原、配合物等因素的变化，造成已经被吸附或进入底泥的重金属解吸释放再重新进入水体。

沉积物中可悬浮颗粒物粒径通常较小，具有胶体颗粒聚集的特性，同时由于胶体颗粒间静电斥力、水化膜等作用，颗粒物间的结合力弱，容易分散。进入水体的重金属往往被可悬浮颗粒物吸附或结合而积累于沉积物中，也可因外力作用或环境物理化学条件的改变，随颗粒物再悬浮，再次进入水体。水溶态重金属是生物可直接利用的重要形态，超量时生物毒害大，可悬浮颗粒物对重金属的吸附或结合降低了水体水溶态重金属浓度，从而降低了重金属对水体生态系统的不利影响，但可悬浮颗粒物再悬浮引起的重金属释放可瞬间提高水体重金属浓度，造成二次污染，并可能对水体生物产生急性毒害。因此，沉积物再悬浮-重金属释放途径的研究是水体重金属污染评价和调控的重要基础。

各种自然活动（风浪、潮流、潮汐等）、人为干扰活动（清淤、挖掘采沙、船舶运输、拖网捕鱼等）及底栖生物活动（掘穴、生物灌溉等）等外力干扰都能够引起沉积物的再悬浮现象。当干扰活动在沉积物表面产生的切应力大于沉积物颗粒间的黏合力时，沉积物颗粒就会发生再悬浮。再悬浮可改变沉积物性质（氧化还原电位、pH、微生物活性等）及重金属在水-沉积物界面的分配平衡，使原本吸附或结合于沉积物中的重金属释放进入水体。

外力干扰是沉积物再悬浮的动力来源。当外力干扰产生的切应力达到或大于可搬动沉积物颗粒的程度时会发生再悬浮，这时的切应力是沉积物再悬浮的临界切应力。临界切应力受到多种因素如沉积物颗粒粒径大小、矿物组成及底栖生物活动的影响。沉积物再悬浮量与切应力间的关系可用式（3-6）描述：

$$R = M(\tau - \tau_c)/\tau_c \tag{3-6}$$

式中，R 为沉积物再悬浮过程中进入水体中的颗粒物通量，$kg \cdot m^{-2} \cdot s^{-1}$；$\tau$ 为干扰在水体沉积物表面产生的切应力，$N \cdot m^{-2}$；τ_c 为沉积物颗粒发生再悬浮的临界切应力，$N \cdot m^{-2}$；M 为沉积物再悬浮系数，$kg \cdot m^{-2} \cdot s^{-1}$。$M$ 值的大小取决于沉积物性质，包括沉积物类型、组成、密度、厚度及环境因素（Ribbe and Holloway，2001）。

当 $\tau < \tau_c$ 时，沉积物颗粒不会发生再悬浮；当 $\tau > \tau_c$ 时，沉积物颗粒发生再悬浮，且进入水体的颗粒物量随着切应力的增加而线性增加。细颗粒沉积物往往由于密度小会被优先悬浮进入上覆水体，粗颗粒则在较大的切应力作用下才能逐渐被悬浮（Kalnejais et al.，2007）。沉积物中的细颗粒物的粒径小，其比表面积和阳离子交换容量大，具有较大的重金属吸附量。细颗粒物的优先悬浮导致重金属在再悬浮颗粒物中的质量分数大。Kalnejais 等（2007）发现 Ag、Cu、Pb 在最初再悬浮颗粒物中的质量分数最高，富集程度最大，之后随着切应力的增加而降低，直至与沉积物背景值相近。Kalnejais 等也估算出在自然干扰条件下，美国波士顿海港（Boston Harbor）沉积物每年经再悬浮释放颗粒态重金属 Pb 20000kg、Cu 20000kg、Ag 800kg、Fe 7000kg 和 Mn 100kg 进入上覆水，其中 Pb 和 Cu 的释放量远远超过了河流对该海港的年输入量(Pb 2200kg 和 Cu 2700kg)。沉积物发生悬浮后，大部分悬浮颗粒物会再次原位或者离位（受水流或者潮汐搬迁）沉积，一般在几个小时后悬浮颗粒物浓度能基本恢复至干扰前的初始水平。因此，释放到水体中的大部分颗粒态金属会重新积累于沉积物中。但是，细颗粒悬浮物的沉降速率小，能在水体中保持较长的时间，因此，重金属含量相对更高的细颗粒沉积物在水体中的长时间悬浮会对重金属的水平迁移产生重大影响。

3.4.5　水体中重金属的配合作用

1. 无机配体与重金属的配合作用

重金属阳离子是良好的配合物中心，天然水体中简单的无机离子 OH^-、Cl^-、NH_4^+（NH_3）、CN^-等作为配体，使重金属在水体中的可溶态是配合形态，一些金属有机配合物可增加水生生物毒性，而有的可减少其毒性。稳定常数是衡量配合物稳定性大小的尺度，例如，Zn^{2+}与 NH_3 的络合反应可由下面反应生成：

$$Zn^{2+} + NH_3 \rightleftharpoons ZnNH_3^{2+} \qquad K_1$$

$$ZnNH_3^{2+} + NH_3 \rightleftharpoons Zn(NH_3)_2^{2+} \qquad K_2$$

$$Zn(NH_3)_2^{2+} + NH_3 \rightleftharpoons Zn(NH_3)_3^{2+} \qquad K_3$$

$$\vdots \qquad\qquad \vdots$$

$$K_n$$

$$K_1 = \frac{[ZnNH_3^{2+}]}{[Zn^{2+}][NH_3]} \tag{3-7}$$

式中，K_1、K_2、K_3 为逐级生成常数（或逐级稳定常数）；β_1、β_2、β_3 为累积生成常数，$\beta_1 = K_1$，$\beta_2 = K_1 \cdot K_2$，$\beta_3 = K_1 \cdot K_2 \cdot K_3$。

锌的总溶解络合的浓度可表示为

$$\begin{aligned}[Zn]_T &= [Zn^{2+}] + [ZnNH_3^{2+}] + [Zn(NH_3)_2^{2+}] + [Zn(NH_3)_3^{2+}] \\ &= [Zn^{2+}] + K_1[Zn^{2+}][NH_3] + K_1 \cdot K_2[Zn^{2+}][NH_3]^2 + K_1 \cdot K_2 \cdot K_3[Zn^{2+}][NH_3]^3 \\ &= [Zn^{2+}]\{1 + \beta_1[NH_3] + \beta_2[NH_3]^2 + \beta_3[NH_3]^3\}\end{aligned}$$

K_n 或 β_n 越大，配合离子稳定性越强、越难离解，可以从稳定常数的值算出溶液中各级配合离子的平衡浓度和金属离子总溶解的浓度。

2. 有机配体与重金属离子的配合作用

天然水体中有机配体情况比较复杂，主要有动植物组织的天然降解产物、氨基酸、糖、腐殖酸，以及生活废水中排放的洗涤剂、NTA、EDTA、农药和大分子环状化合物，它们可以与金属阳离子形成单齿和多齿配合物，更重要的是多齿配合物，也称为螯合物，比单齿配体所形成的配合物稳定性要大得多。重金属在天然水体中主要以腐殖酸的配合物形式存在，金属离子与腐殖酸中的羧基及羟基螯合成键：

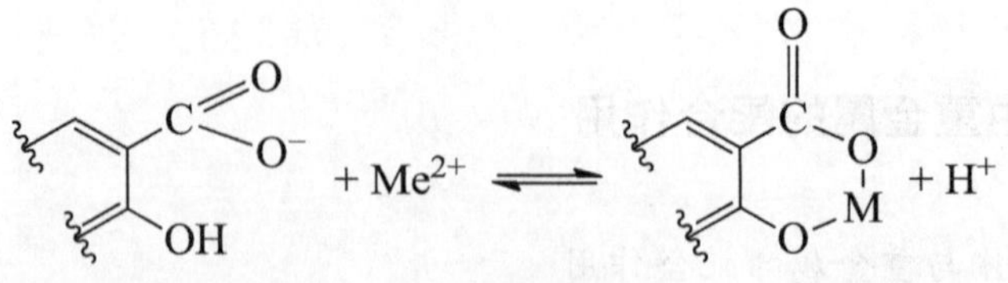

或者金属离子能与腐殖酸中的两个羧基螯合：

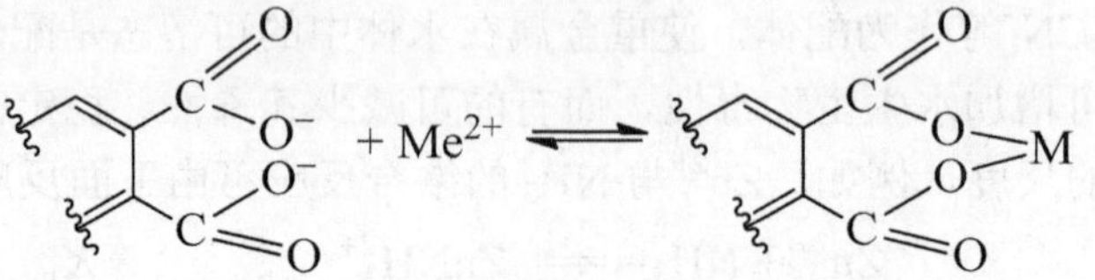

或者金属离子能与腐殖酸中的一个羧基形成配合物：

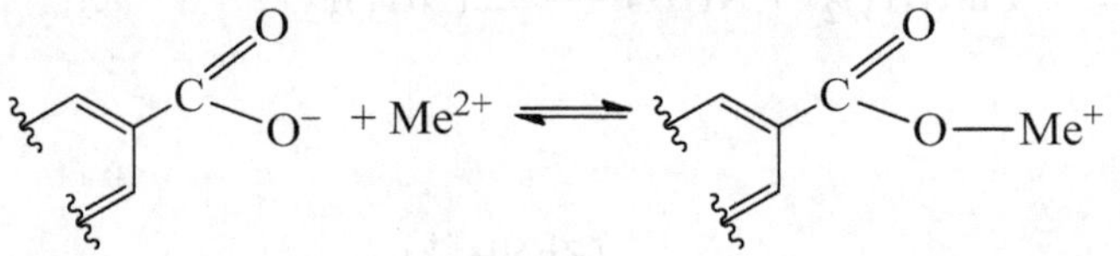

Matson 等指出 Cd、Pb 和 Cu 在北美五大湖（Great Lake）水中不存在游离离子，而是以腐殖酸配合物形式存在。重金属与水体中腐殖酸所形成的配合物稳定性，因水体腐殖酸来源和组分不同而有差别，Hg 和 Cu 有较强的配合能力，在淡水中有大于 90%的 Cu、Hg 与腐殖酸配合，这点对考虑重金属的水体污染具有很重要的意义。特别是 Hg，许多阳离子如 Li^{+}、Na^{+}、Co^{2+}、Mn^{2+}、Ba^{2+}、Zn^{2+}、Mg^{2+}、La^{3+}、Fe^{3+}、Al^{3+}、Ce^{3+}、Th^{4+}都不能置换 Hg。水体的 pH、E_h 等都会影响腐殖酸和重金属配合作用的稳定性。

腐殖酸与金属配合作用对重金属在环境中的迁移转化有重要影响，特别表现在颗粒物吸附和难溶化合物溶解度方面。腐殖酸本身的吸附能力很强，可以很容易吸附在天然颗粒物上，于是改变了颗粒物的表面性质。彭安和王文华（1981）研究了天津蓟运河中腐殖酸对汞的迁移转化的影响，结果表明腐殖酸对底泥中汞有显著的溶出影响，并对河水中溶解态汞的吸附和沉淀有抑制作用。配合作用还可抑制金属以碳酸盐、硫化物、氢氧化物形式的沉淀产生。在 pH 为 8.5 时，此影响对 CO_3^{2-} 及 S^{2-}体系的影响特别明显。近年来人们开始注意腐殖酸与阴离子的作用，它可以和水体中 NO_3^-、SO_4^{2-}、PO_4^{3-} 和 NTA 等反应，这些构成了水体中各种阳离子、阴离子反应的复杂性。

3. 络合容量

水体中一定数量的有机或无机配体能使游离态重金属离子转化为较稳定的络

合态，从而影响重金属在水体中的生物毒性。天然水体中存在富里酸和腐殖酸等有机配体，它们能与游离态的重金属离子形成配合物，控制着重金属离子的存在形态。但由于自然水体中有机或无机配体的种类和含量复杂，要进行定量计算几乎是不可能的，从实用角度出发，提出了络合容量（complexation/complexing capacity，CC）的概念，也称为痕量金属络合剂浓度（trace metal complexing nature ligand concentrations），表示天然水体中有机物对重金属离子的容纳能力。它不考虑水中络合剂的种类，而只考虑其对重金属能产生络合作用的配位体总量。

测定络合容量的方法比较多，按其测定原理可分为两大类。第一类是测定金属络合物（ML），即向水样中加入过量的金属离子（M），使全部配位体（L）均与金属络合，测定所生成的 ML，从而直接求出配体总量，即 CC。属于此类的具体方法有离子交换法、溶解度法和渗析法等。第二类是用金属去滴定水样中的配体，测定水样中游离金属离子的浓度，得到滴定曲线，求出 CC。络合反应的条件稳定常数表示金属与水中各种配体在自然条件下络合反应的总稳定常数，它是以体系总络合程度为基准的各个配位体络合反应稳定常数的加权平均值。在测定重金属络合容量时，一般取络合能力强的 Cu 作为参考，测得的值称为表观 Cu 络合容量（apparent copper complexing capacity，ACuCC），得到的常数称为条件形成常数。

络合容量是研究水环境重金属污染的一个重要水质指标，有着积极的环境生态意义，络合容量的大小可以表达水体缓冲或削弱外来重金属离子污染，防止其对水中生物产生伤害作用的能力。在对水环境重金属络合容量的研究中，自然水体络合容量测定的技术方法、络合容量的构成要素及其变化是今后研究的重要内容，而拓展络合容量在环境化学、生物地球化学、海洋化学等学科中的应用，也是络合容量研究的重要方向。

3.4.6　氧化还原条件的影响

氧化还原环境变化对水体中重金属污染物的迁移转化具有重要意义。重金属元素在水体中氧化还原的类型、速率和平衡在很大程度上取决于水体的溶解氧和微生物环境。水体的氧化还原状态可用氧化还原电位表示。对于一个氧化还原反应：

$$\mathrm{Ox} + ne \rightleftharpoons \mathrm{Red} \tag{3-8}$$

式中，Ox 为氧化态；Red 为还原态。电子的活度为 a_e，氧化剂和还原剂可以分别定义为电子给予体和电子接受体，将 $-\lg a_e$ 表示为电子的 pE，即

$$\mathrm{p}E = -\lg a_e \approx -\lg[\mathrm{e}] \tag{3-9}$$

根据能斯特方程，氧化还原电位 E_h 可表示为

$$E_h = E^0 - \frac{2.303RT}{nF} \cdot \lg\frac{[\text{Red}]}{[\text{Ox}]} \Rightarrow \lg\frac{[\text{Red}]}{[\text{Ox}]} = \frac{(E^0 - E)nF}{2.303RT}$$

$$= E^0 - \frac{0.0592}{n}\lg\frac{[\text{Red}]}{[\text{Ox}]}$$

如果式（3-8）的平衡常数为 K，则：

$$K = \frac{[\text{Red}]}{[\text{Ox}][\text{e}]^n};\quad [\text{e}] = \left(\frac{[\text{Red}]}{[\text{Ox}]\cdot K}\right)^{1/n}$$

$$\text{p}E = -\lg[\text{e}] = -\frac{1}{n}\lg\frac{[\text{Red}]}{[\text{Ox}]\cdot K} = \frac{1}{n}\left(\lg K - \lg\frac{[\text{Red}]}{[\text{Ox}]}\right)$$

$$= \frac{1}{n}\left[\frac{nE^0F}{2.303RT} - \frac{(E^0 - E)nF}{2.303RT}\right] = \frac{EF}{2.303RT} = \frac{1}{0.0592}E$$

同理：

$$\text{p}E^0 = \frac{1}{0.0592}E^0$$

在氧化还原体系中，往往有 H^+或 OH^-参加转移，因此 pE 除了与氧化态还原态浓度有关外，还受到体系 pH 的影响，这种关系可用 pE-pH 图来表示。以铁为例，水中铁的 pE-pH 图见图 3-4。

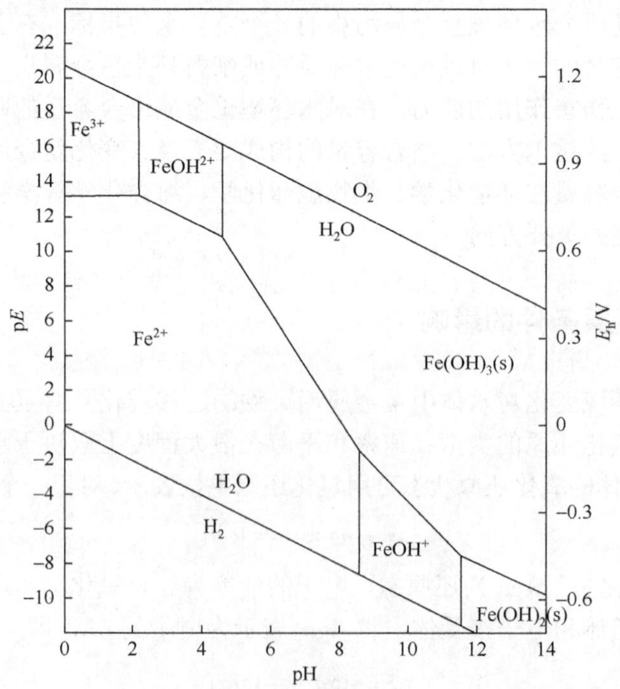

图 3-4　水中铁的 pE-pH 图（总可溶性铁浓度为 1.0×10^{-7}mol·L^{-1}）

由图 3-4 可以看出，当这个体系在一个相当高的 H^+活度及高的电子活度时（酸性还原介质），Fe^{2+}是主要形态（在大多数天然水体系中，由于 FeS 或 $FeCO_3$ 的沉淀作用，Fe^{2+}的可溶性范围是很窄的），在这种条件下，一些地下水中含有相当水平的 Fe^{2+}；在很高的 H^+活度及低的电子活度时（酸性氧化介质），Fe^{3+}是主要的；在低酸度的氧化介质中，固体 $Fe(OH)_3$ 是主要的存在形态；在低的 H^+活度及低的电子活度时（碱性的还原介质），固体的 $Fe(OH)_2$ 是稳定的。在通常的水体 pH 范围内（5～9），$Fe(OH)_3$ 或 Fe^{2+}是主要的稳定形态。

许多氧化还原反应非常缓慢，很少达到平衡状态。如在海洋或湖泊中，在接触大气中氧的水体表层和与沉积物的最深层之间，氧化还原环境有着显著差别，在两者之间有无数个局部的中间区域，它们由于混合或扩散不充分，存在几种不同的氧化还原反应状态。一个厌氧性湖泊，其湖下层的元素都将以还原态存在，Fe 形成可溶性 Fe^{2+}，As 形成 As^{3+}等，而表层水由于可以被大气中的氧饱和，成为相对氧化性介质，Fe 形成 $Fe(OH)_3$，As 形成 As^{5+}，显然这种变化对重金属元素的价态、溶解性及水生生物和水质影响很大。朱华刚等（2018）在对比分析长江口沉积物在好氧/缺氧状态下沉积物释放溶解态硅的研究表明，厌氧环境下，上覆水中溶解态硅的含量持续上升，在第 30 天可达 $4.23mg \cdot L^{-1}$；而好氧环境下，上覆水中溶解态硅的含量维持在 $2.30mg \cdot L^{-1}$ 左右，其原因可能是厌氧环境下表层沉积物中 Fe 和 Mn 氧化物发生生物还原，氧化层被逐渐破坏，促进溶解态硅的释放。钟松雄等（2017）的研究表明，水稻生长过程中，在长期水淹缺氧条件下，氧化还原势能降低，土壤 E_h 下降和 pH 提高促进 As 的释放，且土壤 E_h 进一步降低和 pH 值提高时，As 的释放速率增大，最终导致稻米 As 等重金属含量升高，见图 3-5。

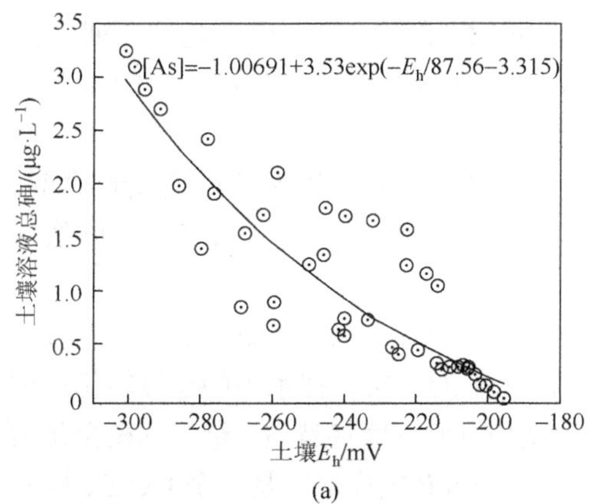

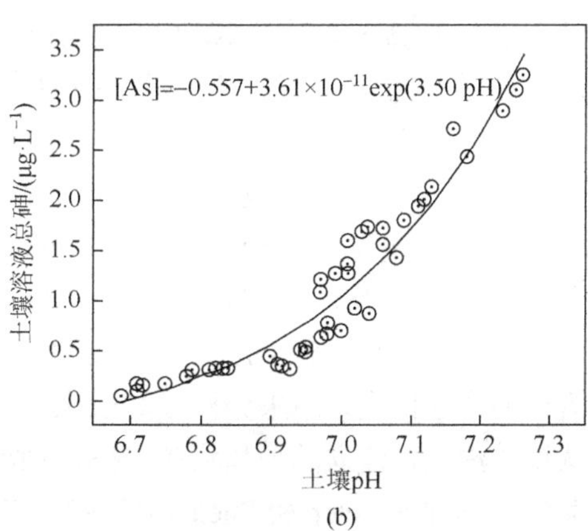

图 3-5　土壤溶液总砷与 E_h、pH 的关系（钟松雄等，2017）

3.4.7 水体中重金属的数学模型研究

重金属污染是水环境污染的一个重要方面，它与水体重金属迁移转化过程、水流及泥沙运动规律、生态因素等密切相关，而水质模型是重金属污染研究的重要方法之一，是一个涉及多学科的复杂问题。重金属水质模型（water quality model）主要分为化学热力学平衡数学模型、化学反应动力学的数学模型和迁移转化动力学的数学模型。重金属在水体的迁移转化过程中几乎包括水体中各种已知的物理、化学及生物过程，包括重金属与悬移物的关系、重金属与底泥的关系、重金属与 pH 的关系等。进入水体中的重金属污染物能够被悬移颗粒物吸附，大部分重金属从水相进入悬移固体物中，随之颗粒悬移态重金属沉淀、絮凝、沉降，这是水体通过自净的方式降低重金属污染物浓度的主要途径。另外，因水环境化学条件的变化，吸附重金属的悬移颗粒物和沉积物产生重金属污染物解吸和迁移，如溶解态和颗粒悬浮态重金属在水流中的扩散迁移，沉积态重金属随底质的推移，沉积态重金属再悬浮，生物过程即生物摄取、富集、微生物及生物甲基化，水体中重金属通过水面向空气中迁移的气态迁移过程等。重金属在水体中的各种迁移转化过程同时发生、综合作用。

重金属迁移转化动力学的数学模型主要应用水力学、泥沙运动学的原理和方法对重金属的物理迁移转化过程进行概括处理，对有关的化学及生物化学过程，则应用化学的原理和方法来处理，然后将其与物理过程叠加融合在一起。按照是否考虑浓度场随时间的变化，模型可以分成稳态模型和动态模型。稳态模型中考虑了动力学传递过程和相间传递过程，可以更近似地模拟环境体系，但忽略了物理量随时间的变化，故对流动性较强的水体必须应用动态模型进行计算。按是否考虑各物理量的随机波动性，模型可分为确定性模型和随机性模型。按建立方程时所选控制体的性质，模型可分为整体模型和分相模型。整体模型是把所研究的水体中的各态重金属作为一个整体来建立模型。分相模型则是对水体中的重金属溶解态、悬移态和沉积态分别建立模型。分相模型对于更好地理解水体中重金属迁移转化过程及其中发生的物理、化学作用很有益处，但分相模型只是概念模型，将悬移质和底泥截然分开是不科学的，又由于待定参数多，不易确定，所以从问题实际来看，整体模型优于分相模型。

水质模型是一种借助数学手段和工具，描述排入水体污染物的混合、迁移、转化规律的数学模型，用来分析预测未来水质状况。人们对污染物在水中的迁移转化过程认识越深刻，建立的模型将越准确，预测的精度和可靠程度将越高。最早的模型是由美国工程师 Streeter 和 Phelps 在 1925 年首先提出的 S-P 模型，它是一个 DO-BOD 模型。自从 S-P 模型之后，QUAL、WASP、MIKE、EFDC、DELFT、CE-QUAL、BASINS 等模型，由最初的一维稳态模型逐步发展为多维模型和动态模型，水质模型发展成线性化体系并能相互作用，并出现生态水质模型的研究。同时，有限差分技术和有限元技术开始应用于水质模型的计算中。与此同时，以食物链和能量传递为主线的生态学模型也有了长足的发展。目前应用较广泛的地表水水质模型主要有以下几种。

1. QUAL 系列模型

1970 年美国环境保护署发表的 QUAL 模型，是 DO-BOD 类模型的代表。该系列模型为一维综合河流水质模型，它可以组合模拟包括溶解氧、生化需氧量（BOD）、温度、氨氮、有机磷、溶解磷、硝酸氮、亚硝酸氮、叶绿素 a、大肠杆菌中一种任选的可降解物质及三种任选的不降解物质等 15 种常见的水质参数。相继版本为 QUAL Ⅰ、QUAL Ⅱ、QUAL2E、QUAL2EUNCAS、QUAL2K。

CE-QUAL-W2 模型是美国陆军工程兵团水道实验站开发的二维水动力模型，适宜模拟侧向水动力和水质参数变化都非常小的狭长水体，如河流、水库、河口及较为复杂的组合系统，基本方程是将 N-S 方程沿河宽积分，并取横向均值而得。该模型的特点是擅长求解物理量的垂向分布，如流速、营养盐浓度、泥沙、冰盖等，能够较为准确地模拟出上下层水体之间的物质交换。CE-QUAL-RIV1 模型是美国陆军工程兵团开发的纵向一维水动力水质模型软件，适用于模拟河流、渠道的水动力参数、有机污染物、藻类、金属等指标，但因无技术支持且无友好用户界面限制了该软件的应用。刘艳等（2016）通过对一维河道水质模型 QUAL2Kw 进行改进，嵌入重金属模拟模块，并将其应用于刁江的水质模拟中，同时实现了河道常规水质指标和重金属指标的模拟。结果表明，改进的 QUAL2Kw 模型能够较好地模拟实际水质状况，模拟结果显示，北京屯支流对刁江干流总氮、总磷及重金属锌、铅、镉浓度的影响较大。这一研究结果有利于准确评估重金属污染状况与其他水质指标的相关性，为水环境管理部门预测重金属污染风险及制定水污染治理措施提供依据。

2. WASP 模型

WASP（the water quality analysis simulation program）模型是 1994 年美国环境保护署开发的水动力水质模型，它可以模拟一维、二维和三维的水质问题，是为分析池塘、湖泊、水库、河流、河口和沿海水域的一系列水质问题而设计的动态多箱模型。WASP 经过几次修订，目前的最新版本是 WASP6。该模型考虑了泥沙的作用，能够模拟河流、湖泊、水库、河口等多种水体的稳态和非稳态的水质过程，用于不同环境污染决策系统中分析和预测由于自然和人为污染造成的各种水质状况，可以模拟水文动力学、河流一维不稳定流、湖泊和河口三维不稳定流、常规污染物和有毒污染物在水中的迁移和转化规律。WASP6 模型的两个选项，TOXI 和 EUTRO，都可以装入水质程序中，TOXI 用来模拟有毒物质的污染，包括有机物、金属和泥沙在各类水体中迁移积累的动态模型，可以预测溶解态和吸附态化合物在河流中的变化情况。EUTRO 模拟比较全面，可预测 DO、COD、BOD、富营养化、碳、叶绿素 a、氨、硝酸盐、有机氮、正磷酸盐等物质在河流中的变化情况。此外，允许用户在原有模型基础上开发新的动力或反应结构。刘湛等（2012）采用 WASP7 模型模拟湘江株洲段丰水期镉浓度，以 2010 年 8 月湘江干流株洲段代表性断面水质与底泥监测资料及其他资料为基础，进行镉污染负荷测算与分配，研究结果表明，WASP7 模型较好地重现了镉浓度的变化规律，8 月该河段上游镉入流量 2446.33kg，下游镉出流量 3076.44kg，区间增量 630.11kg*，其中点源负荷量 241.67kg，占 38.4%，面源负荷量 304.49kg，占 48.3%，内源负荷量为 83.96kg，占 13.3%。

3. EFDC 模型

EFDC（the environmental fluid dynamics code）模型，即环境流体动力学模型，是由美国威廉与玛丽学院（College of William & Mary）弗吉尼亚海洋科学研究所（Virginia Institute of Marine Science，VIMS）开发的综合模型，可以模拟各种一维、二维、三维的地表水水质，可实现河流、湖泊、水库、湿地系统、河口和海洋等水体的水动力学和水质模拟。该模型系统包括水动力、泥沙、有毒物质、水质、底质、风浪等模块，模拟计算过程中首先完成流场计算，获得三维流速场的时空分布特征，在此基础上计算泥沙迁移、冲淤作用，进而模拟受黏性泥沙吸附影响的各水质变量动态变化过程。为更好地拟合研究区地形条件，模型在水平方向除可采用传统的直角坐标外，还可在水平方向使用正交曲线坐标，垂直方向采用 σ 坐标。EFDC 水动力学模块可计算流速、示踪剂、温度、盐度、近岸羽流和漂流，输出变量可直接与水质、底泥迁移和毒性物质等模块耦合，作为物质运移的驱动条件；EFDC 泥沙模块可进行多组分泥沙的模拟，根据在水体里面的迁移特征把泥沙分为悬移质和推移质，悬移质根据粒径大小分为黏性泥沙和非黏性泥沙，进而还可细分为若干组，根据物理或经验模型模拟泥沙的沉降、沉积、冲刷及再悬浮等过程；EFDC 有毒污染物模块可以模拟各类型污染物在水体中的迁移转化过程，该模块需要研究者针对特定有毒污染物提供具体反应过程、设定反应系数；EFDC 水质模块，主要模拟水体中以藻类生长为中心的各变量间相互关系，可模拟 21 种水质变量的浓度变化，包括溶解氧、生化需氧量、氨氮、重金属等；EFDC 底质模块可模拟沉积物与水体之间的物质交换过程。

EFDC 模型具有通用的文件输入格式，提供了与 WASP 等软件的接口，输出可供水质模拟使用的 HYD 文件，省略了不同模型接口程序的研发过程。EFDC 模型具有极强的问题适应能力，能快速耦合水动力、水质和泥沙模块，可用于模拟点源和非点源的污染、有机物迁移等。EFDC 的这些优点使得它具有良好的适用性，在

*由于四舍五入原因，数值存在误差

国内外得到了广泛的应用。经过近 20 年的发展和完善，目前该模型已在大学、政府机关和环境咨询公司等组织中广泛使用，并成功用于美国和欧洲及其他国家和地区 100 多个水体区域的研究，在我国已被应用于云南滇池水质模拟、重庆两江汇流水动力模拟、密云水库营养物模拟等及内蒙古乌梁素海地区水体富营养化模拟等。

EFDC 模型的一个著名应用案例是成功预测了海水入侵对 St. Lucie 河口的生态影响（Ji et al.，2007）。在这一应用中，涉及盐度模块、水质模块及重金属模块。EFDC 模型准确预测了流量和侧流入口对河口盐度分布的影响，以及与沉积物有关的铜浓度变化。Ji 等也研究验证了 EFDC 模型在水库、河道、重金属、泥沙及一维水动力学等方面的有效性。

4. Delft3D 模型

Delft3D 是由荷兰代尔夫特三角洲研究中心（Deltares，原代尔夫特水利研究所 Delft Hydraulics）研发的适用于海岸、河流、湖泊及河口水沙动力与水环境数值模拟的大型专业软件，包含水流、水动力、波浪、泥沙、水质、生态等 6 个模块，其主要特征是所有子模块都具有高度的整合性和互操作性，能直接应用最新物理、化学、生物过程知识，各模块之间完全在线动态耦合，整个系统按照“即插即用”的标准设计，满足用户二次开发和系统集成的需求。自 2011 年以来，Deltares 开始开发新一代核心为 Delft3D Flexible Mesh 的灵活网格版本，到 2017 年已逐渐完善，Delft3D Flexible Mesh 用户可以根据实际需要，同时在一个模型中进行各种内河、河口、海岸、近海区域的一维、二维、三维耦合计算。用一个模型即能模拟二维（水平或垂向）和三维的水流、波浪、盐度、热量、污染物输移、水质、生态、泥沙输移和床底地貌，以及各个过程之间的相互作用。经过 30 多年的开发和应用，它是目前国际上最为先进的水动力-水质模型之一，已经在全球 180 多个合作伙伴处测试应用，如荷兰、俄罗斯、波兰、德国、澳大利亚、美国、西班牙、英国等，尤其是美国已经有很长的应用历史。中国香港地区从 20 世纪 70 年代中期开始使用 Delft3D 系统，已经成为香港环境署的标准产品。Delft3D 从 80 年代中期开始在中国内地也有越来越多的应用，如长江口、杭州湾、渤海湾、太湖、滇池。该软件在研究地形演变、咸潮上溯、环境评估、航道整治、洪水演进、城市水管理、河湖治理等诸多方面获得了令人满意的成果。

5. MIKE 系列模型

MIKE 系列模型是由丹麦水资源及水动力研究所（DHI）开发的系列软件，软件根据模拟的对象不同可分为适于水资源和海洋的模型软件（MIKE11、MIKE21、MIKEBASIN、MIKESHE）和城市水问题模型软件（MIKEMOUSE、MIKENET）。其中 MIKE11 适合对一维河道、河网进行综合模拟，除水动力学模块（HD）、降雨径流模块（RR）、对流扩散模块（AD）、水质模块（WQ）、泥沙输运模块（ST）这些基本模块外，还有洪水预报（FF）、地理信息系统（GIS）、溃坝分析（DB）、水工结构分析（SO）、富营养化（EU）、重金属分析（WQHM）等附件模块，主要用于河口、河流、灌溉系统和其他内陆水域的水文学、水力学、水质和泥沙传输模拟，在防汛洪水预报、水资源水量水质管理、水利工程规划设计论证方面也得到广泛应用。MIKE21 是专业的二维自由水面流动模拟系统，包含二维水动力模型、波浪模型、水质运移模型、富营养模型、泥沙运移模型，主要用于河口、河流、海洋、水库等地表水体的流动、波浪、水环境变化、泥沙运移等二维水利专业工程，可进行水利工程设计及规划、复杂条件下的水流计算、洪水淹没计算、泥沙沉积与传输、水质模拟预报和环境治理规划等多方面研究应用。MIKESHE 是进行大范围陆地水循环研究的工具，侧重地下水资源和地下水环境问题分析、规划和管理，可用于流域或局部区域不饱和、饱和带二维、三维地下水水资源计算、优化调度和规划，地表、地下水的联合计算和调度，供水井井网优化、湿地的保护、恢复和生态保护，氮、磷等常规污染组分、重金属、有害放射性物质迁移，甚至酸性水渗流等复杂问题的模拟、追踪和预报，地下水运动过程中的地球化学反应、生物化学反应的模拟分析、污染含水层水体功能的恢复与治理，农作物生长对水分和污染物质在非饱和带运移的影响等综合研究。

MIKE21 可与 MIKE11 耦合，即一维、二维耦合，进行河口复杂水流的模拟，洪水预报和淹没范围计算等。软件融入 GIS 技术，方便了数据的采集和处理，并包含先进的数据前、后处理和图形专用工具，重要计算区域变剖分网格加密计算处理技术。

轩晓博等（2015）基于 MIKE21 模型平台构建二维重金属预测模型，根据重金属在水体和底泥中的转移扩散、悬浮沉积及吸附解吸原理，采用土壤淋溶及浸泡试验所获取的闽江支流浐溪河彭村水库库区土壤重金属含量等数据，模拟不同入库流量下库区 Zn、Cd、Pb 等 3 种重金属污染分布规律。结果表明：小流量条件下，Zn 的浓度为库区中央最小，两岸次之，靠近矿区区域最大；大流量条件下，库区中央大于两岸，下游大于上游。Pb 的浓度为库区中央大于两岸，下游大于上游。Cd 的浓度为库区中央大于两岸，下游大于上游。

参 考 文 献

陈艳卿，孟伟，武雪芳，等. 2011. 美国水环境质量基准体系. 环境科学研究，24(4)：467-474

冯承莲，吴丰昌，赵晓丽，等. 2012. 水质基准研究与进展. 中国科学，42(5)：645-656

国家环境保护局，《水和废水监测分析方法》编委会. 2007. 空气和废气监测分析方法. 第四版增补版. 北京：中国环境科学出版社

江志华. 2006. 水环境重金属络合容量研究进展. 广州环境科学，21(2)：6-8

李冬月，郑建波，王建国，等. 2012. 化学修饰铋膜电极的制备和应用研究进展. 分析化学，40(2)：321-327

刘艳，李川，曹碧波. 2016. 基于改进 QUAL2Kw 模型的水环境重金属污染模拟. 安全与环境学报，16(5)：257-264

刘湛，张青梅，向仁军，等. 2012. 湘江株洲段丰水期镉污染负荷总量测算及分配. 环境工程学报，6(10)：3460-3464
彭安，王文华. 1981. 水体腐殖酸及其络合物. 环境科学学报，1(2)：126-139
轩晓博，逄勇，李一平，等. 2015. 金属矿区重金属迁移对水体影响的数值模拟. 水资源保护，31(2)：30-35
杨丽莉，张登峰，曾向东. 2007. 沉积物中重金属释放规律研究. 安徽农业科学，2007，35(27)：8630-8631
俞慎，历红波. 2010. 沉积物再悬浮-重金属释放机制研究进展. 生态环境学报，19(7)：1724-1731
张磊. 2014. 大冶湖流域重金属污染现状及水质模型研究. 武汉：华中科技大学
中华人民共和国生态环境部. 环境保护标准. http://kjs.mee.gov.cn/hjbhbz/
钟松雄，尹光彩，陈志良，等. 2017. E_h、pH 和铁对水稻土砷释放的影响机制. 环境科学，38(6)：2530-2537
朱华刚，王超，侯俊，等. 2018. 氧化还原环境变化对河口沉积物硅影响的模拟. 环境化学. 37（5)：974-983
Atkinson C A，Jolley D F，Simpson S L. 2007. Effect of overlying water pH，dissolved oxygen，salinity and sediment disturbances on metal release and sequestration from metal contaminated marine sediments. Chemosphere，69(9)：1428-1437
Bagal-Kestwal D，Karve M S，Kakade B，et al. 2008. Invertase inhibition based electrochemical sensor for the detection of heavy metal ions in aqueous system：Application of ultra-microelectrode to enhance sucrose biosensor's sensitivity. Biosensors and Bioelectronics，24(4)：657-664
Economou A. 2005. Bismuth-film electrodes：Recent developments and potentialities for electroanalysis. TrAC Trends in Analytical Chemistry，24(4)：334-340
Ji Z G，Hu G D，Shen J，et al. 2007. Three-dimensional modeling of hydrodynamic processes in the St. Lucie Estuary. Estuarine，Coastal and Shelf Science，73(1-2)：188-200
Jia J B，Cao L Y，Wang Z H，et al. 2008. Properties of poly(sodium 4-styrenesulfonate)-ionic liquid composite film and its application in the determination of trace metals combined with bismuth film electrode. Electroanalysis，20(5)：542-549
Jia J B，Cao L Y，Wang Z H. 2007. Nafion/poly(sodium 4-styrenesulfonate) mixed coating modified bismuth film electrode for the determination of trace metals by anodic stripping voltammetry. Electroanalysis，19(17)：1845-1849
Kalnejais L H，Martin W R，Signell R P，et al. 2007. Role of sediment resuspension in the remobilization of particulate-phase metals from coastal sediments. Environmental Science and Technology，41(7)：2282-2288
Krolicka A，Bobrowski A，Kalcher K，et al. 2003. Study on catalytic adsorptive stripping voltammetry of trace cobalt at bismuth film electrodes. Electroanalysis，15(23-24)：1859-1863
Lors C，Tiffreau C，Laboudigue A. 2004. Effects of bacterial activities on the release of heavy metals from contaminated dredged sediments. Chemosphere，56(6)：619-630
Luo L Q，Wang X，Ding Y P，et al. 2010. Voltammetric determination of $Pb^{2+}$and $Cd^{2+}$with montmorillonite-bismuth-carbon electrodes. Applied Clay Science，50(1)：154-157
Petersen W，Willer E，Willamowski C. 1997. Remobilization of trace elements from polluted anoxic sediments after resuspension in oxic water. Water，Air，and Soil Pollution，99(1-4)：515-522.
Ribbe J，Holloway P E. 2001. A model of suspended sediment transport by internal tides. Continental Shelf Research，21(4)：395-422
Wang J. 2005. Stripping analysis at bismuth electrodes：A review. Electroanalysis，17(15-16)：1341-1346
Wang J，Lu J，Hocevar S B. 2000. Bismuth-coated carbon electrodes for anodic stripping voltammetry. Analytical Chemistry，2000，72(14)：3218-3222
Zhao Q P，Wu S G，Zhang Z X，et al. 2014. Catalytic adsorptive stripping determination of trace chromium based on the bismuth/MWCNTs modified electrode. Journal of University Science and Technology of China，44(8)：637-647
Zhong A P，Guo S H，Li F M，et al. 2006. Impact of anions on the heavy metals release from marine sediments. Journal of Environmental Sciences，18(6)：1216-1220

第 4 章　土壤环境中重金属的研究方法

4.1　土壤中重金属的布点和采集

4.1.1　土壤中重金属的布点和采集的规范方法

2004 年 12 月国家环境保护总局（现生态环境部）发布了《土壤环境监测技术规范》（HJ/T 166—2004），规定了土壤监测的布点、样品采集、样品处理、样品测定、环境质量评价、质量保证等的方法和原则，每个部分规范了土壤监测的步骤和技术要求。

4.1.2　土壤监测点位布设方法

确定布点范围，在所在区域地图或规划图中标注出准确的地理位置，绘制场地边界，并对场界角点进行准确定位。土壤环境监测常用的监测点位布点方法包括简单随机、分块随机和系统随机，参见图 4-1。

(a) 简单随机布点

块1
块2

(b) 分块随机布点

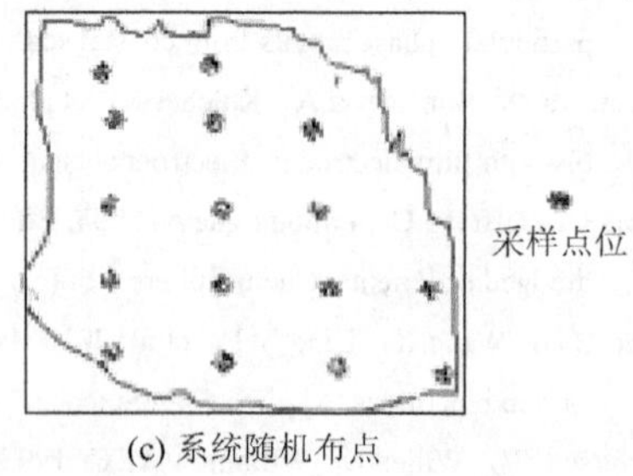

(c) 系统随机布点

图 4-1　监测点位布设方法示意图

简单随机是将监测单元分成网格，每个网格编上号码，决定采样点样品数后，随机抽取规定的样品数的样品，其样本号码对应的网格号即为采样点。随机数的获得可以利用掷骰子、抽签、查随机数表的方法。

分块随机是将区域分成几块，每块内污染物较均匀，块间的差异较明显。将每块作为一个监测单元，在每个监测单元内再随机布点。

系统随机是将监测区域分成面积相等的几部分（网格划分），每网格内布设一采样点，这种布点称为系统随机布点。

4.1.3　土壤样品的采集数量

1. 由均方差和绝对偏差计算样品数

由均方差和绝对偏差可用式（4-1）计算所需的样品数：

$$N = t^2 s^2 / D^2 \tag{4-1}$$

式中，N 为样品数；t 为选定置信水平（土壤环境监测一般选定为 95%）一定自由度下的 t 值；s^2 为均方差，可从先前的其他研究或者从极差 $R[s^2 = (R/4)^2]$估计；D 为可接受的绝对偏差。

2. 由变异系数和相对偏差计算样品数

由变异系数和相对偏差可用式（4-2）计算所需的样品数：

$$N = t^2 C_V^2 / m^2 \tag{4-2}$$

式中，N 为样品数；t 为选定置信水平（土壤环境监测一般选定为 95%）一定自由度下的 t 值；C_V 为变异系数，可从先前的其他研究资料中估计，没有历史资料的地区、土壤变异程度不太大的地区，一般 C_V 可用 10%～30%粗略估计，%；m 为可接受的相对偏差，土壤环境监测一般限定为 20%～30%。

土壤监测的布点数量要满足样本容量的基本要求，即上述由均方差和绝对偏差、变异系数和相对偏差计算的样品数是其下限数值，实际工作中土壤布点数量还要根据调查目的、调查精度和调查区域环境状况等因素确定。

对于场地内土壤特征相近、土地使用功能相同的区域，可采用系统随机布点法进行监测点位的布设。系统随机布点法是将监测区域分成面积相等的若干地块，从中随机抽取一定数量的地块，在每个地块内布设一个监测点位。抽取的样本数要根据场地面积、监测目的及场地使用状况确定。

如果场地土壤污染特征不明确或场地原始状况受到严重破坏，可采用系统布点法进行监测点位布设。系统布点法是将监测区域分成面积相等的若干地块，每个地块内布设一个监测点位。

对于场地内土地使用功能不同及污染特征存在明显差异的，可采用分布随机布点法进行监测点位的布设。分区布点法是将场地划分成不同的小区，再根据小区的面积或污染特征确定布点的方法。场地内土地的使用功能一般分为生产区、办公区、生活区。原则上生产区的地块划分应以构筑物或生产工艺为单元，包括各生产车间、原料及产品储库、废水处理及废渣贮存场、场内物料流通道路、地下贮存构筑物及管线等。办公区包括办公建筑、广场、道路、绿地等，生活区包括食堂、宿舍及公用建筑等。对于土地使用功能相近、单元面积较小的生产区，也可将几个单元合并成一个监测地块。

土壤对照监测点位的布设方法，一般情况下，应在场地外部区域设置土壤对照监测点位。对照监测点位可选取在场地外部区域的四个垂直轴向上，每个方向上等间距布设三个采样点，分别进行采样分析。例如，因地形地貌、土地利用方式、污染物扩散迁移特征等因素致使土壤特征有明显差别或采样条件受到限制时，监测点位可根据实际情况进行调整。对照监测点位应尽量选择在一定时间内未经外界扰动的裸露土壤，应采集表层土壤样品，采样深度尽可能与场地表层土壤采样深度相同，如有必要也应采集深层土壤样品。

4.1.4 土壤样品的采集方法

土壤样品的采集方法根据土壤使用功能不同，可分为农田土壤采样、建设项目土壤环境评价监测采样、城市土壤采样、污染事故监测土壤采样等。下面以区域环境背景土壤采样方法为例，简单介绍土壤样品的采集方法。

1. *表层土壤样品的采集*

一般监测采集表层土，采样深度 0～20cm。表层土壤样品的采集一般采用挖掘方式进行，一般采用锹、铲及竹片等简单工具，也可进行钻孔取样。土壤采样的基本要求为尽量减少土壤扰动，保证土壤样品在采样过程中不被二次污染。

2. *深层土壤样品的采集*

特殊要求的监测（土壤背景、环评、污染事故等）必要时选择部分采样点采集剖面样品。剖面的规格一般为长 1.5m、宽 0.8m、深 1.2m。一般每个剖面采集 A（淋溶层）、B（淀积层）、C（母质层）三层土样。深层土壤的采集以钻孔取样为主，也可采用槽探的方式。钻孔取样可采用人工或机械钻孔后取样。手工钻探采样的设备包括螺纹钻、管钻、管式采样器等。机械钻探包括实心螺旋钻、中空螺旋钻、套管钻等。

4.1.5 土壤样品的保存

用于监测重金属含量的土壤样品采集后应置于 4℃以下的低温环境（如冰箱）中运输、保存，并尽快分析测试。样品的保存方法见表 4-1。

表 4-1　新鲜土壤样品的保存条件和保存时间

测试项目	容器材质	温度/℃	可保存时间/d
金属（汞和六价铬除外）	聚乙烯、玻璃	＜4	180
汞	玻璃	＜4	28

续表

测试项目	容器材质	温度/℃	可保存时间/d
砷	聚乙烯、玻璃	＜4	180
六价铬	聚乙烯、玻璃	＜4	1

风干。风干时将土样放置于风干盘中，摊成 2～3cm 的薄层，适时地压碎、翻动，拣出碎石、沙砾、植物残体。

粗磨。将风干的样品倒在有机玻璃板上，用木槌敲打，用木滚、木棒、有机玻璃棒再次压碎，拣出杂质，混匀，并用四分法取压碎样，过孔径 0.25mm（20 目）尼龙筛。过筛后的样品全部置于无色聚乙烯薄膜上，并充分搅拌混匀，粗磨样可直接用于土壤 pH、阳离子交换量、元素有效态含量等项目的分析。

细磨。上述粗磨后的样品研磨到全部过孔径 0.15mm（100 目）筛，用于土壤元素全量分析。

4.2　土壤中重金属的检测方法

土壤中重金属的分析方法很多，不同测定方法存在不同的适用性，同一种方法不能测定土壤中的所有金属元素，一种金属元素也不仅仅只有一种方法可以测定。除了一些相对认可和标准的方法外，科研工作者运用光谱学分析、电化学检测及生物学分析等技术，在土壤的重金属分析方面进行了广泛探讨。

4.2.1　土壤中重金属检测的规范方法

世界各国在土壤的重金属分析中积累了大量宝贵经验，国际标准化组织（International Organization for Standardization，ISO）制定了土壤元素分析的系列国际标准，涉及土壤重金属的分解或浸提及检测方法见表 4-2。

表 4-2　ISO 规定的土壤重金属的规范检测方法

序号	名称	标准编号	说明
1	*Soil quality—Dissolution for the determination of total element content-Part 3：Dissolution with hydrofluoric，hydrochloric and nitric acids using pressurised microwave technique*	ISO 14869-3:2017	采用加压微波技术，氢氟酸、盐酸和硝酸溶解测定元素总含量的方法
2	*Soil quality—Dissolution for the determination of total element content-Part 1：Dissolution with hydrofluoric and perchloric acids*	ISO 14869-1:2001	将氢氟酸和高氯酸用于元素总含量测定的分解方法，样品制备后可用 AAS、ICP-AES、ICP-MS 等方法检测

续表

序号	名称	标准编号	说明
3	*Soil quality—Dissolution for the determination of total element content-Part 2：Dissolution by alkaline fusion*	ISO 14869-2:2002	测定总元素含量的强碱溶解法
4	*Soil quality—Extraction of trace elements soluble in aqua regia*	ISO 11466:1995	溶解于王水中的痕量元素的提取
5	*Soil quality—Extraction of trace elements using dilute nitric acid*	ISO 17586:2016	提出用稀硝酸萃取痕量元素
6	*Soil quality—Extraction of trace elements by buffered DTPA solution*	ISO 14870:2001	通过缓冲的 DTPA 溶解作用提取痕量元素
7	*Soil quality—Determination of elemental composition by X-ray fluorescence*	ISO/FDIS 18227:2013（E）	采用 X 射线荧光对元素组成进行测定

我国环境保护标准或国家标准明确规定了一些重金属元素的规范检测方法，见表 4-3。

表 4-3　我国土壤和沉积物中重金属的规范检测方法

序号	名称	标准编号
1	《土壤和沉积物 11 种元素的测定 碱熔-电感耦合等离子体发射光谱法》（锰、钡、钒、锶、钛、钙、镁、铁、铝、钾和硅）	HJ 974—2018
2	《土壤和沉积物 12 种金属元素的测定 王水提取-电感耦合等离子体质谱法》（镉、钴、铜、铬、锰、镍、铅、锌、钒、砷、钼和锑）	HJ 803—2016
3	《土壤和沉积物 无机元素的测定 波长色散 X 射线荧光光谱法》（砷、钡、溴、铈、氯、钴、铬、铜、镓、铪、镧、锰、镍、磷、铅、铷、硫、钪、锶、钍、钛、钒、钇、锌、锆、二氧化硅、三氧化二铝、三氧化二铁、氧化钾、氧化钠、氧化钙、氧化镁）	HJ 780—2015
4	《土壤和沉积物 汞、砷、硒、铋、锑的测定 微波消解原子荧光法》	HJ 680—2013
5	《土壤 8 种有效态元素的测定 二乙烯三胺五乙酸浸提-电感耦合等离子体发射光谱法》（铜、铁、锰、锌、镉、钴、镍、铅）	HJ 804—2016
6	《土壤和沉积物 总汞的测定 催化热解-冷原子吸收分光光度法》	HJ 923—2017
7	《土壤质量 总汞的测定 冷原子吸收分光光度法》	GB/T 17136—1997
8	《土壤和沉积物 铍的测定 石墨炉原子吸收分光光度法》	HJ 737—2015
9	《土壤 总铬的测定 火焰原子吸收分光光度法》	HJ 491—2009
10	《土壤质量 总砷的测定 二乙基二硫代氨基甲酸银分光光度法》	GB/T 17134—1997
11	《土壤质量 总砷的测定 硼氢化钾-硝酸银分光光度法》	GB/T 17135—1997
12	《土壤质量 铜、锌的测定 火焰原子吸收分光光度法》	GB/T 17138—1997

续表

序号	名称	标准编号
13	《土壤质量 镍的测定 火焰原子吸收分光光度法》	GB/T 17139—1997
14	《土壤质量 铅、镉的测定 KI-MIBK 萃取火焰原子吸收分光光度法》	GB/T 17140—1997
15	《土壤质量 铅、镉的测定 石墨炉原子吸收分光光度法》	GB/T 17141—1997

4.2.2 直接检测方法

结合近年来的土壤重金属分析方面的研究成果，将土壤进行简单处理（如粉碎或干燥）后，可直接利用光谱分析等方法对土壤重金属进行检测。直接分析快速、简便，虽然精度不是太高，但由于其具有快速、无损伤、可大面积检测与监测的优势，在土壤污染检测和监测中具有广泛的应用前景。

1. X 射线荧光分析

XRF 的原理和分析方法详见第 2 章 2.2.2 节。

XRF 适合测定土壤样品中砷、钡、溴、铈、氯、钴、铬、铜、镓、铪、镧、锰、镍、磷、铅、铷、硫、钪、锶、钍、钛、钒、钇、锌、锆、二氧化硅、三氧化二铝、三氧化二铁、氧化钾、氧化钠、氧化钙、氧化镁等元素或化合物的测定。

便携式 X 射线荧光光谱仪在实际生产生活中得到广泛应用，如美国艾克国际科技有限公司生产的 i-CHEQ 手持式便携 X 射线荧光分析仪、英国 $Trace_2O$ 公司生产的 Metalyser HM4000 土壤重金属仪，以及我国苏州浪声科学仪器有限公司生产的 Beethor X3G 700 便携式环境分析仪、国家农业信息化工程技术研究中心、北京普析通用仪器有限责任公司研制的 XRF7 型便携能量色散 X 射线荧光分析仪等。

2. 中子活化分析

INAA 的原理和分析方法详见第 2 章 2.2.2 节，可用于分析土壤及其相关物质中的元素。它包括仪器中子活化分析（INAA）、超热中子活化分析（ENAA）、放射化学中子活化分析（RNAA）等，其中 INAA 应用最广。INAA 的优势为很适合土壤固体样品直接测定，可以同时进行多元素测定且基底效应小。

3. 激光诱导击穿光谱法

LIBS 又称为激光诱导等离子体光谱，是一种利用高能量脉冲激光烧蚀样品材料，使材料表面的微量样品瞬间气化形成高温、高密度的等离子体，测量等离子体原子发射光谱中的谱线波长和强度，便可以完成样品材料所含化学元素的定性和定量分析的光谱检测技术。1962 年，Brech 等首次提出采用激光烧蚀样品产生等离子体，近 10 年来 LIBS 的研究得到了快速发展。LIBS 技术不同于传统的光谱测量技术，具有以下优点：样品预处理简单或无须预处理；能够进行快速、原位的各种形态（气态、液态、固态颗粒）物质的分析；可同时进行多元素定性、定量分析；可以实现非接触式无损探测；可实现连续监测，分析效率高。缺点是 LIBS 的光谱检测灵敏度欠佳，元素分析的检出限有待改善；光谱定量分析的准确度和精密度较低，易受样品基体成分的干扰。利用飞秒激光等离子体丝辐照土壤样品，开展重金属元素探测，可消除激光聚焦透镜到样品表面间的相对距离对激光诱导击穿光谱强度的影响，从而解决样品表面不平整带来的击穿光谱强度不稳定问题。

基本的 LIBS 试验装置如图 4-2 所示，主要由激光器、聚焦透镜、光导纤维、光谱仪、光检测器、计算机和光谱数据处理软件等组成。

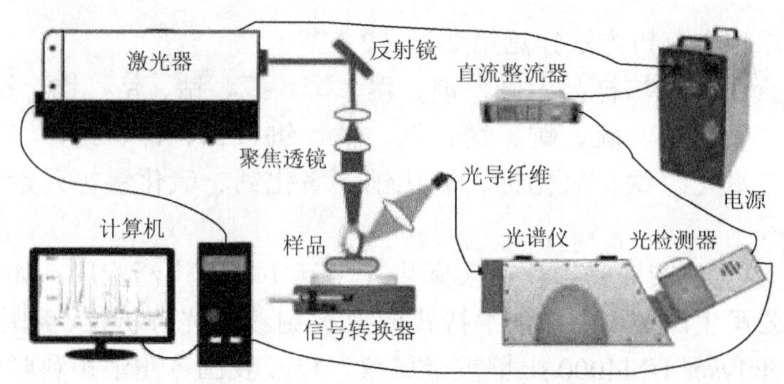

图 4-2 LIBS 试验装置示意图（余克强等，2016）

土壤样品经过简单的处理（风干、杂质分离、研磨、过筛等）形成粉末，利用压片机制成厚度均匀的圆柱形土壤压片。样品经 LIBS 系统获取数据后，对数据进行定性和定量分析得到分析结果。定性分析时，通过未知元素谱线识别，对比美国国家标准与技术研究院原子光谱或其他数据库，来确定物质所含元素；或者利用化学计量学方法，如主成分分析、独立主成分分析等对物质的元素构成、种类、级别、序列等进行判别。在定量分析时，确定适当的校正方法来克服基体效应的影响，LIBS 通常采用定标曲线和自由定标法来完成定标分析。为了提高测定的准确性和重复性，化学计量学方法的应用成为 LIBS 定量分析研究的最新热点，如偏最小二乘法、多元线性回归等被广泛应用于被测物质含量的分析计算。研究人员运用 LIBS 技术结合新技术方法做了大量的探索性研究。从土壤的自身因素（含水率、粒径、杂质等）对 LIBS 信号影响的分析，到对土壤特性的定性分析，以及对重金属元素的定量分析研究。在 424～429nm 光谱区域的土样 LIBS 光谱如图 4-3 所示。

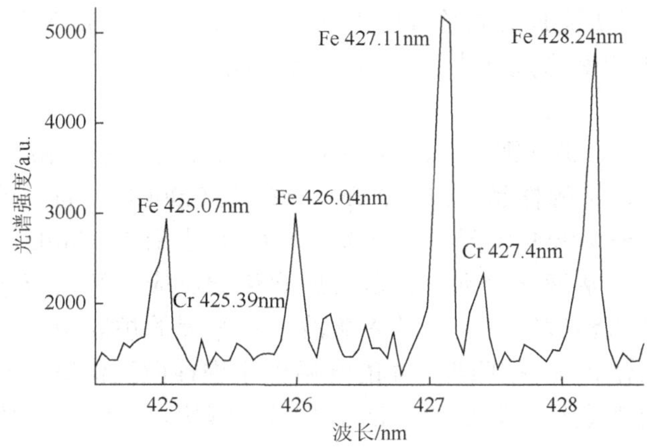

图 4-3　土壤样本的 LIBS 光谱（424～429nm）（袁迪等，2016）

4.2.3　间接检测方法

近年来，电感耦合等离子体质谱、电感耦合等离子体原子发射光谱、原子荧光光谱、原子吸收（包括火焰原子吸收、石墨炉原子吸收、氢化物发生原子吸收）等仪器分析方法应用于元素分析更加普遍，这些方法都要求对土壤样品进行必要的预处理。国际标准化组织发布的 *Soil quality-Determination of trace elements in extracts of soil by inductively coupled plasma-atomic emission spectrometry*（ICP-AES）（ISO 22036∶2008）规定了土壤质量测定时使用感应耦合等离子体原子发射光谱法测定土壤提取物中的微量元素。

由于直接采集或经过简单处理的土壤样品为固态，状态不均匀，其中的重金属元素除了部分以金属单质存在外，大部分以原生矿物和次生矿物存在。原生矿物最常见的如石英、长石类、云母类、辉石、角闪石、黑云母等，可以分为四类：硅酸盐类、氧化物类、硫化物类和磷酸盐类，粒径在 0.001～1mm 居多。次生矿物可分为三类：简单盐类（如方解石、白云石、石膏等）、三氧化物类和次生铝硅酸盐类，颗粒细小，一般粒径小于 0.25μm。根据分析的目的和要求，需要对土壤进行溶解、分解或消解等预处理，使之变成适合仪器分析的溶液状态，并排除干扰成分，使仪器能对样品进行准确的分析测定，因此，对土壤进行预处理尤为重要。

1. 土壤样品的预处理

1）土壤样品的规范消解法

（1）微波消解法。

《土壤和沉积物 金属元素总量的消解 微波消解法》（HJ 832—2017）规定了土壤和沉积物中 17 种金属元素总量的微波消解法。

a. 消解方法一。

此方法适合铊、铍、钡、锰、铜、铅、锌、镉、铬、镍、钴、钒元素的消解。

称取风干、过筛的样品 0.25～0.5g（精确至 0.0001g）置于消解罐中，用少量超纯水润湿。在防酸通风橱中，依次加入 6mL 浓硝酸、3mL 浓盐酸、2mL 氢氟酸，使样品和消解液充分混匀。若有剧烈化学反应，待反应结束后再加盖拧紧。将消解罐装入消解罐支架后放入微波消解装置的炉腔中，确认温度传感器和压力传感器工作正常。按照表 4-4 的升温程序进行微波消解，程序结束后冷却。待罐内温度降至室温后在防酸通风橱中取出消解罐，缓缓泄压放气，打开消解罐盖。

表 4-4　微波消解升温程序

升温时间/min	消解温度/℃	保持时间/min
7	室温→120	3
5	120→160	3
5	160→180	25

将消解罐中的溶液转移至聚四氟乙烯坩埚中，用少量超纯水洗涤消解罐和盖子后一并倒入坩埚。将坩埚置于温控加热设备上在微沸的状态下进行赶酸。待液体成黏稠状时，取下稍冷却，用滴管取少量硝酸(1 + 99)冲洗坩埚内壁，利用余温溶解附着在坩埚壁上的残渣，之后转入 25mL 容量瓶中，再用滴管吸取少量硝酸(1 + 99)重复上述步骤，洗涤液一并转入容量瓶中，然后用硝酸(1 + 99)定容至标线，混匀，静置 60min 取上清液待测。

微波消解后若有黑色残渣，表明碳化物未被完全消解。在温控加热设备上向坩埚中补加 2mL 浓硝酸、1mL 氢氟酸和 1mL 高氯酸。在微沸状态下加盖反应 30min 后，揭盖继续加热至高氯酸白烟冒尽，液体成黏稠状。上述过程反复进行直至全黑色碳化物消失。由于土壤、沉积物样品种类多，所含有机质差异较大，微波消解的硝酸、盐酸和高氯酸用量可根据实际情况酌情增加。

b. 消解方法二。

此方法适合砷、铋、汞、锑、硒元素的消解。

称取风干、过筛的样品 0.25～0.5g（精确至 0.0001g）置于消解罐中，用少量超纯水润湿。在防酸通风橱中，依次加入 2mL 浓硝酸、6mL 浓盐酸，使样品和消解液充分混匀。若有剧烈化学反应，待反应结束后再加盖拧紧。将消解罐装入消解罐支架后放入微波消解装置的炉腔中，确认温度传感器和压力传感器工作正常。按照表 4-5 的升温程序进行微波消解，程序结束后冷却。待罐内温度降至室温后在防酸通风橱中取出消解罐，缓缓泄压放气，打开消解罐盖。将消解罐中的溶液转移至 25mL 容量瓶中，用少许超纯水洗涤消解罐和盖子后并倒入容量瓶中，然后用超纯水定容至标线，混匀，静置 60min 取上清液待测。

表 4-5　微波消解升温程序

升温时间/min	消解温度/℃	保持时间/min
7	室温→120	3
10	120→180	15

（2）碱熔。

《土壤和沉积物　11 种元素的测定　碱熔-电感耦合等离子体发射光谱法》（HJ 974—2018）提到了适合锰、钡、钒、锶、钛、钙、镁、铁、铝、钾和硅元素测定的碱熔方法。

碱熔时先在铂金坩埚底部加入少量的碳酸钠垫底，称取 10g 碳酸钠、0.1g 四硼酸锂和 0.4g 偏硼酸锂，适当混匀制成熔剂，再依次加入约 2/3 的熔剂和 0.2g（精确至 0.0001g）样品，最后放入剩余的熔剂，使其铺在混合物表面。将铂金坩埚置于马弗炉中，升温至 1000℃，保持 30min，停止加热。约 5min 后用坩埚钳夹住铂金坩埚，直立于已盛有 100mL 水的 500mL 烧杯中，待熔融物出现裂纹后，取出坩埚并向坩埚内加水直至没过熔融物，当熔融物与坩埚脱离后，将脱落的熔融物转移到 250mL 烧杯中。取 40mL 硝酸-盐酸(1 + 4)混合溶液，先用少许硝酸-盐酸混合溶液多次淋洗坩埚壁上的沉淀，淋洗液移入烧杯中，再用水冲洗坩埚，最后将剩余的硝酸-盐酸混合溶液加入烧杯，使熔融物全部溶解，将烧杯中的溶液转移至 500mL 容量瓶中，用水定容至标线，待测。

（3）王水提取。

《土壤和沉积物 12 种金属元素的测定 王水提取-电感耦合等离子体质谱法》（HJ 803—2016）提到了适合镉、钴、铜、铬、锰、镍、铅、锌、钒、砷、钼和锑元素测定的王水提取方法。

电热板加热消解：移取 15mL 王水［盐酸-硝酸溶液(3 + 1)］于 100mL 锥形瓶中，加入 3 粒或 4 粒小玻璃珠，放上玻璃漏斗，于电热板上加热至微沸，使王水蒸气浸润整个锥形瓶内壁约 30min，冷却后弃去，用试验用水洗净锥形瓶内壁，晾干待用。称取待测样品 0.1g（精确至 0.0001g），置于上述已准备好的 100mL 锥形瓶中，加入 6mL 王水溶液，放上玻璃漏斗，于电热板上加热，保持王水处于微沸状态 2h（保持王水蒸气在瓶壁和玻璃漏斗上回流，但反应不能过于剧烈而导致样品溢出）。消解结束后静置冷却至室温，用慢速定量滤纸将提取液过滤收集于 50mL 容量瓶。待提取液滤尽后，用少量硝酸溶液（0.5mol·L^{-1}）清洗玻璃漏斗、锥形瓶和滤渣至少 3 次，洗液一并过滤收集于容量瓶中，用试验用水定容至刻度。

微波消解：称取待测样品 0.1g（精确至 0.0001g），置于聚四氟乙烯密闭消解罐中，加入 6mL 王水。将消解罐安置于消解罐支架，放入微波消解仪中，按照表 4-6 提供的微波消解参考程序进行消解，消解结束后冷却至室温。打开密闭消解罐，用慢速定量滤纸将提取液过滤收集于 50mL 容量瓶中。待提取液滤尽后，用少量硝酸溶液（0.5mol·L^{-1}）清洗聚四氟乙烯消解罐的盖子内壁、罐体内壁和滤渣至少 3 次，洗液一并过滤收集于容量瓶中，用超纯水定容至刻度。

表 4-6　微波消解参考程序

步骤	升温时间/min	目标温度/℃	保持时间/min
1	5	120	2
2	4	150	5
3	5	185	40

2）常用的消解方法

（1）电热板加热消解法。

电热板加热消解法常用于酸分解法，是测定土壤中重金属普遍采用的方法。该法不受土壤样品量的限制、简单、易操作、容易添加试剂和样品、易于监视。电热板加热消解法分解土壤样品常用混合酸体系（盐酸-硝酸-氢氟酸-高氯酸、硝酸-氢氟酸-高氯酸、硝酸-硫酸-高氯酸、硝酸-硫酸-磷酸等）进行消解，为加快土壤欲测组分的溶解，还可以加入其他氧化剂或还原剂，如高锰酸钾、五氧化二钒、亚硝酸钠等。电热板加热消解法对实验室条件要求较低，但电热板消解样品较慢，酸用量大，产生的酸性气体对人体健康有危害，对环境污染较大，消解使用的酸易带入微量杂质，有时微量金属会从消解容器中渗出，样品空白值偏高，也会造成一些挥发性元素的损失。采用高氯酸处理有机质高的土样会发生爆炸。

（2）高压釜密闭消解法。

高压釜密闭消解在外套为不锈钢的密封容器中进行，消解温度可达 300℃，分解完的产物仍留在容器中，酸液不会蒸发或失去，用酸量少，酸性气体不会逸出容器外，没有外部环境因素的污染，同时可以进行批量试样分解。但高压釜密闭消解是在高压下的样品消解，若土壤超过 0.5g 则比较困难，样品消解前的称量也比较麻烦，而且消解速度缓慢，外套材质不锈钢和所用聚四氟乙烯价格较贵，特别是分解含有有机质较多的土壤，在使用高氯酸的场合下容易发生爆炸。高压釜密闭消解法常适用于砷和汞等因发生反应而生成挥发性氯化物的情况，以减少挥发性元素的损失，从而不影响结果的精确性。

（3）微波炉加热分解法。

微波炉加热分解法是以被分解的土样及酸的混合液作为发热体，从内部进行加热使试样受到分解的方法。目前，报道的微波炉加热分解试样的方法有常压敞口分解法和密闭加压分解法，一般使用 HNO_3-HCl-HF-$HClO_4$、HNO_3-HF-$HClO_4$、HNO_3-HCl-HF-H_2O_2、HNO_3-HF-H_2O_2 等体系。当不使用 HF 时（限于测定常量元素且称样量小于 0.1g），可将分解试样的溶液适当稀释后直接测定。若使用 HF 或 $HClO_4$ 对待测微量元素有干扰时，可将试样分解液蒸至近干，酸化后稀释定容。

常压敞口分解法可分解大批量试样，且可直接与流动系统相组合实现自动化，热效率较高，与电热板加热消解法相比效率提高 4～100 倍。但由于要排出酸蒸气，所以分解时使用酸量较大，易受外环境污染，挥发性元素易造成损失，费时间且难以分解多数试样。

密闭加压分解法以聚四氟乙烯密闭容器作内筒，以能透过微波的材料如高强度聚合物树脂或聚丙烯树脂作外筒，在该密封系统内分解试样能达到良好的分解效果。密闭系统的优点较多，酸蒸气不会逸出，仅用少量酸即可，在分解少量试样时十分有效，不受外部环境的污染。由于压力高，消解温度可达 270℃，分解试样很快，可同时分解大批量试样。在许多消解过程中可避免使用高氯酸，如果采用透明材质的消解罐，可以观察反应过程和消解效果。但微波消解是正在发展中的技术，整个微波系统价格较高，仪器和消解管清洗较为费时，某些元素在高压下会渗入聚四氟乙烯容器中，土样用量较少，一般在 0.1～0.3g，超过 0.5g 往往难以一次完成消解，有时消解完成后当消解液冷却时还会析出盐类等不溶物。分解有机物或者含有机质高的土壤时，特别是在有高氯酸存在下有发生爆炸的危险。

（4）熔融法。

熔融法是将土壤样品与助熔剂（碱性助熔剂、酸性助熔剂和氧化还原助熔剂）混合，使样品在器皿中高温下熔融的方法。碱熔融法操作简单、无须经常监视、消解样品速率比较快、样品数量无限制，且不会产生大量的酸气，但碱熔融法使用试剂量大，会引入大量的可溶性盐使空白值偏高，也易引进污染物质，严重污染分析溶液。样品溶液中的高盐浓度，可能会阻塞火焰原子吸收光谱仪的燃烧器头或进样管路，影响 AAS、ICP 的雾化效率。样品中出现的高盐浓度，不易进行背景校正，碱熔融导致重金属在高温下的挥发损失，而且所用容器昂贵（铂坩埚）。融熔法适用于大量电热板无法消解的土样的完全消解。

3）常用的消解体系

硝酸、盐酸或其混合酸可以有效溶解金属单质、金属氧化物等。硝酸比例大，有利于安全、温和、缓慢地消解含有大量易被氧化分解的组分的试样，是湿法消解最常用的试剂。此外，土壤样品中被测金属被硝酸氧化后变为硝酸盐，其溶解度大，利于测定。

氢氟酸可以溶解土壤颗粒物中的二氧化硅、硅酸盐等，一般全消解法加入氢氟酸，但承装的器皿或样品转移器材均不能使用玻璃制品，需要选用耐氢氟酸的聚四氟乙烯等化学性质稳定的材质，测试仪器也要充分考虑石英喷嘴等结构对样品溶液的耐蚀性，或测量前将氢氟酸赶尽。

高氯酸在无机含氧酸中酸性最强，不仅可以氧化有机物，还可以除去碳粒，对样品中的难氧化有机物也有很好的溶解作用，并可能产生二氧化碳、氯气、含氮化合物等气体，因此含有机物多的土壤不适合高氯酸密闭氧化，容易发生爆炸。高氯酸加热到一定程度时，也会发生爆炸，使用时必须注意。

浓硫酸的氧化、吸水性极强，可以氧化、碳化土壤中的有机物，但样品碳化后易自燃。故将硫酸与硝酸联用，既可提高硝酸消解液的沸点，也可防止自燃现象的发生。同时也要注意硫酸可能会引起一些难溶硫酸盐（如硫酸铅）或钙盐沉淀，而影响测量的准确性。后续使用原子吸收光谱法测定时，硫酸介质背景也容易引起干扰，应尽量回避使用硫酸。

过氧化氢可以消解有机物，当有机物含量过高时可以适量加入。石墨炉分析可用 30%过氧化氢代替高氯酸。

氢氧化钠、碳酸钠等碱性盐类可以溶解某些难溶矿物，适用于按上述酸消解法会造成某些元素的挥发或损失的环境样品，特别适合硅、铝、钛、锰、钼、钨、氟、六价铬的测定［酸法一般不能测定硅（已被除去），也可能是铝、钛测量结果偏低］。但由于加入大量碱金属盐，对后续的原子吸收测定会产生基体干扰，不宜采用此法。

为了提高消解速率、安全性和样品分析的准确性，消除干扰物质，在土壤样品分析时，应适当选择酸、碱等侵蚀液的种类、浓度和消解技术，有针对性地对土壤中金属元素进行溶解和提取，才能保证后续仪器测量的精准度。

2. 光谱学检测方法

预处理后得到的样品溶液可以采用等离子体光谱法、原子吸收法、原子荧光光谱法等多种方法进行重金属元素的测量。

1）等离子体光谱法

等离子体光谱法包括早期使用的 ICP-AES 法和近期使用的 ICP-MS 法。ICP-MS 法适合测定土壤样品消解后的镉、钴、铜、铬、锰、镍、铅、锌、钒、砷、钼和锑等元素。ICP-AES 法适合测定土壤样品消解后的锰、钡、钒、锶、钛、钙、镁、铁、铝、钾和硅等元素。

对于一般元素，等离子体光谱法的检出限与经典光谱法相近，但对于难熔元素，其具有较好的检出限。在精密度方面，等离子体光谱法优于经典光谱法，且具有低的干扰水平、高的准确度和较大的线性范围。电感耦合等离子体焰炬温度可达 10000～16000K，将试剂由进样器引入雾化器，并被氩气载气带入焰炬时，试样中的组分被原子化、电离、激发，以光的形式发射出能量。不同元素的原子在激发或电离时发射不同波长的特征光谱，故根据特征光的波长可进行元素的测定。尤其 ICP-MS 谱线相对简单，动态线性范围宽，可同时进行多元素快速分析，分析性能优异，在测定环境中痕量重金属样品时具有检出限低、干扰少、分析精度高、分析速度快等优点，近年来发展非常迅速。

2）原子吸收光谱法

原子吸收光谱法是土壤痕量金属分析中应用最广泛的方法之一，重金属光谱分析仪测定方法简便、操作简单、省时省力、速度快、准确度高，可满足大部分重金属检测的要求。原子吸收光谱仪是由光源、原子化系统、光学系统、检测系统和显示装置五大部分组成的，其中原子化系统在整个装置中具有至关重要的作用，原子化效率的高低直接影响测量的准确度和灵敏度。不同的原子化法介绍如下。

（1）火焰原子化法。

火焰原子化法适用于土壤样品经消解后的镍、铬、铜、锌、铅、镉等元素的测定，是原子吸收光谱法应用最为普遍的一种，对大多数元素有较高的灵敏度和检测限，且重现性好，易于操作。该方法是将供试品溶液雾化成气溶胶后，再与燃气混合，进入燃烧灯头产生的火焰中，以干燥、蒸发、离解使待测元素形成基态原子。燃烧火焰由不同种类的气体混合物产生，常用乙炔-空气火焰。改变燃气和助燃气的种类及比例可以控制火焰的温度，以获得较好的火焰稳定性和测定灵敏度。

（2）石墨炉原子化法。

石墨炉原子化法适用于土壤样品经消解后的铅、镉、铍等的测定。该方法是将供试品溶液干燥、灰化，再经高温原子化使待测元素形成基态原子。一般以石墨作为发热体，炉中通入保护气，以防止氧化并能输送试样蒸气。石墨炉原子化装置可提高原子化效率，使灵敏度比火焰原子化法提高 10～200 倍（肖波等，2007）。该方法一种是利用热解作用使金属氧化物解离，它适用于有色金属、碱土金属；另一种是利用较强的碳还原气氛使一些金属氧化物被还原成自由原子，它主要针对易氧化难解离的碱金属及一些过渡元素。另外，石墨炉原子化又有平台原子化和探针原子化两种进样技术，用样量都在几微升到几十微升，尤其是对某些元素测定的灵敏度和检测限有极为显著的改善。

(3) 冷蒸气原子吸收光谱法。

冷蒸气原子吸收光谱法适用于土壤样品经消解后的汞的测定。其功能是将供试品溶液中的汞离子还原成汞蒸气，再由载气导入石英原子吸收池进行测定。

(4) 氢化物原子化法。

对某些易形成氢化物（如砷、硒、锑、铋、碲、锗、锡、铅）和原子蒸气（如汞）的元素，该方法是将待测元素在酸性介质中用硼氢化钠（或硼氢化钾）处理还原成低沸点、易受热分解的氢化物，再由载气导入由石英管、加热器等组成的原子吸收池，在吸收池中氢化物被加热分解，并形成基态原子。

3）原子荧光光谱法

对于汞、砷、硒、铋、锑等金属元素的测定，原子荧光光谱法显示出其独特的优点，这主要是由于这些元素的主要荧光光谱线位于200～290nm，正好是目前光电倍增管灵敏度最好的范围。另外，这些元素可以形成气态氢化物，不但可以与大量基体相分离，大大降低基体干扰，而且这种气体进样方式极大地提高了进样效率。原子荧光光谱法作为灵敏度高、操作简单、仪器成本低的监测手段，已经在一些金属元素的测定中发挥了很大作用。原子荧光光谱法与原子吸收光谱法相比，具有仪器简单、灵敏度高、气相干扰少、适合多元素同时分析的特点。氢化物发生原子荧光光谱法（HG-AFS），也称冷原子荧光光谱法或冷蒸气法，灵敏度高，具有很低的检出限，重现性好，是一种值得推广的分析技术之一。冷原子荧光光谱法的应用，使操作更加简便、迅速。

4）联用技术

与单一的金属形态分析技术比较，联用技术一般集中了几种方法的优点，因而其选择性、灵敏度都比较高。常用的联用技术一般是用气相色谱法或液相色谱法分离各种不同形态的金属，并用原子特征检测器如原子吸收光谱法、氢化物-火焰原子吸收法（HG-FAAS）、原子荧光光谱法、电感耦合等离子体质谱法和电感耦合等离子体原子发射光谱法等进行检测，这样就可以很容易地进行金属元素的分析。近年来，许多研究者发现高效液相色谱法电感耦合等离子体质谱法（HPLC-ICP-MS）联用技术具有灵敏度超高、可以连续测定等许多优点，因而该方法发展十分迅速，已逐渐成为目前多数金属形态分析的重要手段之一。特别是将电感耦合等离子体法与原子发射光谱法的联用，已经成为检测砷、硒等元素不同化学形态的最灵敏手段之一，其检测能力甚至已经接近或超过了价格昂贵的一些重金属监测分析仪器。气相色谱-原子吸收联用技术利用了气相色谱的高分辨率和原子吸收的高灵敏度及高选择性，具有灵敏、特效的优点，是汞形态分析有力的工具之一。高效液相色谱（HPLC）法与气相色谱法相比，汞化合物的分离在室温下和在水溶液中进行，避免了气相色谱法中化合物的分解所引起的溶剂挥发对人体的危害，可分离低挥发性或非挥发性的汞化合物。因此高效液相色谱法与多种检测技术联用，如原子吸收光谱法、原子荧光光谱法、原子发射光谱法和等离子体质谱法，可以测定环境样品和生物样品中的汞化合物，以满足不同程度的测定要求。

5）比色法

比色法用于土壤中金属元素的测定有一定的局限性，比较成熟可靠的方法可参照《土壤质量 总砷的测定 二乙基二硫代氨基甲酸银分光光度法》（GB/T 17134—1997）和《土壤质量 总砷的测定 硼氢化钾-硝酸银分光光度法》（GB/T 17135—1997），两种方法都需要将土壤样品进行盐酸-硝酸-高氯酸消解后，再进行氢化物发生，过程相对比较繁杂，逐渐被 ICP 等大型仪器检测所取代。

3. 电化学检测方法

电化学分析法主要包括离子选择性电极法、极谱分析法、电位溶出分析法及溶出伏安法等。

1）离子选择性电极法

离子选择性电极具有将溶液中某种特定离子的活度转化成一定电位的能力，其电位与溶液中给定离子活度的对数呈线性关系，通过这种特定的关系可确定溶液中相关重金属的含量。周宝宣和袁琦（2015）设计了一套基于离子选择性电极与单片机技术的土壤重金属含量检测系统，采用离子选择性电极作为信号采集器，通过单片机系统和串行模数转换模块实现了较高精度、低成本的数据采集，并基于 LabVIEW 8.2 软件开发上位机软件实现了数据的显示、保存和打印。以铜检测为例得到铜离子选择电极响应电位 E 与离子浓度 C 的线性回归方程，回归模型的预测效果基本上可以满足一般精度要求的检测，表明该检测系统可以用于土壤痕量重金属的初步检测分析。

2）极谱分析法

极谱分析法是以特定的滴汞电极为工作电极，通过测定电解反应过程中的电流、电压，并依据两者关系来进行定量分析的方法，目前应用较广泛的有极谱催化法、单扫描及脉冲极谱法等。陈志慧等（2014）提出在草酸-草酸铵浸提液中加入固体氢氧化钠沉淀分离铁、锰等杂质，以硝酸-硫酸破坏浸提液中草酸盐及有机质，利用钼-苯羟乙酸-氯酸盐-硫酸体系，采用极谱催化波法实现了土壤标准物质中有效态钼的测定，有效地减少了分析过程中的误差来源，方法检出限为 $0.0015\mu g\cdot g^{-1}$。此法适用于 pH 3.6～10.5 土壤中有效态钼的测定，可测定范围为 $0.005\sim 2mg\cdot kg^{-1}$。周杰郛（2010）用质量比 3＋1 的氢氧化钠＋氢氧化钾混合熔剂熔矿，采用极谱催化法对地球化学勘查样品中钨和钼的含量进行了测定，钨和钼的检出限分别为 0.30μg·g^{-1} 和 0.49μg·g^{-1}。

3）电位溶出分析法

电位溶出分析法是在恒电位的条件下使被测物质预先经过电解并逐渐富集在工作电极上，然后使用一些化学试剂或附加电流使富集的待测物质发生氧化还原反应溶出，记录在此过程中电极电压 E 随时间 t 的变化，通过 E-t 曲线来进行分析的方法。高云涛等（2010）研究了以镀铋膜电极替代镀汞膜电极测定锡的微分电位溶出分析法（DPSA），考察了测定锡的条件。锡在镀铋膜电极上可产生灵敏的微分电位溶出峰，峰高与锡浓度在 0～100.0μg·L^{-1} 范围呈线性，溶出电位约为 0.54V(*vs*. SCE)，共存的铅不干扰锡的测定。高云涛等（2012）制备了一种新型嵌入式碳纳米管-铋复合膜玻璃碳电极，利用循环伏安法研究了镉在电极上的电化学行为，研究了影响镉微分电位溶出的因素。

4）溶出伏安法

溶出伏安法是将待测物质预电解富集，待溶出后进行扫描测定的一种方法。该法操作简便、抗干扰能力强、灵敏度高，长期以来被认为是重金属检测方法中最为有效的一种，可同时实现对多个元素含量的测定，并且检测限可达 mol·L^{-1}。崔闻宇等（2018）在三氧化二铋-石墨烯修饰电极上采用阳极溶出伏安法检测铅和镉。采用溶剂热及自组装法制备了三氧化二铋-石墨烯复合材料，其较大的比表面积增加了电化学反应活性位点，且保留了石墨烯片层之间的孔状结构，利于电子的传导。用三氧化二铋-石墨烯材料修饰玻碳电极，建立了阳极溶出伏安法同时快速测定痕量铅和镉离子的方法。

目前，相对来说技术更加成熟的电化学检测仪主要是极谱仪，它继承了光学检测范围广、精度高的优点，可以在很宽的范围内进行测定，且具有良好的选择性，可实现连续测量，特别是对于液体样品不需经过前期消解处理，可直接进行铅、镉离子的测定，往往可以得到更好的结果。

4. 生物学相关检测方法

土壤重金属污染的生物检测是指利用生物体中的活性物质、生物个体、种群或群落对土壤重金属污染所产生的反应，从生物学角度对环境污染状况进行检测和评价的一门技术，其相关研究成果为土壤重金属的检测研究提供了一定的参考。

1）酶分析法

酶分析法，也称酶抑制法，其原理是重金属具有一定生物毒性，它会结合甲巯基或巯基形式的酶活性中心，改变酶活性中心的结构及性能，引起酶活力下降，从而使底物-酶系统产生一系列变化，如使显色剂的颜色、pH、电导率、吸光度等发生改变，可以通过电信号、光信号进行定性或定量分析。目前已有很多种酶用于重金属离子的测定，如脲酶、磷酸酯酶、过氧化氢酶、葡萄糖氧化酶等。该方法应用于土壤重金属监测需要进行样品前处理，用各种酶作为识别元件，配上相应的转换元件制备出能够测量某个区间内重金属任意浓度的传感器，在一定程度上弥补了单纯酶分析法的不足。近年来酶分析法可用于 Hg^{2+}、Cd^{2+}、Cu^{2+}、Pb^{2+}、Ca^{2+}、Mg^{2+}、Zn^{2+}、Mn^{2+}等离子的测定。李慧和孔德明（2013）认为与天然酶相比，脱氧核酶具有性质稳定、合成和修饰简单及易于贮存等优势。某些脱氧核酶对金属离子显示了高度的识别特异性，且酶活性与特定金属离子的浓度密切相关，这些特点使其在金属离子检测中的应用备受关注。

2）生物传感器分析法

生物传感器技术是将生物识别物质（如特异性的蛋白质、酶或其复合体系）固定于电极或生物膜上，生物识别物质与待测物质结合，发生的变化通过信号转换器转化成易于捕捉和检测到的电信号或者光信号等，进而可以定量分析相关重金属的含量。目前在重金属监测领域已有应用的传感器有酶生物传感器、蛋白质传感器、微生物传感器、免疫传感器、DNA 传感器、细胞传感器等，其中免疫传感器技术拓展了重金属离子快速监测的应用空间；功能 DNA 传感器检测重金属离子的研究为重金属离子的快速监测提供了新的技术手段。生物传感器技术具有高选择性、高灵敏度、高稳定性、快速等特点，但正是这种高选择性，使得同时测定几种不同重金属的难度增大，而样品中往往存在几种重金属的复合污染，所以利用不同酶对重金属离子的敏感性差异，发展多酶生物传感器将是未来研究的热点和发展趋势。

3）免疫分析法

免疫分析法早在 20 世纪 90 年代初期已经在国外建立，主要用于有机污染物的检测，并尝试将其用于重金属离子的检测。免疫分析法是一种特异性和灵敏度都较高的分析方法，根据抗原和抗体反应原理，利用已知的抗原检测未知抗体或利用已知的抗体检测未知抗原。常用的免疫分析技术主要包括免疫荧光技术（FIA）、发光免疫技术（LIA）、酶联免疫吸附技术（ELISA）等。该方法的灵敏度在重金属监测方面优于传统的原子吸收光谱法。运用免疫分析法对重金属离子进行研究时，检测前必须进行两个方面的工作：第一，选择合适的化合物与重金属离子结合，获得一定的空间结构，产生反应原性；第二，将结合了金属离子的化合物连接到载体蛋白上，产生免疫原性，进而对重金属含量进行测定。其中，选择适合与重金属离子结合的化合物是能否制备出特异性抗体的关键。筛选特异性好的新型螯合剂、单克隆抗体将是今后的发展方向。免疫分析法检测速度快、灵敏度高、选择性强，在重金属快速监测方面有一定的研究前景。早在 21 世纪初期，Johnson（1999）及 Darwish 和 Blake（2001）便通过运用免疫分析方法实现了对镉离子的有效检测；Krizkova 等（2010）直接将金属硫蛋白固定到悬汞滴电极表面，实现了银离子的检测；此外还采用金属硫蛋白的抗体将金属硫蛋白固载到碳糊电极表面，提高了银离子的检测能力（Tmkova et al.，2011）。

目前基于酶抑制法、生物传感器分析法、免疫分析法原理的生物类土壤重金属监测仪器还未市场化，尚处于实验室原理研究阶段。酶抑制法、生物传感器法、免疫分析法由于单一酶的选择性与螯合剂、单克隆抗体的特异性，在土壤重金属快速检测领域应用较少，难以实现多元素同时分析，基于多酶抑制法和多免疫抗体分析原理的生物传感器技术将是今后的研究方向。随着活性物质固定化技术、新生物材料合成、纳米技术的发展和应用，未来可开发高精度、小型便携的市场化仪器产品。

4）指示植物检测法

指示植物检测法一般通过两方面来研究重金属的有效性：一是植物的受害症状，包括根、茎、叶在色泽、形状等方面的变化，叶片色素含量、氮素含量的变化等；二是植物体内污染物的含量。因重金属污染具有隐蔽性，植物受重金属胁迫后往往用肉眼很难识别，因此，该方法需要借助先进的仪器设备与分析技术才能得以实现定量分析。

5）动物检测法

动物检测法的研究多是以土壤重金属全量作为其有效态。重金属污染对动物群落结构、动物群落多样性指数、均匀性指数、密度-类群指数等造成影响，从目前研究来看，动物检测一般只用于对土壤污染程度的定性研究。

6）微生物检测法

微生物与土壤微环境亲密接触，在许多情况下，其质量与活性都可以作为土壤污染的理想检测指标。微生物检测即用微生物的一些特性指标，如微生物的生物量、群落结构、代谢熵等的变化来反映土壤重金属污染的一种检测方法。土壤微生物对土壤变化高度敏感，是目前可用的最敏感的生物标记之一，因为土壤中的微小变动均会引起其多样性的变化。但对一般土壤微生物基线与阈值并不十分清楚，缺乏对土壤与微生物群落结构或特性间关系的了解，且微生物易驯化，试验结果稳定性有待探讨。

7）其他检测方法

（1）高光谱分析法。

基于遥感、地理信息系统和全球定位系统（GPS）的高光谱遥感技术获取的高光谱数据，以其高光谱分辨率和多而连续的光谱波段，可以对土壤重金属有效态含量进行预测，并且可实现大面积、无损坏及非接触式的快速测样，避免了采样、前期消解处理等复杂步骤。

高光谱遥感在间接检测土壤重金属污染方面也有广泛的应用前景。该方法间接检测土壤重金属污染情况的基本原理为，植物叶片的反射光谱与叶子形态学和生理学上的特征有关，当植物受到某种物质污染或胁迫后，其内部结构、叶绿素和水分含量就会发生不同程度的变化，光谱反射特征也随之变化，一般情况下，污染或胁迫越严重，这种变化就越大。通过分析光谱数据或光谱图像得到植被的光谱特征，找出对胁迫变化敏感的光谱参数及光谱指数，利用单因素回归、主成分分析、偏最小二乘回归、模糊神经网络等分析方法，找出光谱参数及光谱指数与土壤重金属含量的相关关系，并构建模型来间接反映土壤重金属污染状况。但由于不同植物对同种重金属的吸收不同，甚至同种作物对不同种金属的吸收也存在显著差异，此外，光谱易受大气环境、光照强度、景观异质性等环境因素影响，且该技术还没有系统的数据处理和分析方法，定量估测精度还有待提高，目前利用高光谱遥感技术监测土壤重金属污染研究还处于探索阶段（姜晓璐等，2018）。该方法仅适用于重度重金属污染土壤监测，一般轻微、轻度和中度重金属污染土壤难以实现监测需求，其监测值仅可作为参考，不能作为农田重金属污染普查、农产品产地重金属污染监测的依据。Kemper 和 Sommer（2002）利用反射光谱成功预测了矿区土壤中 As、Fe、Hg、Pb 等四种重金属的含量；陶超等（2018）选取湖南省郴州市和衡阳市两铅锌矿区作为试验研究区，并利用郴州地区采样点分别对 Pb 和 Zn 两种重金属进行定量回归建模和定性分类建模，然后比较两种模型在衡阳试验区的可迁移能力，证明在快速检测土壤重金属污染状况的问题上，定性分类是一种可行的方式。宋练等（2014）首先通过对土壤进行现场光谱测定，然后在第二次光谱采集时通过化学分析建立了 As、Cd、Zn 三种重金属的反演模型，通过对土壤不同近红外波段进行相关试验，得到可见波段 R480 的反射比值与土壤中 As、Cd 和 Zn 含量存在较好相关性，得出用实测光谱数据反演土壤中重金属含量的可行性结论。

（2）太赫兹光谱法。

太赫兹光谱法是近年来发展起来的国际前沿科技，可用来探测分子间、分子内部大小介于氢键和微弱内部相互作用（范德瓦耳斯力等）之间的作用力带来振动而引起的能量吸收特性，同时也可探测重金属络合物分子的振动特性。初步分析发现，土壤样品中主要重金属含量与对应的太赫兹吸收谱之间存在一定的对应关系，因而得到了利用太赫兹光谱技术对土壤重金属含量进行测定具有可行性的结论。目前该技术研究成果较少，正在深入研究中。

（3）环境磁学法。

任何物质都具有某种磁性质，根据物质对外加磁场效应所对应的特征电流，可用以定量物质，因而可依据某些磁参数值定量土壤重金属。环境磁学法是化学法的良好替代者。大量研究结果（Botsou et al.，2011；Desenfant et al.，2004；

Gautam et al.，2005；Jordanova et al.，2013；Qiao et al.，2013）显示，污染所产生的次生物质，其磁性特征（包括磁性矿物类型、铁磁晶粒含量、形态、大小、构成及配比组合等）显著区别于自然成因的磁性物质，并且与重金属（Fe、Mn、Zn、Pb、Ni）含量存在良好的相关性，同时磁性矿物含量越高，相关性越好，可见这些物质的磁参数中包含大量重金属信息。磁性与重金属的高相关性并不意味着抗磁性金属离子对沉积物的磁化率没有直接的贡献，而是重金属与铁磁性矿物以两种方式结合在一起，一方面铁磁性矿物中的铁锰氧化物对重金属具有一定的吸附作用，另一方面某些非铁磁性矿物在有机物的作用下处于特殊的电子态，对物质的磁性增强也有一定的贡献，据此可用某些磁参数作为代用指标来判断重金属的污染特征。磁学检测方法能够经济、快速地提供大量采集到的数据，这些数据可用于整个磁参数空间分布情况的统计与分析，在此基础上可进行相关的图像处理，能对土壤污染状况做出较全面、系统的解释。Bermea等（2009）通过磁学检测方法测得了墨西哥城表层土壤所受重金属污染的情况；Yang 等（2009）通过研究碳酸盐沉积物中相关磁学信息，经分析后确定出其所受污染状况，进而判断出污染的来源、污染程度及分布规律等。尽管这些新型检测技术大多停留在实验室研究阶段，但为土壤重金属检测提供了其他的路径，相信随着科学技术的快速发展及相关研究的深入进行，这些新型检测方法将会拥有很广阔的应用前景。

4.3 土壤环境质量标准

金属元素镉、铬、汞、砷、铅、铜、锌、镍是土壤监测常规项目中的重点项目，结合态铝（酸雨区）、硒、钒、氧化稀土总量、钼、铁、锰、镁、钙、钠、铝、硅属于土壤监测选测项目（详见《土壤环境监测技术规范》HJ/T166—2004）。国家生态环境部与国家市场监督管理总局发布的《土壤环境质量 农用地土壤污染风险管控标准（试行）》（GB 15618—2018）、《土壤环境质量 建设用地土壤污染风险管控标准（试行）》（GB 36600—2018）对重金属的含量均有明确限定。其中，《土壤环境质量 农用地土壤污染风险管控标准（试行）》规定了土壤中镉、汞、砷等 8 种金属元素的农用地土壤污染风险筛选值，见表 4-7；土壤中镉、汞、砷等 5 种金属元素的农用地土壤污染风险管制值，见表 4-8。当农用地土壤金属污染物含量等于或者低于风险筛选值时，对农产品质量安全、农作物生长或土壤生态环境的风险低，一般情况下可以忽略；当金属污染物含量高于风险筛选值、等于或低于风险管制值时，可能存在食用农产品不符合质量安全标准等土壤污染风险，原则上应当采取安全利用措施；当金属污染物含量高于风险管制值时，农用地土壤风险高，原则上应当采取禁止种植食用农产品、退耕还林等严格管控措施。

表 4-7　农用地土壤污染风险筛选值　（单位：$mg \cdot kg^{-1}$）

序号	污染物项目		风险筛选值			
			pH≤5.5	5.5＜pH≤6.5	6.5＜pH≤7.5	pH＞7.5
1	镉	水田	0.3	0.4	0.6	0.8
		其他	0.3	0.3	0.3	0.6
2	汞	水田	0.5	0.5	0.6	1.0
		其他	1.3	1.8	2.4	3.4
3	砷	水田	30	30	25	20
		其他	40	40	30	25
4	铅	水田	80	100	140	240
		其他	70	90	120	170
5	铬	水田	250	250	300	350
		其他	150	150	200	250
6	铜	果园	150	150	200	200
		其他	50	50	100	100
7	镍		60	70	100	190
8	锌		200	200	250	300

表 4-8　农用地土壤污染风险管制值　（单位：$mg \cdot kg^{-1}$）

序号	污染物项目	风险管制值			
		pH≤5.5	5.5＜pH≤6.5	6.5＜pH≤7.5	pH＞7.5
1	镉	1.5	2.0	3.0	4.0
2	汞	2.0	2.5	4.0	6.0
3	砷	200	150	120	100
4	铅	400	500	700	1000
5	铬	800	850	1000	1300

4.4　土壤中重金属的研究方法

4.4.1　土壤中重金属的背景值研究

土壤背景值是指区域内很少受人类活动影响和不受或未明显受现代工业污染

与破坏的情况下，土壤原来固有的化学组成和元素含量水平。不同自然条件下发育的不同土类或发育于不同母质母岩区的同一种土类，其土壤环境背景值也有明显差异；就是同一地点采集的样品，分析结果也不可能完全相同，因此土壤环境背景值是统计性的。全国土壤环境背景值监测一般以土类为主，省、自治区、直辖市级的土壤环境背景值监测以土类和成土母质类型为主，省级以下或条件许可或特别工作需要的土壤环境背景值监测可划分到亚类或土属。

我国土壤背景值的表达方法主要有以下两种。

（1）用土壤样品平均值表示。这适用于测定值呈正态分布或近似正态分布的元素，用算术平均值（$\overline{x}$）表示数据分布的集中趋势，用算术均值标准偏差（s）表示数据的分散度，用（$\overline{x}\pm 2s$）表示 95%置信度数据的范围值，即

$$\overline{x}=\frac{1}{n}\sum x_i \tag{4-3}$$

$$s=\sqrt{\frac{1}{n-1}\sum(x_i-\overline{x})}=\sqrt{\frac{\sum x_i^2-\frac{\left(\sum x_i\right)^2}{n}}{n-1}} \tag{4-4}$$

式中，$\overline{x}$ 为土壤中某重金属元素的背景值；x_i 为土壤中某重金属元素的实测值；n 为样品数。

（2）用几何平均值表示。这适用于测定值呈对数正态分布或近似对数正态分布的元素，用几何平均值（M）表示数据分布的集中趋势，用几何标准偏差（D）表示数据的分散度，用（$M\pm 2D$）表示 95%置信度数据的范围值，即

$$M=\sqrt[n]{x_1x_2\cdots x_n} \tag{4-5}$$

$$D=\sqrt{\frac{\sum(\lg x_i)^2-\frac{\left(\sum\lg x_i\right)^2}{n}}{n-1}} \tag{4-6}$$

式中，M 为用几何平均值表述的土壤中某重金属元素的背景值；x_i 为土壤中某重金属元素的实测值；n 为样品数。

我国土壤环境背景值见表 4-9。

表 4-9 我国土壤（A 层）背景值（王立章，2014） （单位：$mg\cdot kg^{-1}$）

元素	算术		几何		95%置信度范围值
	平均值	标准差	平均值	标准差	
As	11.2	7.9	9.2	1.9	2.5～33.5
Cd	0.0970	0.0790	0.0740	2.1180	0.0117～0.3300
Co	12.7	6.4	11.2	1.7	4.0～31.2

续表

元素	算术		几何		95%置信度范围值
	平均值	标准差	平均值	标准差	
Cr	61.0	31.1	53.9	1.7	19.3～150.2
Cu	22.6	11.4	20.0	1.7	7.3～55.1
F	478	198	440	2	191～1012
Hg	0.065	0.080	0.040	2.602	0.006～0.270
Mn	583	363	482	2	130～1786
Ni	26.9	14.4	23.4	1.7	7.7～71.0
Pb	26.0	12.4	23.6	1.5	10.0～56.1
Se	0.290	0.255	0.215	2.146	0.047～0.990
V	82.4	32.7	76.4	1.5	34.8～168.2
Zn	74.2	32.8	67.7	1.5	28.4～161.1
Li	32.5	15.5	29.1	1.6	11.1～76.4
Na	1.02	0.63	0.68	3.19	0.01～2.27
K	1.86	0.64	1.79	1.34	0.94～2.97
Ag	0.132	0.098	0.105	1.973	0.027～0.410
Be	1.95	0.73	1.82	1.47	0.85～3.91
Mg	0.78	0.43	0.63	2.08	0.02～1.64
Ca	1.54	1.63	0.71	4.41	0.01～4.80
Ba	469	135	450	1	251～809
B	47.8	32.6	38.7	2.0	9.9～151.3
Al	6.62	1.63	6.41	1.31	3.37～9.87
Ge	1.70	0.30	1.70	1.19	1.20～2.40
Sn	2.60	1.54	2.30	1.71	0.80～6.70
Sb	1.21	0.67	1.06	1.67	0.38～2.98
Bi	0.37	0.21	0.32	1.67	0.12～0.88
Mo	2.00	2.54	1.20	2.86	0.10～9.60
I	6.76	4.44	2.38	2.48	0.39～14.71
Fe	2.94	0.98	2.73	1.60	1.05～4.84

注：A 层代表淋溶层，即土壤表层或耕层

4.4.2　土壤中重金属的环境容量研究

土壤环境容量（或称土壤负载容量）是指定环境单元一定时限内遵循环境质量标准，既保证农产品质量和生物学质量，同时也不造成环境污染时土壤所能容纳污染物的最大负荷量。不同土壤的环境容量不同，同一土壤对不同污染物的容量也不同，这与土壤的净化能力有关。

土壤环境容量一般有两种表达方式：①在满足一半目标值的限度内，特定区域土壤环境容纳污染物的能力，其大小由环境自净能力和特定区域土壤“自净能力”的总量决定；②在保证不超出环境目标值的前提下，特定区域土壤环境能够容许的最大允许排放量。

土壤环境容量可分为土壤环境绝对容量（静容量）和土壤环境年容量（动容量）两类。

1. 土壤环境绝对容量（静容量）

土壤环境绝对容量（W_Q）是土壤能容纳某种污染物的最大负荷量，达到绝对容量没有时间限制，即与年限无关。土壤环境绝对容量是由土壤环境标准的规定值（W_S）和土壤环境的背景值（B）决定的，即

$$W_Q = W_S - B \tag{4-7}$$

2. 土壤环境年容量（动容量）

土壤环境年容量（W_A）是某一土壤环境在污染物的积累浓度不超过环境标准规定的最大容许值的情况下，每年所能容纳的某污染物的最大负荷值。年容量的大小除了与环境标准规定值和环境背景值有关外，还与环境对污染物的净化能力有关。由于土壤是一个开放体系，污染物既可以进入土壤，也可以离开土壤，所以，土壤环境年容量是根据污染物的残留量计算出来的。若某污染物对土壤环境的输入量为 A（单位负荷量），经过一年时间后，被净化的量（年输出量）为 A'，以浓度单位表示的土壤环境年容量的计算公式为

$$W_A = K(W_S - B) \tag{4-8}$$

式中，K 为某污染物在某一土壤环境中的年净化率，即

$$K = A'/A \times 100\% \tag{4-9}$$

土壤环境年容量与绝对容量的关系为

$$W_A = KW_Q \tag{4-10}$$

4.4.3　土壤中重金属的有效态研究

土壤样品中的重金属物质有多种存在方式，如存在于土壤矿物质的晶格中、土壤微粒表面吸附或离子交换吸附的重金属、金属离子难溶盐的共沉淀等，而不同形态重金属其生物有效性不同，重金属的生物毒性不仅与其总量有关，更大程度上由形态分布所决定。因此，对重金属有效态（availability）含量进行检测与监测，是确切了解重金属污染程度、预测重金属对生态系统造成的影响及对人类健康危害的有效途径，也是重金属污染修复、治理的理论基础。然而，土壤重金属有效态的精确定义在土壤学、生物学、毒理学等学科领域间还存在较大争议。关于重金属的有效态至今没有一个统一的定义，在不同的学科领域，对重金属有效态的定义略有不同。

环境学者认为土壤重金属的有效态为其环境有效态（environmental availability）及环境生物有效态（environmental bioavailability）。环境有效态，即土壤中的重金属有效态；环境生物有效态，即土壤重金属能被生物吸收利用的重金属形态。生物毒理学者则侧重于土壤中重金属的毒性生物有效态（toxicological bioavailability），即土壤重金属直接进入生物体消化系统并可以被生物体消化道吸收，在生物体内富集并对有机体产生毒害影响的重金属。

也有学者认为，土壤溶液中的自由态离子是能被植物根系直接吸收的化学形态，由此产生了“自由离子活度模型”（free ion activity model）。存在于固相中的吸附态重金属和部分易于溶解的沉淀态重金属，由于能较为快速地释放到土壤溶液中，而被称为具有反应活性（reactive）的化学形态。（黏土）矿物结构内部和难以溶解的沉淀中的重金属，由于短期内不能释放，而被称为惰性或没有反应活性（nonreactive）的化学形态。由此可见，重金属的化学形态受吸附、络合和沉淀等反应过程控制，而吸附反应在控制土壤中重金属的化学形态分布上起着重要作用。

研究土壤中重金属化学形态的方法很多，内容涉及物理、化学和生物等各个领域，传统上应用最普遍的是化学浸提分析法。为了能更好地评估土壤中重金属的生物有效性，人们又发明了诸如同位素稀释（Comans，1987）和梯度扩散薄膜（diffusive gradients in thin-films，DGT）技术（Lombi et al.，2003）等含有动力学意义的形态测定方法。仅少数分析方法可以直接测定溶液中重金属离子形态，如离子选择电极、（离子交换-）高压液相色谱、道南膜技术（Donnan membrane technique，DMT）等。

1. 土壤中重金属的有效态测定的规范方法

国家环境保护部于 2016 年发布了《土壤　8 种有效态元素的测定　二乙烯三胺

五乙酸浸提-电感耦合等离子体发射光谱法》（HJ 804—2016），规定了土壤中铜、铁、锰、锌、镉、钴、镍、铅 8 种有效态元素的测定方法。土壤有效态元素是指在植物生长期内能够被植物根系吸收的元素。测定时采用二乙烯三胺五乙酸-氯化钙-三乙醇胺（DTPA-$CaCl_2$-TEA）缓冲溶液浸提土壤，再用 ICP-AES 测定浸提液的元素含量。

2. 化学浸提法

化学浸提法，即化学提取法，是指采用一种适当组成的试剂溶液一次性浸提（一次浸提法），或者几种浸提能力依次加强的试剂溶液以一定顺序依次浸提（连续浸提法），然后测定浸提液中重金属的含量。有的提取剂适用于一种金属，有的适用于多种金属。

一次浸提法，也称为单级提取法，是指采用单一的提取剂进行提取。一次浸提常用的提取剂主要有水、螯合剂（如 EDTA、DTPA 等）、盐溶液（如 $CaCl_2$、NaAc、$NaNO_3$ 等）、酸溶液（如 HAc、HNO_3 等）等。由于浸提剂对重金属浸提机理不同，以及重金属赋存形态的差异，不同浸提剂对重金属的浸提效果也不同，而且同一浸提剂对土壤中不同重金属的浸提效果也有差异。因此在选用浸提剂时，要根据具体情况而定。

连续浸提法，也称为逐步提取法、分级萃取法，是指采用几种不同的试剂组合成一种提取程序，每种试剂被认为对重金属的一种存在形态有效，不同浸提剂对同一样品先后进行提取的一种方法。目前，使用较多的连续浸提法有 Tessier 法（连续提取五步法）、BCR 提取法（三级四步提取法）、SMT（七步提取法），以及在这些方法的基础上改进的方法等。这些方法从不同的研究角度出发，将重金属分为不同的形态，并分别提取，例如，Tessier 法将重金属形态划分为可交换态、碳酸盐结合态、铁锰氧化物结合态、有机物/硫化物结合态和残渣态五种形态；BCR 提取法将重金属分为水溶态、弱酸提取态、可还原态、可氧化态、残渣态五种形态。

由于选用的浸提方法不同，提取的重金属形态略有差别（周卫红等，2017），因此，不同浸提方法所提取的结果不能直接进行比较。采用化学浸提法检测土壤重金属的有效性具有简单、精度高等优点，提取出来的有效态虽可以评估出土壤中重金属的有效性，但仅表示元素有效态含量与植物吸收呈一定的相关性，不表示浸提出的有效态就是植物吸收的那部分，还需要进一步的分析。郑冬梅等（2010）采用连续化学浸提技术对不同污染类型沉积物中的汞形态进行分析，将汞形态分为可代换态及水溶态、酸溶态、碱溶态、过氧化氢溶态和王水溶态五大类。Maiz 等（1997）利用三步浸提法提取了三种不同土壤中的 Cd、Cr、Cu、Fe、Mn、Ni、Pb 和 Zn 的不同状态含量，并将结果与 Tessier 的五步浸提法及 Ure 的四步浸提法的结果进行比较，结果表明，很难将三种方法的结果进行直接比较，但是每种方法所提取到的最活跃的重金属都为 Cd，其次是 Pb 和 Zn。

改变土壤的 pH、氧化还原电位、无机胶体和有机质含量均能影响土壤中重金属的结合行为和可交换态含量，进而影响重金属的形态转化行为。

1）Tessier 法

具体的方法和步骤大致如下：

（1）可交换态。取 1g 样品，加入 8mL 浓度为 $1mol\cdot L^{-1}$ 的 $MgCl_2$（pH = 7.0）溶液，或者 $1mol\cdot L^{-1}$ 的 NaAc 溶液（pH = 8.2），室温提取 1h。

（2）碳酸盐结合态。向（1）中沉渣加入 8mL 浓度为 $1mol\cdot L^{-1}$ 的 NaAc-HAc（pH = 5.0）缓冲液，室温提取至反应完全。

（3）铁锰氧化物结合态。向（2）中沉渣加入 20mL 含 $0.04mol\cdot L^{-1}$ 的 $NH_2OH\cdot HCl$ 的 25%(体积比)的乙酸溶液，(96±3)℃下提取完全。或采用 Anderson 和 Jene 描述的方法：向（2）中沉渣加入 20mL 浓度为 $0.3mol\cdot L^{-1}$ 的 $Na_2S_2O_4$、$0.175mol\cdot L^{-1}$ 的柠檬酸钠、$0.025mol\cdot L^{-1}$ 的柠檬酸的混合液，提取温度不变。

（4）有机物/硫化物结合态。向（3）中得到的沉渣中加入 3mL 浓度为 $0.02mol\cdot L^{-1}$ 的 HNO_3 溶液和 5mL 浓度为 30%的 H_2O_2 溶液（用 HNO_3 调整 pH = 2）的混合液。将混合液在(85±2)℃下加热 2h，适当搅拌。再加入 3mL 浓度为 30%的 H_2O_2 溶液（用 HNO_3 调整 pH = 2），再在(85±2)℃下加热 3h，间歇搅拌。冷却后，再加入 5mL 含 $3.2mol\cdot L^{-1}$ NH_4Ac 的 20%（体积比）HNO_3 溶液，连续搅拌 30min。NH_4Ac 的加入是为了防止已提取出的金属被氧化的底泥所吸附。

（5）残渣态。用 HF-HCl-$HClO_4$ 混合液对（4）中得到的残渣进行消解。

每一步提取都需进行液-固离心分离，取上清液供痕量金属分析，沉渣用 8mL 去离子水洗涤，离心后弃去上清液，沉渣留下一步使用。洗涤用水量控制到最少以防止对固体物质，特别是有机物的过度溶解。残渣态消解的方法与全量提取消解的方法相同。

虽然 Tessier 法应用范围较广，但仍存在很多局限性。Cd 和 Cl 形成的化合物在高浓度氯化物介质中相当稳定（lg$K$ 值介于 1.98～2.40），导致可交换态结果偏高；提取剂缺乏选择性，提取过程中存在重吸附和再分配现象；没有统一的标准分析方法，分析结果的可比性差。

2）BCR 法

BCR 法中水溶态单独提取测定，并有标准物质 BCR-701 用于样品的校正。具体的方法和步骤大致如下：

（1）弱酸提取态。取 1g 样品，加入 40mL 浓度为 $0.11mol\cdot L^{-1}$ 的 HAc 溶液，室温振荡 16h。

（2）可还原态。取（1）中沉渣，加入 40mL 浓度为 $0.5mol\cdot L^{-1}$ $NH_2OH\cdot HCl$

和 0.05mol·L^{-1} HNO_3 的混合液，连续振荡提取 16h。

（3）可氧化态。取（2）中沉渣，加入 10mL H_2O_2（30%），用 HNO_3 调节 pH 到 2～3，盖子松盖，在室温下消解 1h 后于(85±2)℃恒温水浴中消解 1h，盖上盖子继续加热至体积减少到 3mL 以下，再添加 10mL 调好酸度的 H_2O_2，于(85±2)℃恒温水浴消解 1h，打开盖子加热至体积至 1mL 左右，冷却后加入 1.0mol·L^{-1}、pH 为 2.0 的乙酸铵溶液 50mL，室温连续振荡提取 16h。

（4）残渣态。取（3）中沉渣用 HF-$HClO_4$-HCl-HNO_3 消解处理。

以上每一步提取都需进行液-固离心分离，取上清液供痕量金属分析，沉渣用 10～20mL 去离子水洗涤，离心后弃去上清液，沉渣留下一步使用。

（5）水溶态。取 1g 样品，加入 25mL 去离子水，室温下振荡提取 2h，离心分离取上清液。

3）SMT 法——Tessier 修正法

SMT 法把金属的存在形态划分为水溶态、离子交换态、碳酸盐结合态、铁锰氧化物结合态、弱有机态、强有机态和残渣态共七种形态。

BCR 法、Tessier 法和 SMT 法的对比分析见表 4-10。

表 4-10　BCR 法、Tessier 法、SMT 法的对应关系

BCR 法		Tessier 法		SMT 法（七步法）	
提取态	浸提剂	提取态	浸提剂	提取态	浸提剂
水溶态	称 1g 样品加入 25mL 去离子水（蒸沸、冷却、pH 7.0），(22±5)℃下振荡 2h，3000g 下离心 20min	水溶态	无	水溶态	称 2.5g 样品加入 25mL 去离子水（蒸沸、冷却、pH 7.0），(22±5)℃下振荡 2h，3000g 下离心 20min
弱酸提取态	称 1g 样品加入 40mL 0.11mol·L^{-1} HAc，(22±5)℃下振荡 16h，3000g 下离心 20min	可交换态	称 1g 样品加入 8mL 1mol·L^{-1} $MgCl_2$ pH = 7.0，室温搅拌 1h	离子交换态	沉渣中加入 25mL 1mol·L^{-1} $MgCl_2$，pH = 7.0，(25±5)℃下振荡 2h，4000g 下离心 20min
		碳酸盐结合态	沉渣中加入 8mL 1mol·L^{-1} NaAc-HAc，pH = 5.0，室温搅拌 5h	碳酸盐结合态	沉渣中加入 25mL 1mol·L^{-1} NaAc，pH = 5.0，(25±5)℃下振荡 5h，4000g 下离心 20min
可还原态	沉渣中加入 40mL 0.5mol·L^{-1} NH_2OH·HCl 和 0.05mol·L^{-1} HNO_3 混合溶液，pH = 2，(22±5)℃下振荡 16h，3000g 下离心 20min	铁锰氧化物结合态	沉渣中加入 20mL 0.04mol·L^{-1} NH_2OH·HCl 和 25% HAc 溶解，(96±3)℃下适当搅拌 6h	铁锰氧化物结合态	沉渣中加入 50mL 0.25mol·L^{-1} NH_2OH·HCl 和 0.25mol·L^{-1} HCl，(25±5)℃下振荡 6h，4000g 下离心 20min

续表

BCR 法		Tessier 法		SMT 法（七步法）	
提取态	浸提剂	提取态	浸提剂	提取态	浸提剂
可氧化态	沉渣中加入 10mL 30% H_2O_2，保持室温 1h，加热至(85±2)℃下 1h，加 50mL 1mol·L^{-1} NH_4Ac，pH = 2，(22±5)℃下振荡 16h，3000g 下离心 20min	有机/硫化物结合态	沉渣中加入 3mL 0.02mol·L^{-1} HNO_3，5mL 30% H_2O_2，适当搅拌 2h 加 3mL 30% H_2O_2，(85±2)℃适当搅拌 3h；加 5mL 3.2mol·L^{-1} NH_4Ac 和 20% HNO_3 混合液，室温连续搅拌 0.5h	弱有机态	沉渣中加入 50mL 0.1mol·L^{-1} $Na_4P_2O_7$，pH = 10，(25±5)℃下振荡 3h，4000g 下离心 20min
				强有机态	沉渣中加入 5mL 30% H_2O_2、3mL HNO_3，摇匀，于(85±3)℃下保持 1.5h，再加 3mL 30% H_2O_2 保持 70min 并不时搅拌，加入 3.2mol·L^{-1} NH_4Ac 2.5mL，稀释至 25mL，室温静置 10h，4000g 下离心 20min
残渣态	HF-$HClO_4$-HCl-HNO_3 处理	残渣态	HF-HCl-$HClO_4$ 处理	残渣态	HF-$HClO_4$-HCl-HNO_3 处理
标准物质	BCR701	标准物质	无	标准物质	无

4）单元素有效态浸提法

土壤中有效 B 常用沸水浸提。准确称取 10.00g 风干并过 20 目筛的土样于 250mL 或 300mL 石英锥形瓶中，加入 20.0mL 无硼水。连接回流冷却器后煮沸 5min，立即停止加热并用冷却水冷却。冷却后加入 4 滴 0.5mol·L^{-1} $CaCl_2$ 溶液，移入离心管中，离心分离出清液备测。

其他有效态金属元素的浸提方法较多，例如，有效态 Mn 用 1mol·L^{-1} 乙酸铵-对苯二酚溶液浸提；有效态 Mo 用草酸-草酸铵（12.6g 草酸与 24.9g 草酸铵溶解于 1000mL 水中）溶液浸提，固液比为 1∶10；有效态 Si 用 pH 4.0 的乙酸-乙酸钠缓冲溶液、0.02mol·L^{-1} H_2SO_4、0.025%或 1%的柠檬酸溶液浸提；酸性土壤中有效态 S 用 H_3PO_4-HAc 溶液浸提，中性或石灰性土壤中有效态 S 用 0.5mol·L^{-1} $NaHCO_3$ 溶液（pH 8.5）浸提；土壤中有效态 Ca、Mg、K、Na 用 1mol·L^{-1} NH_4Ac 浸提；土壤中有效态 P 用 0.03mol·L^{-1} NH_4F 和 0.025mol·L^{-1} HCl 或 0.5mol·L^{-1} $NaHCO_3$ 浸提等。

5）DTPA 浸提法

DTPA 浸提液可测定有效态 Cu、Zn、Fe 等，适用于石灰性土壤和中性土壤。浸提液的配制：其成分为 0.005mol·L^{-1} DTPA-0.01mol·L^{-1} $CaCl_2$-0.1mol·L^{-1} TEA。称取 1.967g DTPA 溶于 14.92g TEA 和少量水中，再将 1.47g $CaCl_2·2H_2O$ 溶于水，一并转入 1000mL 容量瓶中，加水至约 950mL，用 6mol·L^{-1} HCl 调节 pH 至 7.30（每升浸提液约需加 8.5mL 6mol·L^{-1} HCl），最后用水定容。贮存于塑料瓶中，几

个月内不会变质。浸提过程：称取 25.00g 风干过 20 目筛的土样放入 150mL 硬质玻璃三角瓶中，加入 50.0mL 配制好的 DTPA 浸提液，在 25℃用水平振荡机振荡提取 2h，干滤纸过滤，滤液用于分析。

6）HCl 浸提法

称取 10.00g 风干过 20 目筛的土样放入 150mL 硬质玻璃三角瓶中，加入 50.0mL 1.0mol·L^{-1} HCl 浸提液，用水平振荡器振荡 1.5h，干滤纸过滤，滤液用于分析。酸性土壤适合用 0.1mol·L^{-1} HCl 浸提。

3. *梯度扩散薄膜技术*

DGT 技术是运用扩散原理来分析重金属形态的技术。DGT 技术是英国科学家 Davlson 等于 1994 年发明并推广使用的，该技术以 Fick 第一扩散定律为理论基础，通过对在特定时间内穿过特定厚度的扩散膜的某一离子进行定量化测量计算而获得准确的某一离子的浓度值。DGT 装置的核心由扩散相和结合相两部分组成，扩散相一般由水凝胶构成，其作用是保证溶液中的离子自由扩散进入 DGT 装置；结合相是由带有能提供配位电子对官能团的高分子化合物构成，其作用是与扩散过来的金属进行配位。它引入了一个动态概念：所测定的有效态浓度不仅包括土壤溶液中的重金属含量，还包括测量期间从土壤固相动态释放的重金属含量，而植物根部对重金属的吸收导致根部附近土壤溶液中的重金属浓度下降，并促使土壤颗粒态重金属补充给土壤溶液，这个动态反应过程对于重金属的生物有效性评价是不可忽略的，因此它是模拟生物吸收、预测金属生物有效性较好的技术。近年来，DGT 技术已广泛应用于水体（Warnken et al.，2004；Odzak et al.，2002）、沉积物（Naylor et al.，2006）、土壤（王进进等，2012）中重金属有效态的原位采样及生物有效性的研究。其应用于土壤重金属监测，主要用于测定土壤环境中重金属的有效态和重金属的生物有效性，但其在测定重金属生物有效性方面并没有得到一致的结论。Koster 等（2005）比较了 DGT 法提取的土壤中 Zn 的含量与 3 种植物中 Zn 含量的相关性，结果表明在莴苣（*Lactuca sativa*）和黑麦草（*Lolium perenne L.*）中，Zn 的累积与其 DGT 有效态浓度有很好的相关性，而在羽扇豆（*Lupinus nanus*）中 Zn 的累积与其 DGT 有效态浓度则没有很好的相关性。这表明 DGT 技术测定重金属的生物有效性的准确性可能会受植物种类的影响。此外，国内外大量研究将 DGT 法与传统化学浸提法在检测土壤重金属生物有效性方面进行了比较，如姚羽等（2014）对比研究了 DGT 法与 5 种传统化学浸提法（土壤溶液法、0.11mol·L^{-1} 乙酸法、0.05mol·L^{-1} EDTA 法、0.01mol·L^{-1} $CaCl_2$ 法和 1mol·L^{-1} NaAc 法）评价 Pb、Cd 复合污染情况下土壤 Cd 的生物有效性，结果表明 DGT 法与土壤溶液法和 $CaCl_2$ 法测定的土壤有效态 Cd 均与植物体内 Cd 含量呈现显著正相关关系。Sonmez 和 Pierzynski（2005）采用 DGT 法评价土壤中 Zn

对高粱（*Sorghum vulgare*）的生物有效性，并与 $CaCl_2$ 法对比，发现两者的评价结果相似。Nolan 等（2005）采用 DGT 法和 0.01mol·L^{-1} $CaCl_2$ 法对小麦（*Triticum aestivum*）中 Zn、Cd 和 Pb 的生物可利用性进行评价，结果表明：DGT 法可以很好地预测 3 种重金属在小麦体内的累积。由此可见，DGT 法在测定重金属的生物有效性方面不一定比化学浸提法更精确，但仍有着不同于化学浸提法的优势：一方面，DGT 法是一项原位分析技术，操作简单，可以选择性地吸收检测特定形态的重金属，不仅能很好地预测土壤重金属的生物有效性，其测定结果还可以提供更多的关于土壤重金属的信息，包括获取重金属在土壤中从固相到液相释放的动力学过程；另一方面，其测量值不易受土壤理化性质的影响。但该技术目前还基本处于实验室研究阶段，且并不能完全包含植物生长过程中所受的各种影响因素，所表示的有效态会受结合相的影响，结合相不同，其累积和测定的被监测物质的有效态也有所不同。

4.4.4　土壤颗粒对重金属的吸附-解吸特性研究

1. 土壤的阳离子交换吸附

土壤胶体表面一般带有负电荷，土壤胶体所能吸附的各种阳离子总量称为阳离子交换量（cation exchange capacity，CEC），单位以 cmol·kg^{-1} 表示。国家环境保护部发布了《土壤 阳离子交换量的测定 三氯化六氨合钴浸提-分光光度法》（HJ 889—2017），规定了测定土壤中阳离子交换量的方法。由于三氯化六氨合钴（$[Co(NH_3)_6Cl_3]$）土壤悬浮液的 pH 与水悬浮液的 pH 接近，用三氯化六氨合钴浸提法测定的阳离子交换量为有效态阳离子交换量。在(20±2)℃条件下，用三氯化六氨合钴（1.66cmol·L^{-1}）溶液作为浸提液浸提土壤，土壤中的阳离子被三氯化六氨合钴交换下来进入溶液。三氯化六氨合钴在 475nm 处有特征吸收，吸光度与浓度成正比，根据浸提前后浸提液吸光度差值，计算土壤阳离子交换量。

2. 盐基饱和度

土壤的可交换性阳离子有两类：一类是致酸离子，主要是 H^+和 Al^{3+}；另一类是盐基离子，包括 Ca^{2+}、Mg^{2+}、K^+、Na^+和 NH_4^+ 等。当土壤胶体上吸附的阳离子均为盐基离子，且已达到吸附饱和时，称为盐基饱和土壤。当土壤胶体上吸附的阳离子有一部分为致酸离子时，则这种土壤称为盐基不饱和土壤。在土壤交换性阳离子中盐基离子所占的百分数称为土壤盐基饱和度：

$$\text{盐基饱和度}=\frac{\text{交换性盐基总量}(\text{cmol}\cdot\text{kg}^{-1})}{\text{阳离子交换量}(\text{cmol}\cdot\text{kg}^{-1})}\times 100\% \tag{4-11}$$

土壤盐基饱和度与土壤母质、气候等因素有关。

3. 土壤的阴离子交换吸附

土壤中阴离子交换吸附是指带正电荷的胶体所吸附的阴离子与溶液中阴离子的交换作用。阴离子的交换吸附比较复杂，它可与胶体微粒（如酸性条件下带正电荷的含水氧化铁、铝）或溶液中阳离子（Ca^{2+}，Al^{3+}，Fe^{3+}）形成难溶性沉淀而被强烈地吸附。例如，PO_4^{3-} 、HPO_4^{2-} 与 Ca^{2+}、Al^{3+}、Fe^{3+}可形成 $CaHPO_4 \cdot 2H_2O$、$Ca_3(PO_4)_2$、$FePO_4$、$AlPO_4$ 难溶性沉淀。由于 Cl^-、NO_3^-、NO_2^- 等离子不易形成难溶盐，故它们不被或很少被土壤吸附。各种阴离子被土壤胶体吸附的顺序如下：F^-＞草酸根＞柠檬酸根＞PO_4^{3-} ≥ AsO_4^{3-} ≥硅酸根＞HCO_3^- ＞ $H_2BO_3^-$ ＞CH_3COO^-＞SCN^-＞SO_4^{2-} ＞Cl^-＞ NO_3^- 。

4.4.5 重金属在土壤中的氧化还原特性研究

氧化还原电位指土壤中氧化态物质和还原态物质的相对浓度变化而产生的电位，用 E_h 表示。国家环境保护部参照 ISO 11271:2002，制定了我国《土壤 氧化还原电位的测定 电位法》（HJ 746—2015），规定了测定土壤中氧化还原电位的现场测试方法。方法原理是将铂电极和参比电极插入新鲜或湿润的土壤中，土壤中的可溶性氧化剂或还原剂从铂电极上接受或给予电子，直至在电极表面建立起一个平衡电位，测量该电位与参比电极电位的差值，再与参比电极相对于氢标准电极的电位值相加，即得到土壤的氧化还原电位。

重金属的毒性和迁移性通常取决于其化学形态，且受到多种因素影响，如重金属总量、土壤吸附相、硫含量、pH 和 E_h 等，其中 E_h 是土壤中多种氧化物质与还原物质化学反应的综合体现，代表土壤氧化性、还原性的相对程度，是以电位反映土壤所处氧化还原状态的指标，也是影响重金属活性的关键因素。土壤环境的变化不但会导致有机质、铁锰氧化物、含硫化合物等土壤基质发生复杂变化，而且会通过影响微生物行为间接改变土壤 pH、CO_2 分压，E_h 的变化，直接体现了复杂的氧化还原反应过程，因此能够反映土壤中重金属的迁移、转化等环境行为。

1. E_h 通过 pH 对重金属行为的影响

土壤 pH 的变化会改变土壤胶体离子表面电荷特性和形态，使土壤的盐基饱和度下降，从而影响重金属离子的竞争吸附。另外，pH 改变了土壤中大部分重金属沉淀物的溶解性，pH 与重金属的迁移性呈负相关。由于 H^+是氧化还原反应过程中重要的反应物，土壤的 pH 发生改变时，E_h 也随之变化，重金属的化学行为也会发生改变。然而，由于土壤成分复杂，E_h 与 pH 间并非呈单一的正负相关关系，土壤理化性质在 E_h 变化过程中呈现出不可忽视的作用。一般认为，淹水后的土壤 pH 有向中性靠拢的趋势。Shaheen 和 Rinklebe（2017）在对冲积土进行周期性淹水试验中发现，在 pH 为 4.0～6.9 时，E_h 与 pH 呈现出极强的负相关性，可能是氧化条件下，土壤中硝化反应导致 pH 下降，而还原态下反硝化反应强烈，加上土壤中 Fe、Mn 和 S 的还原过程会消耗大量质子，导致 pH 升至中性。相反，在 pH 为 6.0～8.5 时，随着 E_h 的下降，因有机质被分解成多种小分子有机酸和 CO_2，pH 持续降低。E_h 对 pH 的影响程度也与土壤组分有关，Pan 等（2014）等设计了两组成分相近的酸性土和偏碱性土，通过长时间覆水使土壤 E_h 逐渐降低，在此过程中，酸性土的 pH 升高，但在碱性土中，由于 $CaCO_3$ 起到了缓冲作用，pH 变化不明显。总之，E_h 与 pH 之间存在显著的关联性，酸性厌氧环境往往有利于重金属向可溶态转变，而在非酸性富氧环境下，微溶或不溶形态往往占主导地位。而土壤的性质差异，导致 E_h 对土壤 pH 具有上升和下降的双向影响，因此，在探究 E_h 通过 pH 对重金属行为影响时，需要充分考虑土壤本身 pH 及其组分等因素。

2. E_h 对土壤重金属化合物的影响

重金属在固相和水相中的分布是一个动态平衡的过程，其平衡状态受到土壤天然吸附相的影响，如铁锰氧化物、有机物、硫化物、黏粒矿物等具有结合重金属能力的物质，其中有些物质对 E_h 的变化敏感（毛凌晨和叶华，2018）。

自然界的铁锰氧化物属于两性化合物，比表面积大、活性强，通过吸附与解吸、氧化与还原、有机与无机络合等作用方式改变土壤中重金属离子化合物的存在状态。在铁锰氧化物结晶过程中，重金属离子易与其共沉淀，形成独特、稳定的矿物晶格。Frierdich 和 Catalano（2012）通过同步辐射微区 X 射线荧光光谱分析发现 As(Ⅴ)在水合氧化铁、水钠锰矿表面形成双配位基化合物，而 Zn(Ⅱ)在水钠锰矿表面形成四面体配合物。Randall 等（1999）采用延展 X 射线吸收精细结构光谱得到 Cd 与多种铁氧化物[如 α-FeOOH、γ-FeOOH、β-FeOOH 和 $Fe_8O_8(OH)_6SO_4$]结合产物的微观形态。在各类铁锰氧化物中，水铁矿、针铁矿、水合二氧化锰等对重金属离子具有极强吸附性，Zn^{2+}、Pb^{2+}、Cd^{2+}和 Cu^{2+}在水铁矿表面的最大吸附量分别可达 $500mg \cdot g^{-1}$、$366mg \cdot g^{-1}$、$250mg \cdot g^{-1}$ 和 $62.5mg \cdot g^{-1}$（Rout and Mohapatra，2012），在 pH 为 4.5 时，约 $1000\mu g \cdot L^{-1}$ Pb^{2+}的溶液中几乎 100%的 Pb^{2+}被针铁矿吸附。铁锰氧化物吸附了大量重金属，其中一部分铁锰氧化物随着时间推移，在外界环境影响下逐步发生结晶老化作用，并与吸附的重金属离子形成更稳定的矿物晶格，从而使重金属离子成为晶型矿物的一部分，因此土壤中 Fe、Mn 含量与重金属总量通常存在正相关性（Nethaji et al.，2017）。因 Fe、Mn 包含多重氧化还原形态，故可以同时作为电子供体和电子受体，E_h 会影响土壤中 Fe、Mn 的化合价及活性，进而影响铁锰氧化物的形成-溶解。一般来说，当土壤 E_h 降低时（如淹水环境），高价的 Fe^{3+}和 Mn^{6+}会被还原为低价态的 Fe^{2+}和 Mn^{2+}，导致大量 Fe^{2+}和

Mn^{2+}进入土壤溶液，随着铁锰氧化物的还原溶解，原先吸附稳定的重金属离子被释放到土壤溶液，从而导致重金属离子迁移性增强。Xu 等（2017）对 6 种不同的土壤进行淹水培养试验，发现土壤溶液中的 Fe、Mn 浓度均与 As 浓度呈正相关，说明铁锰氧化物还原溶解释放了土壤固相中的 As。然而，当 Fe^{2+}在含氧量较高的沉积物上与水中溶解氧结合时，可以形成对游离的重金属离子具有强吸附力的无定形或微晶型铁氧化物，同时重新形成的微晶型铁氧化物可能与重金属离子或离子团发生共沉淀，从而导致重金属迁移性降低。总之，高 E_h 环境有利于铁锰氧化物的形成和重金属离子的固定。由于 E_h 和 pH 的变化常常同时发生，Lindsay 和 Sadig（1983）引入 pE + pH 的概念，用以更好地解释铁锰氧化物在不同 E_h 和 pH 下的变化（表 4-11）。随着 pE + pH 的降低，铁氧化物由吸附能力较强的无定形态向吸附能力相对较弱的微晶型（纤铁矿 γ-FeOOH、针铁矿 α-FeOOH）转变。E_h 能改变铁锰氧化物的形态从而影响重金属环境行为的这一特性，增加了 E_h 波动下土壤环境中重金属污染风险评估的难度，特别是富 Fe 的土壤类型（如红壤）。因常规检测方法（如使用化学浸提法估算其生物有效性和迁移性）无法建立 E_h 与重金属活性之间的定量化关系，所以需额外考虑所评估的土壤是否处于干-湿的环境，以获得更为科学严谨的评估结果。

表 4-11　土壤中不同铁锰氧化物还原溶解对应的 pE + pH 理论值（Lindsay and Sadig，1983）

氧化还原反应	pE + pH
β-$MnO_2 + H^+ + e^- \rightleftharpoons \gamma$-$MnOOH$	16.62
γ-$MnOOH + CO_2 + H^+ + e^- \rightleftharpoons MnCO_3 + H_2O$	14.67
$3Fe(OH)_3$（无定形）$+ H^+ + e^- \rightleftharpoons Fe_3O_4 + 5H_2O$	14.04
$3Fe(OH)_3$（土壤）$+ H^+ + e^- \rightleftharpoons Fe_3O_4 + 5H_2O$	11.52
1.5γ-$Fe_2O_3 + H^+ + e^- \rightleftharpoons Fe_3O_4 + 0.5H_2O$	8.19
3γ-$FeOOH + H^+ + e^- \rightleftharpoons Fe_3O_4 + 2H_2O$	7.59
1.5α-$Fe_2O_3 + H^+ + e^- \rightleftharpoons Fe_3O_4 + 0.5H_2O$	3.69
3α-$FeOOH + H^+ + e^- \rightleftharpoons Fe_3O_4 + 2H_2O$	3.36
$Fe_3O_4 + 2H^+ + 2e^- + 3CO_2(g) \rightleftharpoons 3FeCO_3 + H_2O$	2.19①

①CO_2 分压为 303.975Pa

腐殖质等有机质广泛存在于土壤、水体、沉积物中，其表面含有的大量羧基、醇基、酚基等有机官能团，这些复杂有机官能团使有机质不但可以吸附、络合或螯合重金属离子，减弱重金属迁移能力和生物有效性，而且具有很强的氧化还原能力。高分子量有机物（如胡敏素）较易与重金属形成难溶配合物或发生共沉淀，而中低分子量的可溶性有机物（dissolved organic matter，DOM）（如胡敏酸、富里酸、氨基酸）易与重金属形成可溶解的金属-DOM 配合物。在厌氧条件下，大分子有机质易作为电子受体被微生物还原分解成 DOM，与有机质结合的重金属离子随其分解而释放，与 DOM 结合，致使土壤溶液中重金属浓度上升。也有可能是 DOM 通过与重金属离子竞争土壤表面吸附位点，降低了土壤对重金属离子的吸附量，从而造成可交换态离子比例上升（Li et al.，2011）。此外，DOM 来源、种类不同，含有不同组分和官能团的 DOM 对重金属在土壤中的吸附影响也具有差异。例如，溶解性强、带负电荷量大的富里酸，在吸附重金属离子后一般呈溶解态，导致可交换态金属离子比例升高，而某些类型的 DOM 则会产生相反的作用。目前探讨 E_h 和有机质关系的研究不明朗，可能是因为 E_h 的波动引起了有机质分子量和官能团改变，其形态差异不如铁锰氧化物的变化明显，导致有机质与 E_h 之间的直接联系不易监测。

土壤中的硫化合物对重金属的影响大而且非常复杂，可分为以下几个方面。①土壤中的含硫有机物易与重金属形成配合物，如 Hg^{2+} 会优先与巯基结合，形成具有较高亲和性的共价化合物。环境中的无机硫通常由外源引入（雨水、施肥）或者由土壤中的有机硫矿化而来。无机金属硫化物的氧化还原反应影响着重金属的沉淀和释放。②无机硫会活化重金属，元素 S 在土壤中会被硫好氧菌氧化成 SO_4^{2-}，增大 Zn、Cd、Cu 等重金属活性。③无机硫也会钝化土壤中的重金属，当土壤 E_h 为−150mV 或−200mV 以下时，S 会以 S^{2-}（如 H_2S）存在，生成的 H_2S 进一步在土壤-水体系中发生各种转化：H_2S 向上扩散到有氧区被重新氧化为 SO_4^{2-}；H_2S 与土壤中重金属阳离子结合，生成硫化物沉淀，这些重金属的硫化物沉淀活性极低，且能在缺氧环境中长时间稳定存在；部分 H_2S 会与 Fe^{2+} 反应生成 FeS，FeS 与 S 经过多阶段反应生成黄铁矿（FeS_2），在成矿过程中极易吸附大量重金属，从而进一步降低重金属迁移性（曹爱丽，2010）。④无机硫与有机物反应生成有机硫。Laing 等（2008）发现，在淹水环境中的河口潮间带表层沉积物中，易出现重金属硫化物沉淀，而在周边落干的土壤中则需在 1m 以下的深度才能观察到类似现象；Fu 等（2014）发现，水中溶解氧较多的浅水区沉积物中硫化物含量明显低于深水区，且重金属 K_{sp}（溶度积常数）较低的 CdS、PbS 不会被沉积物中富含的铁、锰离子取代，因而能在还原环境下保持较低的活性。在氧化环境下，重金属硫化物可被氧化，释放出重金属离子。此外，FeS 可与土壤中元素 S 直接反应生成 FeS_2，FeS_2 还可被 O_2 继续氧化，在此过程中，矿物结合的重金属离子进一步被释放到土壤-水环境中。⑤硫的氧化还原还包括生物作用。例如，E_h 为−75～150mV 时，专性厌氧菌如脱磷弧菌属（*Desulfovibrio*）使 SO_4^{2-} 发生还原，生成 H_2S，促使高价硫酸盐化合物向低价硫化物转变，从而进一步降低重金属活性。微生物种类繁多，在土壤多相环境中对硫氧化还原变化过程具有复杂影响，其作用机制仍然有待完善。总之，在缺氧环境中重金属的活性较低，但在一些硫循环变化迅速的湿地环境中，金属硫化物被氧化可能成为重金属释放的主要来源。

4.4.6 重金属在土壤中的迁移转化规律研究

土壤结构中除了含有土壤矿物质外，也含有液相和气相物质。土壤本身是一个与多种载体有着复杂联系的多孔介质，它与生物、水、大气有着密切的联系。土壤本身的重金属元素或外源性重金属在土壤中既可以进行水平方向上的迁移，又可以进行竖直方向上的迁移，在物理、化学及生物的作用下存在空间变异及形态变化，进而从土壤中迁移至其他介质中，而土壤中重金属的迁移转化均会受到土壤溶液的影响。因此，土壤中重金属元素的迁移及形态转化主要包括物理、化学、生物等转变过程，通过研究土壤中重金属元素的迁移及形态转化过程更能准确客观地反映出土壤的污染情况。

1. 土壤中重金属元素的物理迁移

重金属元素在土壤溶液的作用下，发生水平迁移会引起重金属污染面积的扩大，而发生自上而下的淋溶运动则会污染深层土壤或地下水，同时随着扬尘，重金属元素又会进入大气，对大气环境造成污染。在这些污染过程中，重金属还会与土壤胶体及黏土矿物进行吸附-解吸，或者交换吸附及专属性吸附作用，与土壤胶体或黏土矿物共同造成土壤及周围环境的污染。

2. 土壤中重金属元素的化学迁移和形态转化

重金属元素在土壤中迁移及形态转化是指重金属元素在土壤中的溶解及沉淀作用过程中在空间上的分布形式。土壤中重金属以不同的形态存在，大体可分为在固相物质中的形态和在液相物质中的形态，而土壤中重金属的难溶电解质，会在土壤固相和液相之间达到多相的平衡，而土壤溶液的 pH 等变化，又会影响重金属在土壤中的这种平衡，从而形成重金属在土壤中的迁移和转化。而土壤中的有机质和土壤胶体则是通过络合-螯合反应破坏重金属在土壤中的相态平衡，引起重金属物质迁移和形态转化。土壤对重金属的作用主要有络合-螯合及离子交换吸附，在重金属含量较低时以络合-螯合作用为主，而重金属元素含量较高时则以离子交换吸附为主，两种作用同时存在，共同决定了土壤中重金属污染物的迁移及形态转化（韩张雄等，2017）。

重金属元素在土壤中的化学迁移及形态转化受到多种因素的影响，这些影响因素归纳起来主要包括土壤的理化性状、金属元素种类、伴生阴离子种类、土壤生物等。

1）土壤 pH

在所有影响因素中，土壤 pH 对重金属迁移转化的影响最为重要，因为重金属在土壤中的化学形态变化及其生物有效性主要受到土壤 pH 的影响，同时重金属元素在土壤中的溶解能力也受到土壤 pH 的调控。土壤 pH 降低时，土壤中吸附性正电荷增加，氢离子在土壤中的竞争吸附能力增加，使重金属游离于土壤中，生物有效性增加，迁移转化能力增强，更容易造成污染；当土壤 pH 增大时，土壤中氢离子的竞争吸附能力降低，重金属主要以氢氧化物或碳酸结合态存在，生物有效性降低，不利于其在土壤中迁移转化。因此，受重金属污染的酸性土壤可通过提高 pH 来降低其生物有效性，减少土壤重金属污染。

2）土壤中的有机质

土壤中的有机质对重金属的迁移能力有两方面的影响，一方面，土壤中的重金属元素容易被有机官能团及有机质分解后产生的有机小分子化合物及腐殖酸所吸附，形成稳定的化合物，其吸附能力大于土壤中其他胶体吸附；另一方面，有机质彻底分解后又会使重金属解吸出来，从而使重金属活性增大。研究发现，增施有机肥可显著增加土壤中有机结合态的重金属含量，但可降低有效态重金属的含量。有机肥可明显调控土壤中重金属污染物，降低重金属污染物的生物有效性，减少重金属从土壤到植物的迁移转化，从而能有效提高作物的产量。这种作用机制一方面施加有机肥后可能增加了重金属污染物的有机结合态，另一方面，施加有机肥增加了土壤 pH，使得重金属主要以结合形态存在，从而固化了土壤中的重金属。

3）土壤氧化还原电位

土壤氧化还原电位是表征土壤电性的重要因素，也是影响土壤中重金属元素存在状态的重要参数。一方面，土壤中氧化还原作用会影响土壤中有机质的分解转化效率，在氧化状态，土壤有机物分解，重金属元素发生解吸反应，在还原状态下，土壤有机物积累，重金属元素发生吸附反应，从而影响重金属的形态分布；另一方面，土壤氧化还原反应直接影响重金属元素在土壤中的溶解度，从而影响重金属在土壤中迁移转化。同时氧化还原反应的本质是元素的电子得失反应，而重金属本身多为变价元素，在化学反应过程中更容易造成电子得失，从而在土壤中发生价态和形态的变化，易于迁移转化。

4）土壤胶体特性

土壤胶体是土壤的重要组成部分，一般由有机大分子、层状硅酸盐、铁铝氧化物、细菌及病毒组成，一般具有较大的表面积，同时带有电荷。土壤中重金属元素进入土壤后，会被土壤胶体吸附，从而降低重金属的生物有效性，降低其在土壤中迁移转化的能力。另外，土壤胶体像土壤固体及土壤溶液一样，都属于土壤介质，土壤中重金属元素可将胶体作为载体，在土壤中发生迁移转化。

土壤胶体的存在使得土壤具有吸附性，而重金属在土壤中吸附的过程不仅是物理吸附，还伴随着土壤阳离子交换过程中，重金属与土壤胶体原吸附离子 K^+、Na^+、Mg^{2+}、NH_4^+、H^+、Al^{3+}等发生等价交换，从而使重金属固化；相反，而当土壤溶液中大量存在 K^+、Na^+、Mg^{2+}、NH_4^+、H^+、Al^{3+}等阳离子时，又会使吸附态的重金属活化，从而影响重金属在土壤中的迁移转化。因此，土壤的吸附性和离子交换性能对重金属污染物在土壤中的环境行为有重大影响。

5）金属元素的性质

多数情况下多种重金属元素以伴生或共生状态存在，影响重金属元素在土壤与土壤间、土壤与植物系统间迁移转化的金属元素主要包括与重金属元素核外电子结构相似的元素、化学性状相似的元素、对植物有益的元素等。根据目前国内外大量研究，其表现主要包括拮抗作用和协同作用。

（1）拮抗作用。金属元素的拮抗作用主要表现为有大量钾、钙、铁、锰、镁等元素存在时，微量重金属元素在土壤中迁移转化会受到限制，其影响机制主要表现为土壤胶体、土壤微生物及植物对金属元素的选择吸附和吸收。另一种拮抗作用表现为性状相似、结构相同的金属元素间的相互竞争。在土壤中增施一种重金属元素时，会显著抑制植物对另一种元素的吸收，例如，在土壤中增施锌元素，会显著降低植物对镉的吸收。这种作用的机制在于植物对重金属元素的选择性吸收，有益元素更易于被植物吸收利用，但当有益元素含量降低时，植物对有害重金属元素的吸收量会增加，从而改变其在土壤中的迁移转化。

（2）协同作用。当几种重金属元素含量都很低的情况下，土壤中的几种重金属元素的迁移转化会在一定浓度范围内，随着某种重金属元素的含量增加而增加，其机理可能在于土壤中某种重金属元素的含量增加会影响土壤中离子间的平衡，从而造成重金属离子的迁移转化更加活跃。土壤中各种重金属元素含量达到平衡时，随着一种重金属元素的增加，各金属为了达到新的平衡稳定，其在土壤中迁移转化能力显著增加。

6）土壤中伴生阴离子

土壤系统中除了含有大量阳离子，还有许多阴离子，在重金属元素的迁移转化过程中起着重要的作用。土壤中氯离子、硫酸根离子是影响重金属元素在土壤-植物间迁移的重要因素。一方面，可与重金属元素形成稳定的化合态，从而降低重金属元素在土壤中迁移转化的能力；另一方面，这些伴生阴离子的存在又可以通过化学反应使土壤重金属元素由固态向土壤溶液转化，再经植物迁移。

7）施肥、灌溉

施肥、灌溉属于外源性的土壤重金属输入。土壤中施加肥料，不仅增加土壤中氮、磷等营养元素，而且在施肥的过程中也会将重金属元素引入土壤中，导致重金属元素在土壤中积累。施加肥料可以改变土壤的 pH、离子强度等，从而影响重金属元素在土壤中的迁移转化。施肥方式的不同，会导致重金属元素在土壤中形态发生变化，条播较撒播更利于重金属元素在土壤中迁移转化，从而引起植物体的显著积累。通过施加氮、磷、钾等肥料对红壤中重金属元素的影响研究发现，土壤中施加 $200mg \cdot kg^{-1}$ 的氮肥可显著降低可交换态重金属含量，但又增加了弱吸附态和氧化物结合态重金属的含量；土壤中施加 $80mg \cdot kg^{-1}$ 磷肥时，可有效降低重金属的可交换态含量；而施加 $100mg \cdot kg^{-1}$ 钾肥时，则可增加土壤中重金属的可交换态含量，但降低了弱吸附态重金属含量（Tu et al.，2000）。

3. 土壤中重金属元素的生物迁移和形态转化

土壤是一个生物体系，其中既存在大量的动、植物，又存在大量微生物。土壤中重金属的生物迁移主要指在土壤生物作用下，重金属元素的迁移及形态转化。土壤中重金属总量说明重金属的富集程度，而土壤中重金属的形态分布可以更好地评估重金属在土壤中的迁移能力及对生物的影响能力。土壤中生物既可对有效态重金属吸收固定，也可以通过改变重金属元素的化学形态，造成重金属的迁移转化。重金属元素在土壤中的生物迁移过程相对比较复杂，生物即土壤中重金属迁移转化的参与者，人们也可以利用生物来减少土壤中重金属的污染。

土壤中的植物通过吸收，可将其中有效态的重金属吸收到植物体内，从而将重金属带离土壤，重金属在污染土壤与植物根系土壤间形态的变化，是影响重金属在土壤植物间迁移转化的主要原因，但目前其迁移转化的形式还未明确，其作用机理的研究也相对较少，有待进一步研究。而土壤动物则是通过食物链使土壤中重金属发生转移，引起重金属元素的迁移转化。土壤微生物可通过分解有机质改变土壤性质，从而影响土壤中重金属的迁移转化。此外，土壤中某些专属性吸附的微生物可通过自身吸附重金属，降低重金属在土壤中的活性，从而影响重金属在土壤中迁移转化的能力。土壤微生物虽然不直接降解重金属，但可通过改变周围环境影响土壤中重金属的迁移转化。

4. 土壤中重金属的归趋

土壤中重金属的归趋研究是指随时间延长，添加到土壤中水溶性重金属的可浸提性、可交换性、生物有效性或毒性逐渐趋于稳定的过程，该过程有时也被称作“老化”(ageing)、“固定”(fixation)、“自然衰减”（natural attenuation）或“不可逆吸附”（irreversible sorption）等。土壤中重金属老化是一个客观存在且长期的过程，与时间密切相关。McLaughlin（2001）通过试验证明，老化时间的长短是决定重金属老化进程及有效性高低的重要因素之一。外源重金属进入土壤后会与土壤胶体发生吸附-解吸、氧化-还原、沉淀-溶解等一系列过程，使得其在土壤中的生物有效性随着时间的延长而逐渐降低，最终转化到土壤矿物晶格内部，变成难以被植物吸收利用的难溶态而被固定下来。

4.4.7 土壤中重金属污染的修复技术

我国土壤污染以无机污染为主，无机污染物超标点位数占土壤污染超标点位总数的 82.8%，其中，镉、汞、砷、铜、铅、铬、锌、镍 8 种重金属污染物点位超标率达 21.7%。据统计，由于矿山开采、金属冶炼、工业排放等原因，我国受砷、镉、汞、锌、铜等重金属污染的耕地面积约 1000 万 hm^2，造成巨大的经济损失和食品安全隐患。重金属通过挥发、地下水转移、农作物积累等途径直接或间接进入食物链。

1. 物理修复

物理修复土壤重金属污染主要是客土、稳定/固化修复和电动力学修复等，而热处理和蒸气浸提等技术很难解决重金属污染问题。

客土改良土壤是指非当地原生的、由别处移来用于置换原生土的外地土壤。客土重金属污染土壤首先要去除污染土壤，然后覆上相应厚度的客土，从而改变植物生长的不良基质。客土改良土壤方法多样，通常又分为：①简单客土法；②封闭型客土法；③客土抬高地面、底部设隔离层及渗水管复合型改土法；④封底式客土抬高地面技术。为防止本地土中不利于植物生长的有毒有害元素的侵入，还应在客土下部、四周设立隔离体系，如下部用石屑、炉渣等颗粒较大的隔离材料隔离下部原土与客土，阻断毛细管水的上升；横向用墙、板、薄膜等与四周土壤隔离，防止盐分或有毒有害元素横向渗透。客土表面覆沙、树屑等，抑制客土水分蒸发。客土最早在美国、荷兰、英国等国家有应用，此法虽然技术简单，增产效果显著，但是工程量大，需花费大量的人力、物力与财力，需要专业的客土喷播技术和设备，置换出的污染土壤仍需进行妥善处理，以避免造成二次污染。

稳定/固化技术指通过固态形式在物理上隔离污染物或者将污染物转化成化学性质不活泼的形态，通过降低污染物的生物有效性来消除或降低污染物的危害。它可分为原位稳定/固化修复技术和异位稳定/固化修复技术。其中，固化是指利用水泥一类的物质与土壤相混合将污染物包被起来，使之呈颗粒状或大块状存在，进而使污染物处于相对稳定的状态。封装可以是对污染土壤进行压缩，也可以是由容器来进行封装。

电动力学修复技术应用了离子的电动力学和电渗析原理，所以有的学者也称之为电渗析土壤修复。这种技术是在土壤处于酸性条件下，使用直流电对重金属进行清除处理，试验表明，铅和镉都可被有效地清除，如果使用盐酸溶液，则可对铅和镉达到很高比例的清除。这种技术对于土壤的处理，仅仅限于两个电极之间，不涉及两极及以外地区的土壤对现有景观、建筑和结构等的影响，不会破坏土壤本身的结构，而且该过程不受土壤低渗透性的影响，并对有机污染物和无机污染物都有效。这种技术对于质地黏重的土壤效果良好，因为黏土表面有负电荷，同时在盐基饱和及不饱和的土壤中都可应用。电动力学修复技术通常有几种应用方法：原位修复，直接将电极插入受污染土壤，污染修复过程对现场的影响最小；序批修复，污染土壤被输送至修复设备分批处理；电动栅修复，在受污染土壤中依次排列一系列电极用于去除地下水中的离子态污染物。

2. 改变土壤的氧化还原电位

土壤的氧化还原电位（E_h）对土壤修复有着极其显著的影响。通过淹水的方式控制污染滩涂沉积物的 E_h（−216～−50mV），促使还原环境下铁氧化物和有机质的分解，这种方式使得与铁氧化物和有机质结合的重金属以离子形式释放出来，从而增强滩涂沉积物中 Cd、Pb、Cr、Cu 等金属离子的淋溶去除效果。此外，通过改变淹水-落干环境对 Cr(Ⅵ)（H_2CrO_4、$HCrO_4^-$、$Cr_2O_7^{2-}$）进行还原或将 As(Ⅲ)氧化至 As(Ⅴ)（$H_2AsO_4^-$、$HAsO_4^{2-}$），也能够有效降低金属生物毒性。污染土壤加入 FeS 和纳米 Fe^0 后，会在土壤中逐步发生氧化和水解反应形成 FeOOH、Fe_2O_3 等结晶矿物，在这一过程中，大量金属被吸附在晶相中，从而降低了游离态比例。在加入 FeS 和生物炭复合体后，可交换态 Cr(Ⅵ)明显降低，且 95%以上的 Cr(Ⅵ)被还原成 Cr(Ⅲ)。铁氧化物由于对重金属的高度亲和力，也已经广泛用于 As 污染土壤的修复。其原理是砷酸盐化合物是 As(Ⅴ)的主要赋存形态，易被黏粒吸附，且因为砷酸铁、砷酸铝溶解度远小于砷酸钙，因此土壤中 Fe、Al 含量会影响 As 的有效性。虽然部分 As(Ⅴ)被 Fe 还原，但其速率远低于 Fe 转化为高价铁化合物的速率，而具有较强毒性的 As(Ⅲ)化合物在此过程中被固定下来，在有氧条件下逐步转化为 As(Ⅴ)，从而起到长久的修复效果。类似方法也适用于锰、铝化合物，且有研究认为，锰化合物的添加对 Pb 有较铁氧化物更好的吸附效果，磷酸盐存在的情况下也能够与 Cd^{2+}形成较稳定的化合物，然而 Mn 还原过程中会导致 Cr(Ⅲ)氧化为 Cr(Ⅵ)，生物毒性增加。在实际应用过程中，由于土壤环境复杂，随着 E_h 的变化，铁锰氧化物、有机质与硫化物等对重金属稳定化的影响并不统一，因此，这类方法主要停留在改变 As、Cr 等的价态从而降低其毒性方面。

3. 生物修复

生物修复也曾被称为生物恢复、生物清除、生物再生和生物净化等，它一般分为植物修复、动物修复和微生物修复三种类型。重金属污染的生物修复包括利用植物、动物和微生物的正常生命代谢活动，对重金属进行吸收、氧化还原、吸附、降解或转化等系列反应，从而削减重金属在土壤地下水中的含量或降低重金属的生物有效性（邵友元等，2017），也包括将污染物稳定化，以减少其向周边环境的扩散。

植物修复通过借助特定植物在自然生长过程中对重金属等污染物质的提取、吸收、挥发、稳定及分解等作用，解决土壤污染问题（Rajkumar et al.，2012）。植物修复可将土壤重金属移除，具有效果稳定、经济有效的优势，但植物种植受季节变化影响；由于植物根系的局限性，主要对表层土壤中的重金属去除比较有效；对于深层受污染土壤，还要结合其他技术，才能实现污染土壤的有效修复；且一些超富集植物生长缓慢，总体来说重金属移除效率较低，植物收割后续处理技术有待研究，具有一些应用限制。

动物修复是指将动物投放到污染土壤中，利用其新陈代谢摄入重金属达到移除的目的，如甲壳虫对土壤的水文特性产生积极影响，蚯蚓可以降低玉米、向日葵叶片中 Cd 的毒性和浓度，提高植物耐受性，此外，也可将污染作物作为食物喂养动物。该方法具有增强土壤肥力、改善土壤环境、不破坏土壤结构的优点，但操作较为复杂，应用并不常见。

微生物修复技术是指通过微生物重金属的吸附、氧化还原等作用，从而达到降低重金属毒性的作用，它包括自然和人为控制条件下的污染物降级或无害化的过程。然而一些重金属污染物不可能被彻底降解，只是转化成毒性和移动性较弱的产物或中间产物。单独应用纯菌效率较低，容易受外界环境的影响，混合微生物多样性高，适应能力强，具有自我演化调整以适应外界环境的能力，因此其更适合于实际应用。

4. 化学修复

1）化学淋洗修复

化学淋洗修复技术是指借助能促进土壤环境中污染物溶解或迁移作用的化学/生物化学溶剂，与土壤中的重金属作用以形成更为稳定的金属络合物或溶解性的金属离子，在重力作用下或通过水力压头推动清洗液，将其注入被污染土层中，然后再把包含有污染物的液体从土层中抽提出来，进行分离和污水处理的技术，既可在原位进行修复，也可在异位进行修复。提高污染土壤中污染物的溶解性和它在液相中的可迁移性是实施该技术的关键。应用化学淋洗技术来修复土壤重金属污染常使用螯合剂或酸，目前较为常用的淋洗剂包含以下几种类型：无机酸，如 HCl、HNO_3、H_2SO_4 和 H_3PO_4；无机盐，如 NaCl、$CaCl_2$ 和 $FeCl_3$；低分子量有机酸，如柠檬酸、酒石酸和草酸；螯合物，如 EDTA 和 Na_2EDTA；表面活性剂和碱（陈果，2017）。淋洗剂的加入会改变土壤的理化性质，并可能会引入新的污染物，因此需控制淋洗剂的使用量和淋洗条件，以确保淋洗效果并不产生新的污染。

2）化学固定化修复

化学固定化修复技术也可以称为化学稳定技术、固化技术或钝化技术。对于特别集中的重金属污染区域，可以采用区域固定技术，就是在污染区域周围构建一个可渗透化学反应区（反应墙或格栅），当污染物通过这个特殊区域时被降解或固定。反应区填充化学固定剂，如氧化剂、还原剂或络合剂，修复土壤中对化学固定剂作用敏感的重金属污染物，当这些污染物迁移到反应区时，或者被降解，或者转化成为低毒、低移动性的固定态，从而使污染物在土壤环境中的迁移性和生物可利用性降低。通常这个反应区设在污染土壤的下方或污染源附近的含水土层中。在污染区的不同深度钻井，将固定剂注入土壤中，或采用土壤深度混合、液压破裂等方式对固定剂进行分散，也可以把原来的土壤挖掘出来，代之以一个可渗透反应的墙体或格栅，可以由特殊种类的泥浆填充，加入固定剂。

对于大范围的重金属污染土壤，一般通过向污染的土壤中加入一种或几种固化剂或天然黏土矿物，加入物质与重金属发生的吸附、沉淀和氧化还原等作用，将有害化学物质转化成毒性较低或迁移性和生物有效性较低的物质，使有毒重金属可以在较长时间能够处于稳定的状态，改善土壤微生物功能，使土壤中的动物、植物等能够正常生长发育，使农作物达到食品安全标准，最终达到解决环境、生态、粮食等问题的目标。常用的固化剂包括磷酸盐、硫化物、碳酸盐、钙基材料、铁基材料等，常用的吸附材料包括黏土矿物、壳聚糖等，常用的氧化剂包括 $KMnO_4$、H_2O_2 和 O_3 气体等，常用的还原剂有 SO_2、H_2S 气体等，常用的滞留重金属的螯合剂或沉淀剂，以及提高微生物降解作用的营养物质等。但是该技术只是暂时地降低了污染物在土壤中的毒性，并没有从根本上去除其污染物，当外界条件改变时，这些污染物质还有可能释放出来污染环境，特别要注意在处理过程中使用过量处理剂泄漏的二次污染问题。

黏土矿物作为天然土壤胶体的主要成分，逐渐被应用于土壤重金属污染治理的研究和实践中。黏土矿物是一种层状结构或层链状结构的硅酸盐矿物，可分为高岭石-蛇纹石族、蒙皂石族、蛭石族、绿泥石族、云母族、滑石-叶蜡石族、坡缕石-海泡石族、脆云母族等 8 个族，每个族又分为若干亚族。不同种类的黏土矿物既有相同的性质又有相异的特性。黏土矿物均具有极大的比表面积，因而具有很强的吸附作用，可通过物理吸附、化学吸附和离子交换作用吸附环境中的各类离子；黏土矿物具有吸水膨胀性和加热膨胀性，吸水膨胀性以蒙脱石为典型代表，加热膨胀性以蛭石为典型代表，可制成膨胀蛭石应用于保温材料；此外，黏土矿物机械稳定性强、天然无害、储量丰富、价格低廉、化学性质稳定、环境友好，其流变性质及其与土壤有机质的相互作用均是其应用于环境治理领域的优势性能，如天然海泡石、膨润土等已经被广泛应用在土壤重金属钝化修复领域中（杨越晴等，2018）。海泡石可以提高土壤的 pH，使重金属 Pb 和 Cd 从活性高的可提取态向较稳定状态转化，降低重金属在菠菜、水稻体内的积累量，在酸雨条件下降低 Pb 和 Cd 的淋溶量（饶中秀等，2013）；坡缕石可使土壤可交换态 Pb、Cd 显著减少，同时增加土壤中残渣态 Pb 的比例（Liang et al.，2014）。Tica 等（2011）添加白云石、硅藻土、蒙脱石、膨润土、褐藻石和沸石混合物作为污染土壤的修复材料，其脱氢酶、β-葡萄糖苷酶活性显著改变，可有效降低重金属 Pb、Zn、Cu 和 Cd 的潜在生物利用度。Liang 等（2016）以 Cd 污染水稻田为研究对象，以海泡石为土壤重金属钝化剂，用两年时间考察海泡石对水稻田修复效果的长期有效性，结果表明海泡石对 Cd 的钝化效果在第一年表现显著，在第二年基本保持不变。这项研究为黏土矿物钝化剂的长期有效性的发挥与低成本钝化剂的开发提供了一项有力的证明。Malandrino 等（2011）调研了意大利某污染场地，发现该场地土壤含有 Cu、Cr 和 Ni 等 15 种重金属离子，随后以蛭石为钝化剂进行修复试验，盆栽试验表明蛭石可降低莴苣和菠菜对该污染土壤中重金属的可利用率，且修复有效性随接触时间的增加而上升。然而，天然黏土矿物对重金属的钝化作用具有一定的限制性，土壤环境、重金属种类、复合污染等均是黏土矿物修复污染土壤的限制因素，如天然蛭石、硅藻土等均具有降低土壤中 Cr、Cu 和 Ni 等重金属植物有效性的性能，但作用效果受土壤类型、接触时间等因素影响。

天然黏土矿物对土壤中重金属离子的钝化作用在实验室条件下效果较为理想，但在实践应用中钝化效果和稳定性往往受到许多应用因素限制。通过黏土矿物的改性，不仅能克服一些影响因素，还能进一步提高黏土矿物对土壤中重金属离子的钝化率，开发出具有高效性的多功能黏土矿物材料。改性方法主要包括物理改性、化学改性、复合改性及复合配方的研发等，即通过物理研磨、超声、化学基团接枝、分步复合处理、按照一定比例制备混合配方等手段，进一步提升黏土矿物的性能，利用物理吸附、离子交换吸附、配合作用、共沉淀作用等机理更好地发挥其对重金属的钝化作用。酸改性是指以外源酸性物质为改性剂，当原始矿物材料与改性剂充分接触时，材料本身的某些物质能够与酸性改性剂发生化学反应，与酸形成可溶性的盐类被剥离出材料，使材料本身的层间键力减小，层状态的矿物晶格结构得到改变，扩大了矿物材料的孔容、孔径。除此之外，酸性改性剂还能与天然材料本身发生置换反应，其中的 H^+能够置换出材料中粒径较大的阳离子（如 Ca^{2+}、Mg^{2+}等），在一定程度上扩大了离子交换通道。无机盐改性指的是利用镁盐、铝盐、银盐、铁盐等无机盐对天然矿物材料的改性。当典型的无机盐进入到环境矿物材料中时，能够改变矿物材料的单位晶胞电荷，矿物晶格中的金属离子与嵌入的金属离子发生交换，从而达到改变这些材料的结构、增强反应活性的目的。同时，金属盐的加入还能在一定程度上使矿物黏土表面形成包覆结构，盐本身也能与重金属离子发生反应，从而进一步提升材料的吸附性能，最终形成性能优越的无机盐改性功能材料。有机改性是将对重金属吸附效果较强的有机官能团负载到廉价天然矿物材料表面或者层间。大多数天然非金属矿物材料是亲水性的，与大多数非极性的聚合物分子之间的相容性较差，通过有机改性能够降低非金属矿物的片层表面能，增强对重金属离子的亲和性，最终提升矿物材料对重金属的吸附容量。选择有机盐改性剂时应充分考虑有机污染物的亲、疏水性来选择不同碳链长度的改性剂。针对重金属离子需要选择含有负电基团、孤对电子或者螯合作用的有机改性剂，依靠配位络合、螯合等作用将重金属离子从水体中吸附去除（江湛如等，2017）。

化学方法可从重金属形态转化、降低毒性等方面设计修复思路，也可联合植物修复等形成联合修复技术，具有很好的发展前景。植物修复还可以与微生物修复相结合，提高修复效率。但目前研究的一些淋洗剂、固定剂、改良剂等性质不稳定，甚至可释放毒性，长期稳定性尚待考察，因此一些化学修复方法实践应用受限制，不宜大规模使用。

参 考 文 献

曹爱丽. 2010. 长江口滨海沉积物中无机硫的形态特征及其环境意义. 上海：复旦大学

陈果. 2017. 重金属污染土壤化学修复剂的研究进展. 应用化工，46(9)：1810-1813，1817

陈志慧，孙洛新，钟莅湘. 2014. 快速催化极谱法测定土壤中的有效态钼. 岩矿测试，33(4)：584-588

崔闻宇，孙言春，吕江维，等. 2018. 在三氧化二铋-石墨烯修饰电极上采用阳极溶出伏安法检测铅和镉. 分析化学，46(11)：1748-1754

高云涛，刘琼，李乔丽，等. 2010. 铋膜电极微分电位溶出法测定矿区土壤中锡. 冶金分析，30(11)：20-24

高云涛，周学进，刘琼，等. 2012. 镉在嵌入式碳纳米管-铋膜玻碳电极上的电化学行为及电位溶出法测定研究. 冶金分析，32(2)：11-16

谷倩，刘欢，张宝刚，等. 2018. 钒污染土壤地下水的修复技术研究进展. 地球科学，(A01)：84-96

韩张雄，万的军，胡建平. 2017. 土壤中重金属元素的迁移转化规律及其影响因素. 矿产综合利用，6(6)：5-9

江湛如，雷鸣，龙九妹. 2017. 改性非金属矿物材料用于重金属污染处理的研究进展. 材料导报，31(30)：210-213

姜晓璐，邹滨，涂宇龙，等. 2018. 类标准化土壤样品 Cd 含量高光谱定量反演. 光谱学与光谱分析，38(10)：3254-3260

李国刚. 2013. 土壤和固体废物污染物分析测试方法. 北京：化学工业出版社

李慧，孔德明. 2013. 脱氧核酶在重金属离子检测中的应用. 化学进展，25(12)：2119-2130

毛凌晨，叶华. 2018. 氧化还原电位对土壤中重金属环境行为的影响研究进展. 环境科学研究，31(10)：1669-1676

饶中秀，朱奇宏，黄道友，等. 2013. 模拟酸雨条件下海泡石对污染红壤镉、铅淋溶的影响. 水土保持学报，(3)：23-27

邵友元，李永梅，熊钡. 2017. 土壤重金属污染治理技术的现状分析及未来对策. 东莞理工学院学报，24(3)：76-82

宋练，简季，谭德军. 2014. 万盛采矿区土壤 As，Cd，Zn 重金属含量光谱测量与分析. 光谱学与光谱分析，34(3)：

812-817

陶超，王亚晋，邹滨，等. 2018. 土壤重金属铅、锌高光谱反演模型可迁移能力分析研究. 光谱学与光谱分析，38(6)：1850-1855

王博，夏敦胜，余晔，等. 2014. 典型沙漠绿洲城市表土磁性特征及环境指示意义. 地球物理学报，57(3)：891-905

王进进，白玲玉，曾希柏，等. 2012. 薄膜扩散梯度技术评价土壤砷生物有效性研究. 中国农业科学，45(4)：697-705

王立章. 2014. 土壤与固体废物监测技术. 北京：化学工业出版社

肖波，陈子学，齐璐璐，等. 2007. 连续光源原子吸收光谱仪在测定土壤有效态锌、锰、铁、铜中的应用. 现代科学仪器，(6)：108-113

杨越晴，董颖博，林海，等. 2018. 黏土矿物对土壤中重金属的钝化作用研究进展. 金属矿山，(9)：33-40

姚羽，孙琴，丁士明，等. 2014. 基于薄膜扩散梯度技术的复合污染土壤镉的生物有效性研究. 农业环境科学学报，33(7)：1279-1287

余克强，赵艳茹，刘飞，等. 2016. 激光诱导击穿光谱技术在土壤元素检测中的应用. 光谱学与光谱分析，36(3)：827-833

袁迪，高勋，姚爽. 2016. 应用 LIBS 技术测量土壤重金属 Cr 含量. 光谱学与光谱分析，36(8)：2617-2620

郑冬梅，王起超，孙丽娜，等. 2010. 不同污染类型沉积物中汞的形态分布. 环境科学与技术，33(7)：44-56

中华人民共和国生态环境部. 环境保护标准. http://kjs.mee.gov.cn/hjbhbz/

周宝宣，袁琦. 2015. 土壤重金属检测技术研究现状及发展趋势. 应用化工，44(1)：131-145

周杰郛. 2010. 极谱法快速检测地球化学勘查样品中的钨和钼. 光谱实验室，27(1)：123-126

周卫红，张静静，邹萌萌，等. 2017. 土壤重金属有效态含量检测与监测现状、问题及展望. 中国生态农业学报，25(4)：605-615

Bermea O M，Hermandez E，Martinez-Pichardo E，et al. 2009. Mexico City topsoils：Heavy metals *vs*. magnetic susceptibility. Geoderma，151(3-4)：121-125

Botsou F，Karageorgis A. P，Dassenakis E，et al. 2011. Assessment of heavy metal contamination and mineral magnetic characterization of the Asopos River sediments (Central Greece). Marine Pollution Bulletin，62(3)：547-563

Comans R N J. 1987. Adsorption，desorption and isotopic exchange of cadmium on illite：Evidence for complete reversibility. Water Research，21(12)：1573-1576

Darwish I A，Blake D A. 2001. One-step competitive immunoassay for cadmium ions：Development and validation for environmental water samples. Analytical Chemistry，73(8)：1889-1895

Desenfant F，Petrovský E，Rochette P. 2004. Magnetic signature of industrial pollution of stream sediments and correlation with heavy metals：Case study from south France. Water，Air，and Soil Pollution，152(1-4)：297-312

Frierdich A J，Catalano J G. 2012. Distribution and speciation of trace elements in iron and manganese oxide cave deposits. Geochimica et Cosmochimica Acta，91：240-253

Fu L Y，Hu J W，Huang X F，et al. 2014. Vertical profile of acid volatile sulfide (AVS) and risk assessment of sediments from Baihua Lake，China. Environmental Forensics，15(4)：337-351

Gautam P，Blaha U，Appel E. 2005. Magnetic susceptibility of dust-loaded leaves as a proxy of traffic-related heavy metal pollution in Kathmandu city，Nepal. Atmospheric Environment，39(12)：2201-2211

Johnson D K. 1999. A Fluorescence polarization immunoassay for cadmium(Ⅱ). Analytica Chimica Acta，399(1-2)：161-172

Jordanova D，Goddu S R，Kotsev T. 2013. Industrial contamination of alluvial soils near Fe-Pb mining site revealed by magnetic and geochemical studies. Geoderma，192：237-248

Kemper T，Sommer S. 2002. Estimate of heavy metal contamination in soils after a mining accident using reflectance spectroscopy. Environmental Science and Technology, 36(12): 2742-2747

Koster M, Reijnders L, van Oost N R, et al. 2005. Comparison of the method of diffusive gels in thin films with conventional extraction techniques for evaluating zinc accumulation in plants and isopods. Environmental Pollution, 133(1): 103-116

Krizkova S, Huska D, Beklova M, et al. 2010. Protein-based electrochemical biosensor for detection of silver(Ⅰ) ions. Environmental Toxicology and Chemistry, 29(3): 492-496

Laing G D, Meyer B D, Meers E, et al. 2008. Metal accumulation in intertidal marshes: role of sulphide precipitation. Wetlands, 28(3): 735-746

Li T Q, Di Z Z, Yang X E, et al. 2011. Effects of dissolved organic matter from the rhizosphere of the hyperaccumulator Sedum alfredii on sorption of zinc and cadmium by different soils. Journal of Hazardous Materials, 192(3): 1616-1622

Li W J, Zhao H J, Teasdale P R, et al. 2005. Metal speciation measurement by diffusive gradients in thin films technique with different binding phases. Analytica Chimica Acta, 533(2): 193-202

Liang X F, Han J, Xu Y M, et al. 2014. In situ field-scale remediation of Cd polluted paddy soil using sepiolite and palygorskite. Geoderma, 235-236: 9-18

Liang X F, Yi X, Xu Y M, et al. 2016. Two-year stability of immobilization effect of sepiolite on Cd contaminants in paddy soil. Environmental Science and Pollution Research, 23(13): 12922-12931

Lindsay W L, Sadig M. 1983. Use of pe + pH to predict and interpret metal solubility relationships in soils. Science of the Total Environment, 28(1-3): 169-178

Lombi E, Hamon R E, Mcgrath S P, et al. 2003. Lability of Cd, Cu, and Zn in polluted soils treated with lime, beringite, and red mud and identification of a non-labile colloidal fraction of metals using isotopic techniques. Environmental Science and Technology, 37(5): 979-984

Maiz I, Esnaola M V, Millán E. 1997. Evaluation of heavy metal availability in contaminated soils by a short sequential ex-traction procedure. Science of the Total Environment, 206(2-3): 107-115

Malandrino M, Abollino O, Buoso S, et al. 2011. Accumulation of heavy metals from contaminated soil to plants and evaluation of soil remediation by vermiculite. Chemosphere, 82(2): 169-178

McLaughlin M J. 2001. Ageing of metals in soils changes bioavailability. Fact Sheet on Environmental Risk Assessment, 4: 1-6

Naylor C, Davison W, Motelica-Heino M, et al. 2006. Potential kinetic availability of metals in sulphidic freshwater sediments. Science of the Total Environment, 357(1-3): 208-220

Nethaji S, Kalaivanan R, Arya V, et al. 2017. Geochemical assessment of heavy metals pollution in surface sediments of Vellar and Coleroon estuaries, southeast coast of India. Marine Pollution Bulletin, 115(1-2): 469-479

Nolan A L, Zhang H, McLaughlin M J. 2005. Prediction of zinc, cadmium, lead, and copper availability to wheat in contaminated soils using chemical speciation, diffusive gradients in thin films, extraction, and isotopic dilution techniques. Journal of Environmental Quality, 34(2): 496-507

Odzak N, Kistler D, Xue H B, et al. 2002. In situ trace metal speciation in a eutrophic lake using the technique of diffusion gradients in thin films(DGT). Aquatic Sciences, 64(3): 292-299

Pan Y, Koopmans G F, Bonten L T C, et al.2014. Influence of pH on the redox chemistry of metal (hydr) oxides and organic matter in paddy soils. Journal of Soils and Sediments, 14(10): 1713-1726

Qiao Q Q, Huang B C, Zhang C X, et al. 2013. Assessment of heavy metal contamination of dustfall in northern China from integrated chemical and magnetic investigation. Atmospheric Environment, 74: 182-193

Rajkumar M, Sandhya S, Prasad M N V, et al. 2012. Perspectives of plant associated microbes in heavy metal phytoremediation. Biotechnology Advances，30(6)：1562-1574

Randall S R，Sherman D M，Ragnarsdottir K V，et al. 1999. The mechanism of cadmium surface complexation on iron oxyhydroxide minerals. Geochimica et Cosmochimica Acta，63(19-20)：2971-2987

Rout K，Mohapatra M，Anand S. 2012. 2-Line ferrihydrite：Synthesis，characterization and its adsorption behaviour for removal of Pb(Ⅱ)，Cd(Ⅱ)，Cu(Ⅱ) and Zn(Ⅱ)from aqueous solutions. Dalton Transactions，41(11)：3302-3312

Shaheen S M，Rinklebe J. 2017. Sugar beet factory lime affects the mobilization of Cd，Co，Cr，Cu，Mo，Ni，Pb，and Zn under dynamic redox conditions in a contaminated floodplain soil. Journal of Environmental Management，186：253-260

Sonmez O，Pierzynski G M. 2005. Assessment of zinc phytoavailability by diffusive gradients in thin films. Environmental Toxicology and Chemistry，24(4)：934-941

Tica D，Udovic M，Lestan D. 2011. Immobilization of potentially toxic metals using different soil amendments. Chemosphere，85：577-583

Tmkova L，Krizkova S，Adam V，et al. 2011. Immobilization of metallothionein to carbon paste electrode surface via anti-MT antibodies and its use for biosensing of silver. Biosensors and Bioelectronics，26(5)：2201-2207

Tu C，Zheng C R，Chen H M. 2000. Effect of applying chemical fertilizers on forms of lead and cadmium in red soil. Chemosphere，41(1-2)：133-138

Warnken J，Dunn R J K，Teasdale P R. 2004. Investigation of recreational boats as a source of copper at anchorage sites using time-integrated diffusive gradients in thin film and sediment measurements. Marine Pollution Bulletin，49(9-10)：833-843

Xu X W，Chen C，Wang P，et al. 2017. Control of arsenic mobilization in paddy soils by manganese and iron oxides. Environment Pollution，231(1)：37-47

Yang T，Liu Q S，Zeng Q L，et al. 2009. Environmental magnetic responses of urbanization processes：Evidence from lake sediments in East Lake，Wuhan，China. Geophysical Journal International，179(2)：873-886

第 5 章　重金属的环境效应、污染评价与环境风险评价

5.1　重金属的环境效应

5.1.1　大气中重金属的环境效应

大气总悬浮颗粒物（TSP）是指分散在空气中的固态或液态物质，它来源广泛、成分复杂、性质多样。其中粒径小于 10μm 的大气颗粒物称为可吸入颗粒物（PM_{10}）或可吸入悬浮颗粒物（RSPM），含有的重金属含量相对更高。据报道，75%～90%的重金属分布在 PM_{10} 中，且颗粒越小，重金属含量越高。大气中重金属污染主要来源于工业生产、燃料燃烧、矿山开采、汽车尾气和汽车轮胎磨损等，不同的重金属元素其来源也各不相同。工业生产如金属冶炼厂、火力发电厂及各种化学工业产生大量含有重金属的颗粒物，在风力的运输过程中，多数重金属物质发生化学转化，生成毒性更强的二次污染物。道路交通的重金属污染源主要来自汽油和汽车轮胎磨损产生的含 Zn、Cu、Fe 等粉尘，呈带状分布。随着机动车尾气排放量的迅猛增加，城市大气中以 Pb、Cd、Cu 和 Zn 为代表的重金属污染物含量急剧上升，这些存在于大气中的重金属会对生物和人体健康等产生一定影响。

1）对生物体的影响

大气颗粒物中重金属具有不可降解性，且不同化学形态的金属元素具有不同的生物可利用性，长期存在可对环境造成极大的潜在威胁。重金属的生物有效性是指重金属对生物产生毒性效应或被生物吸收的性质。生物对重金属的吸收利用主要与其形态有关，一般而言，可交换态最容易被生物利用，碳酸盐态也较易被利用，铁锰氧化态次之，有机态较难被生物所利用，残渣态几乎不被利用。许多重金属（如 Cu、Zn 等）都是植物必需的微量元素，对植物的生长发育起着十分重要的作用，但是当环境中重金属数量超过某一临界值时，就会对植物产生一定的毒害作用。大气重金属污染容易造成植物叶片中重金属的富集。庄树宏和王克明（2000）对大气中重金属的相对含量与植物叶片中重金属的富集总量进行相关性分析发现，大气中 Pb、Cu 和 Zn 的相对含量与植物叶片中三者的富集总量呈显著正相关。因此，人们选择对环境反应灵敏的植物作为环境监测器，用来指示和监测大气污染状况及其与地方病之间的关系。张朝晖等（2001）利用苔藓和地衣

作为生物监测器对大气中重金属污染物进行了研究。Wappelhore 等（2000）利用德国、波兰、捷克接壤的、被称为“黑三角”地带的苔藓样品的金属元素含量变化图的数据，对各种疾病发病率进行校正运算，发现苔藓中元素 Ce、Fe、Ga 和 Ge 的含量与当地心血管疾病和呼吸系统疾病的发病率呈正相关。

2）对人体健康的影响

大气重金属污染是引起某些疾病的重要原因。大气颗粒物通过呼吸进入人体后，其中的重金属可造成各种人体机能障碍，导致身体发育迟缓，甚至引发各种癌症和心脏病。大气中重金属对环境和人体健康的危害在于，一方面通过干湿沉降转移累积到地表土壤和地面水体，附着于植物叶片，再经一定的生物化学作用，最终转移到动植物进而转移到人体内；另一方面通过人的呼吸作用直接进入人体内，颗粒物粒径的大小决定着最终进入人体的部位，在粒径＜10μm 的可吸入颗粒物中粗粒子一般沉积在支气管部位，而细粒子更易于沉积在细支气管和肺泡中，并可能进入血液循环。研究发现，不同地区大气环境中的有毒金属的含量变化与某些疾病的关系密切，如大气中重金属含量的增加可导致感冒、头痛及眼部刺激症状等的发病率上升，同时也增加了高血压、心脏病的发病率。例如，作为人体必需的微量元素之一的 V，其在环境中的含量与某些癌症死亡率存在相关性，而大气中的 V 主要来源于石油和煤的燃烧。王春梅和欧阳华（2003）研究发现，城市儿童 Pb 中毒流行率达 51.6%，主要城市的工业区内，儿童血铅与大气中 Pb 的浓度相关系数最大，其次是土壤中和灰尘中 Pb 的浓度。

5.1.2　水体中重金属的环境效应

近年来，各种工业（如采矿、冶炼、电镀等）废水和固体废弃物的渗出液直接排入水体，致使水体中有毒重金属元素的含量越来越高。由于具有高的移动性和低的中毒浓度，如毒性较强的金属 Hg、Cd 产生毒害的浓度范围在 0.001～0.01mg·L^{-1}，重金属成为水生生态系统中最危险的物质之一。重金属在水体中不能被生物降解，某些重金属还可在微生物作用下转化为毒性更强的重金属化合物，如甲基汞，在进入生态系统后，经食物链的生物放大作用，逐渐在较高级的生物体内富集，引起生态系统中各级生物的不良反应，甚至危害包括人体在内的各种生命体的健康与生存。

1）对水生植物的影响

重金属进入水生生态系统后，分布于水生生态系统的各个组分中，对生态系统各组分产生影响（即生态效应）。当生物体内重金属积累到一定数量后，就会出现受害症状，生理受阻、发育停滞，甚至死亡，整个水生生态系统的结构、功能受损、崩溃。在水生生态系统及水生食物链中，作为其他浮游动物的食物及氧气来源，藻类占据着重要位置。孔繁翔等（1997）研究了不同浓度的 Zn 等重金属对羊角月牙藻的生长速率、蛋白质含量、ATP 水平等的影响，发现金属离子在其所试范围内对其生长速率均有抑制作用，藻类细胞中 ATP 水平随金属离子浓度增加而下降。杨红玉和王焕校（1990）报道 Cd 能破坏某些绿藻的叶绿素，引起光合作用下降，还对斜生栅藻和蛋白核小球藻呼吸作用产生影响，抑制苹果酸脱氢酶活性。阎海等（2001）报道了 Cu、Zn、Mn 具有抑制蛋白核小球藻、月形藻生长的毒性效应，表明不同金属离子与藻细胞的不同亲和性是导致金属离子抑制蛋白核小球藻生长毒性差异的主要原因。对于沉水植物（红线草、金鱼藻、黑藻、苴草），陈愚等（1998）的研究表明，一定浓度的 Cd 能诱导硝酸还原酶活性，抑制超氧化物歧化酶活性，从而破坏其抗氧化防御系统。Ghate 和 Chaphekar（2000）报道了钝鳞紫背苔（*Plagiochasma appendiculatum*）对 Hg 敏感，使叶状体损伤、叶绿素含量受到影响。陈国祥等（1999）报道了 Hg、Cd 对莼菜越冬芽光合膜光化学活性及多肽组分的影响，发现重金属对水生植物的毒害作用主要表现在改变运动器的细微结构，抑制光合作用、呼吸作用和酶的活性，使核酸组成发生变化、细胞体积缩小和生长受到抑制等。

2）对水生动物的影响

重金属进入水体后，将对水生动物的生长发育、生理代谢过程产生一系列的影响。Al-Yousuf 等（2000）研究了 Zn、Cu、Mn 这些金属的积累对鱼性别、身长的影响，发现海水重金属离子（Cu^{2+}、Zn^{2+}、Cr^{6+}）含量超过一定浓度便会引起文昌鱼中毒，使其身体渐呈弯曲状而死亡。梁君荣等（2001）通过试验分析了不同离子浓度的 Zn、Pb、Cu 和 Cd 对中国鲎胚胎发育的影响，发现重金属对胚胎具有致畸影响。La Torre 等（2002）报道了重金属 Cd 等对鱼大脑乙酰胆碱酯酶活性的影响，发现重金属影响水生动物的遗传表达。Limlam 等（1998）研究了重金属（Cu、Zu）毒性对鲤鱼和罗非鱼金属硫蛋白基因表达的影响，罗非鱼暴露于重金属离子中，使鳃和肝脏中金属硫蛋白 mRNA 的表达受到显著影响。周新文和孙锦荷（2001）研究发现 Cu、Zn、Pb、Cd 混合重金属会抑制鲫鱼 DNA 的合成。

3）对人体健康的影响

重金属对人体的危害，一方面通过直接饮用造成重金属中毒而损害人体健康；另一方面，间接污染农产品和水产品，通过食物链对人体健康构成威胁，并造成土壤的二次污染。重金属能抑制人体化学反应酶的活动，使细胞质中毒，从而伤害神经组织，还可导致直接的组织中毒，损害人体解毒功能的关键器官——肝、肾等组织。例如，Hg、Pb、Cd 等重金属及 As，已被列为剧毒物进行重点防治。重金属（如 Pb、As、Mn 等）通过水体直接或间接进入食物链后，能严重地耗尽体内贮存的 Fe、维生素 C 和其他必需的营养物质，导致免疫系统防御能力下降，子宫内的胚胎生长停滞和其他一些损伤。总之，重金属元素通过阻碍生物大分子的重要生理功能，取代生物大分子中的必需元素，影响并改变了生物大分子所具有的活性部位的构象，这三条途径致使生物体的生长发育和生理代谢受到影响。因此，人们可以利用水生生物的敏感性来监控水体的重金属污染。例如，Rashed（2001）通过鱼体内各器官重金属含量的测定来监控纳赛尔湖水环境的重金属；Oertel（1995）使用植物和动物作为多瑙河水生生态系统重金属水平的生物监测器。

5.1.3 土壤中重金属的环境效应

土壤重金属污染是指人类的活动将重金属带入土壤中，致使土壤重金属含量明显高于其自然背景值，并造成生态破坏和环境质量恶化的现象。土壤中重金属元素按其生物化学性质可分为两类：一类是在一定浓度范围内可以维持生物机体正常生理活动的必需元素，但如果其浓度超过一定范围，就会导致机体中毒，如Cu、Zn等；另一类则是生物体正常生理活动的非必需元素，也是有害的元素，如Cd、Hg、Pb 等。土壤是一个十分复杂的多相体系和动态的开放体系，其固相中所含的大量黏土矿物、有机质和金属氧化物等能吸附进入其内部的各种污染物，特别是重金属元素，进而在土壤中发生累积，当累积量超过土壤自身的承受能力和允许容量时，就会造成土壤污染。重金属主要通过对作物的产量和品质的影响表现其危害，因此具有较长潜伏期。矿产冶炼加工、电镀、塑料、电池、化工等行业以“三废”形式向城乡土壤排放重金属，燃煤释放的重金属向城乡土壤中沉降，垃圾堆放渗漏的重金属向土壤中释放，以及机动车尾气排放是土壤重金属污染的主要来源，土壤中存在的重金属会对城市生态系统、环境及人体健康产生长期效应。

1）对土壤植物的影响

土壤中的重金属会对植物产生一定的毒害作用，引起株高、主根长度、叶面积等一系列生理特征的改变。这主要是因为吸收到植物体内的重金属能诱导其体内产生某些对酶和代谢具有毒害作用和不利影响的物质，如H_2O_2、C_2H_2等类物质。重金属的胁迫有时会引起大量营养的缺乏和酶有效性的降低，较高浓度的重金属含量有抑制植物体对 Ca、Mg 等矿物质元素的吸收和转运的能力。经过 Ca 处理的小麦幼苗叶和根的生长明显受到抑制，其茎和叶中富集的 Ca 量增加，Fe、Mg、Ca 和 K 等营养元素的含量下降。土壤重金属污染影响植物生理生态过程、植物产量和品质，如广水城郊由于耕地土壤受到重金属污染，不同农作物中 Cu、Pb、Zn、Cd 的检测结果全部或部分重金属超标。重金属污染胁迫可以危害植物的根系，造成根系生理代谢失调，生长受到抑制，反过来，受害根系的吸收能力减弱，导致植物体营养亏缺。

2）对土壤动物的影响

随着各种重金属元素在土壤中的富集，对土壤动物的生存繁衍带来了严重威胁。有研究表明，重金属污染不同程度地对土壤动物构成危害，土壤动物群落的组成与数量随着污染的加重而减少，在重污染的土壤中，优势类群与常见类群的种类明显减少，重金属对土壤动物群落的多样性指数、均匀性指数、密度类群指数都有减少的趋势。土壤重金属含量对蚯蚓、线虫等无脊椎动物数目、丰富度、生物数量和群体构成等有直接影响。袁方曜等（2004）对鲁中地区农田环境有害化学物质对蚯蚓群体构成的影响进行了调查，发现重金属污染农田中蚯蚓种群的多样性指数为 1.5835，而在相比较的普通潮土农田中为 2.2262，说明重金属污染农田的蚯蚓种群多样性水平出现显著下降。

3）对土壤酶的影响

土壤酶是一种生物催化剂，是反映土壤肥力的一个敏感性生物指标，更能直接反映土壤生物化学过程的强度和方向。由于土壤酶活性易受土壤物理性质、化学性质和生物活性的影响，环境污染对土壤酶活性影响较大，可在一定程度上灵敏地反映出土壤的环境状况。有研究表明，污灌区土壤重金属 Pb、Cd 污染与土壤酶活性间存在关系，发现土壤脲酶和过氧化氢酶活性与土壤 Pb、Cd 含量之间呈指数负相关（刘树庆，1996）。Hg 对土壤中脲酶的抑制作用最为敏感，当土壤中脲酶明显减少时，表明土壤受 Hg 污染。土壤重金属元素对土壤的复合污染并不是各单元素污染的简单叠加，而是更为复杂。单元素处理 Zn 对土壤过氧化氢酶活性具有一定的抑制作用，Cd＜$10mg\cdot kg^{-1}$ 时表现为激活作用，达 $50mg\cdot kg^{-1}$ 时表现为抑制作用，Cd、Zn 对土壤过氧化氢酶活性交互作用表现出协同抑制负效应特征。

4）对人体健康的影响

随着人口快速增长，工业生产规模不断扩大，城镇化快速发展，农业生产施用化肥农药及污水灌溉等，许多有害物质进入土壤系统引起土壤的组成、结构和功能发生变化，微生物活动受到抑制，有害物质或分解产物在土壤中逐渐积累，通过“土壤-植物-人体”或“土壤-水-人体”间接被人体吸收，危害人体健康。土壤尤其是表层土壤中的重金属极易进入人体，直接对人体健康造成威胁。当人体摄入或吸入过量的 Cd，会引起身体各器官一系列的病变，可引发以骨矿密度降低和骨折发生概率增加为特征的骨效应。Pb 能导致包括人类在内的各种生物的生殖功能下降、机体免疫力降低，当人体内血铅质量比达到 600～$800\mu g\cdot g^{-1}$ 时会表现为头晕、头疼、记忆力减退和腹痛等一系列症状。长期食用含 Cr 的食物，人体会出现不同程度的皮肤和呼吸道系统病变，并且出现溃疡和炎症。长期吸入 Ni 可以引起鼻癌、肺癌，并且可以引起接触性皮炎、肺炎等病症。当金属 Hg 进入人体后，可与体内酶或蛋白质中许多带负电的基团如巯基等结合，使能量生成、蛋白质和核酸合成受到影响，从而影响细胞正常的功能和生长。

5.2 重金属的污染评价

5.2.1 大气降尘重金属污染评价

1. TSP 法

TSP 是重要的空气污染物之一，其表面携带的重金属往往是重要的污染源之一。据报道，许多工业发达国家，大气沉降对土壤重金属累积贡献率在各种外源输入因子中排首位（Nriagu et al.，1984）。该方法是按空气和废气检测分析方法中灰尘自然沉降量——重量法之湿法采样，空气中灰尘自然沉降在集尘缸内，结果以每月每平方千米面积上沉降的吨数（$t \cdot km^{-2} \cdot 月^{-1}$）表示。汪立河（2002）研究了马鞍山市 TSP 特征，发现降尘污染程度为夏季＞春季＞冬季＞秋季，工业区污染最重，居民区污染最轻。Perters 等（2002）研究了 1986～1999 年间美国佐治亚州硫的沉降量，结果表明来自干、湿沉降量分别达到 $6.4kg \cdot h^{-1} \cdot m^{-2}$、$2.1kg \cdot h^{-1} \cdot m^{-2}$，为全区环境评价提供基础数据。TSP 和降尘附着重金属的量决定带入土壤中重金属的量，该方法能较好地应用于计算农田土壤重金属大气来源的通量，比较客观地了解污染元素来源与周围工矿企业类型、密度之间的关系，在农田土壤质量评价方面起到较好的效果，此外，还为今后特色农业生产和城市规划布局提供依据。

2. 土壤环境质量标准法

目前，对大气降尘中各种化学组成的最大允许浓度尚无统一的评价标准，有学者运用区域地壳中元素的丰度作为评价标准，也有依据《土壤环境质量标准》（GB/T 15618—1995）中不同的土壤功能进行数据分析，按照当地环境保护规划选用合适的目标保护级别进行评价。它们认为土壤是降尘最终污染对象之一，参考我国《土壤环境质量标准》（GB/T 15618—1995）也可以从侧面反映大气降尘中金属元素含量水平。研究上海市城市灰尘重金属分布特征发现，内环灰尘 Pb、Zn 等重金属污染严重，超过国家土壤环境三级标准（李海雯等，2007）。Han 等（2006）研究大气降尘重金属特征发现，除 As、Mn 外，降尘重金属含量都不同程度地高于土壤质量一级标准（尤其是 Hg，高于标准 100 倍）。该方法有些类似于 TSP 法，能宏观了解大气降尘中重金属的总量，将进一步有助于了解土壤重金属容量，为土壤环境质量修复提供依据。

3. 富集因子法

富集因子（enrichment factor，EF）可以定量评价重金属污染富集程度与污染来源，是一个反映人类活动对自然环境扰动程度的重要指标。选择一定参考系统下的某一元素作为参比元素，试样中污染元素的质量分数与参比元素质量分数的比值与参比系统中二者的质量分数比值的比值即为富集因子，即

$$EF = (c_i/c_n)_{样品}/(c_i/c_n)_{背景} \tag{5-1}$$

式中，c_i 表示重金属元素 i 的浓度；c_n 表示标准化元素的浓度。如果元素富集因子接近于 1，可以认为该元素相对于土壤来源基本没有富集；如果元素富集因子大于 10，则表明元素除自然来源外还受人类活动影响。

该方法在判定大气降尘重金属依据方面应用非常广泛，能较好地识别大气降尘重金属污染因子，并客观地反映重金属污染程度，特别是对于点源污染。黄顺生等（2008）依据南京市大气降尘重金属污染，发现 Cd、Pb、Zn、Se 元素具有较高的富集因子，反映这些元素受到明显的人为污染。

4. TCLP 法

毒性特征溶出程序（toxicity characteristic leaching procedure，TCLP）是由美国环境保护署于 1986 年提出，主要用来测定试验条件下固体废物的某些危害组分（包括重金属和有机污染物等）的毒性特征。TCLP 法已被美国 EPA 和各州广泛用来测定废物毒性特征，是目前美国法定并通用的固体废弃物中重金属污染评价方法。国内外已有学者用 TCLP 法评价矿区土壤重金属的生态环境风险。采用 TCLP 法评价中国泉州市大气降尘重金属的生态环境风险，发现研究区 Cu、Zn、Pb、Cd 含量均超过了美国法定标准限值，对生态环境存在浸出毒性风险（胡恭任等，2011）。由于 TCLP 法是根据土壤酸碱度和缓冲能力的不同而制定出的两种不同 pH 的缓冲溶液作为提取液，因此，pH 对重金属的 TCLP 法提出量具有显著的影响。但是，用 TCLP 法评价大气降尘重金属的生态环境风险会造成结果存在误差，还有待进一步深入研究。

5. Pb 污染指数法

Pb 污染指数采用式（5-2）进行计算：

$$P = c/S \tag{5-2}$$

式中，P 为 Pb 的污染指数；c 为大气降尘中 Pb 的实测浓度；S 为 Pb 污染的临界值，它通常采用欧盟“土壤环境质量建议标准”或土壤规范中规定的 Pb 污染标准临界值。

大气降尘（尤其是灰尘）中 Pb 是一个严重的潜在污染源，特别是对儿童 Pb 中毒的影响，开展城市降尘 Pb 污染指数评价对于城市儿童 Pb 中毒有着非常重要的现实意义和科学意义。采用该方法评价上海市街道灰尘 Pb 污染时，发现城区街道 Pb 污染非常严重，具有明显的 Pb 污染中心（张菊等，2006）。

6. 环境异常辨析法

环境异常辨析是环境地球化学工程中的一个重要问题，正确圈定异常为科学防治和治理环境提供依据。该方法以圈定污染目标区为目的，对所分析的重金属元素提供的信息综合考虑，进行累加累乘后计算其异常下限，以异常下限圈定城市降尘环境地球化学异常。使用如下方法：

（1）计算微量元素标准化衬度值，衬度值（HZ）= 含量值（X_i）/平均值（X）。

（2）累加各个采样点多元素衬度值，得多元素累加衬度值（$\sum \text{HZ}_i$，$i = 1 \sim 8$）。

（3）计算累加衬度值的平均值（$\sum X$）、标准离差（S）

$$\sum X = \sum \text{HZ}_i / n \tag{5-3}$$

$$S = (1/n-1)\left[\sum\left(\text{HZ} - \sum X\right)^2\right] \tag{5-4}$$

（4）环境异常下限（T）为平均值加 1.5 倍标准离差，即 $T = \sum X + 1.5S$。

（5）异常分带按照 T、$1.2T$、$1.4T$ 分为外带、中带、内带。

5.2.2 河流水体重金属污染评价

1. 模糊综合评价法

1）隶属度

以往的水质分级中多用一个简单的数学指标为界限，造成界限两边分为截然不同的等级。由于水质的污染程度属于模糊概念，所以这里用隶属概念来描述模糊的水质分级界限。隶属度是指某事物所属某种标准的程度。例如，DO = 7.1mg·L^{-1} 时，隶属Ⅰ级水的程度为 100%；DO = 6.9mg·L^{-1} 时，隶属Ⅰ级水的程度达 95%。隶属度可用隶属函数表示，为方便起见，取线性函数：

$$Y = \begin{cases} \dfrac{X - X_0}{X_1 - X_0} \text{或} \dfrac{X_1 - X}{X_1 - X_0} (X_0 < X < X_1) \\ 1（\text{对应于}X_1\text{所属的那一等级}），(X \geqslant X_1) \\ 0（\text{对应于}X_0\text{所属的那一等级}），(X \leqslant X_0) \end{cases}$$

式中，Y 为对应于 X_0 或 X_1 所规定的那一级水的隶属度；X 为实测值；X_0、X_1 为某项参数相邻的两级水质标准值。

2）权重及归一化运算

根据各参数超标情况进行加权，超标越多，加权越大。权重值为

$$W_i = \frac{c_i}{S_i} \tag{5-5}$$

式中，W_i为第 i 种污染物以平均标准为基准的超标指数，即为权重；c_i为第 i 种污染物实测浓度；S_i为第 i 种污染物各级标准值的算术平均值。

为进行模糊运算，将各单项权重再进行归一化运算：

$$V_i = \frac{c_i/S_i}{\sum_{i=1}^{m} c_i/S_i} \tag{5-6}$$

式中，V_i为第 i 种污染物的归一化权重；c_i、S_i同上。

3）模糊矩阵的负荷运算

在进行综合评价时，会用到两个模糊矩阵的复合运算。这种运算同一般矩阵乘法相似，不同的是两数相乘“·”改为“∧”，并取其中小者为“积”；两数相加“+”改为“∨”，并取其中大者为“和”。“∨”表示取加数中最大者，而“∧”表示取相乘两数较小者为“积”。因此得出：

$$y = (y_{1类水}，y_{2类水}，\cdots，y_{n类水})$$

该结果对应于集合 V 上的各项隶属度，取其中最大者所对应的水质级数作为该水体的水质级数。

4）评价算法描述

设用污水等级标准对 T（T 表示被评价水质的某个参数）项目进行评价，标准中等级数为 G_k，$k = 1, 2, 3, \cdots, s$，即有 s 个等级。假设某水质有 m 个评价参数 u_j，$j = 1, 2, 3, \cdots, m$。每个评价参数有 n 个定性的评价等级 $V_i = 1, 2, 3, \cdots, n$，这些等级按评价要求具体划分，可以定为Ⅰ，Ⅱ，Ⅲ，Ⅳ，Ⅴ，…等级。对照标准，可以确定某水质的某个评价参数 u_j 所在的评价等级标准，记为 R_{mn}，得到的评价表见表 5-1。

表 5-1　模糊评价法单项参数与等级关系表

参数	等级					
	V_1	V_2	…	V_i	…	V_n
u_1	R_{11}	R_{12}	…	R_{1i}	…	R_{1n}
u_2	R_{21}	R_{22}	…	R_{2i}	…	R_{2n}
⋮	⋮	⋮		⋮	⋮	⋮
u_j	R_{j1}	R_{j2}	…	R_{ji}	…	R_{jn}
⋮	⋮	⋮		⋮	⋮	⋮
u_m	R_{m1}	R_{m2}	…	R_{mi}	…	R_{mn}

表 5-1 反映了各单项参数与等级之间的关系，这种关系用隶属度表示称为模糊关系。表 5-1 中 R_{ji}表示被评价水质的第 j 个因素（参数）u_j可能为等级 V_i的概率（即隶属度），用模糊矩阵 R 表示，即

$$R=\begin{bmatrix} R_{11} & R_{12} & \cdots & R_{1n} \\ R_{21} & R_{22} & \cdots & R_{2n} \\ \vdots & \vdots & & \vdots \\ R_{m1} & R_{m2} & \cdots & R_{mn} \end{bmatrix} \tag{5-7}$$

由于评价参数中各个等级标准在某水质评价中的地位不同，由此要求对评价参数赋予权值，其和为1。用矩阵 A 表示为 $A=(a_1, a_2, \cdots, a_m)$，式中，$\sum_{j=1}^{m} a_j = 1$。设被评价水质的参数评价矩阵为 B，则 $B=A\cdot R$，即

$$B=(a_1, a_2, \cdots, a_m)\begin{bmatrix} R_{11} & R_{12} & \cdots & R_{1n} \\ R_{21} & R_{22} & \cdots & R_{2n} \\ \vdots & \vdots & & \vdots \\ R_{m1} & R_{m2} & \cdots & R_{mn} \end{bmatrix} \tag{5-8}$$

A 与 B 是两个模糊矩阵，所以以上矩阵的运算遵循模糊矩阵的复合运算法，得 $B=(b_1, b_2, \cdots, b_n)$。$B$ 矩阵表示水质中的某评价中属于 V_1 等级的程度（比例）是 b_1，属于 V_2 等级的程度是 b_2，依次类推。式中，$b_i = \sum_{R=1}^{n} a_i r_{ij}$，$\sum_{i=1}^{n} b_i = 1$，以各级别环境质量的模糊向量 b_1 为权，分别乘以赋予的分值 d_j（1～5 级分别赋予 100、80、55、35、15），求和 $d = \sum_{j=1}^{n} b_j d_j$，并依据 d 值的大小确定环境质量级别。

2. 内梅罗指数法

内梅罗指数法是以单因子评价法为基础，对水体中的各种指标参数进行水质评价，其中单因子水质污染指数 P_i 的表达式为

$$P_i = c_i / S_i \tag{5-9}$$

式中，c_i 为第 i 类污染物的实测质量浓度，$mg\cdot L^{-1}$；S_i 为第 i 类污染物的评价标准，选取《地表水环境质量标准》(GB 3838—2002）中的限值作为评价标准值，$mg\cdot L^{-1}$。参考内梅罗水质指数污染等级划分标准可以对水体重金属指标参数进行综合评价。内梅罗水污染指数法的数学表达式为

$$I=\sqrt{\frac{P_{i,\max}^2 + P_{i,\mathrm{ave}}^2}{2}} \tag{5-10}$$

式中，I 为地表水环境质量综合指数；P_i 为污染物 i 的水质污染指数；$P_{i,\max}$ 为参评污染物的最大污染指数；$P_{i,\mathrm{ave}}$ 为参评污染物的算数平均污染指数。水质分类指数及污染级别见表 5-2。

表 5-2　内梅罗水质指数等级划分标准

级别	严重污染	重度污染	中度污染	轻度污染
P_i	$P_i \geqslant 4$	$2 \leqslant P_i < 4$	$0.5 \leqslant P_i < 2$	$P_i < 0.5$
I	$I \geqslant 6$	$3 \leqslant I < 6$	$1 \leqslant I < 3$	$I < 1$

3. 灰色关联分析法

灰色关联分析法的基本思想是用灰色关联度来量化系统内各评价因素之间的相互联系、相互影响和相互作用。通过对因素之间参数序列构成几何曲线的接近程度判断联系的紧密程度，几何曲线越接近，说明相应序列之间的隶属关系越贴近，关联度越高。在进行地表水质量等级评价时，选择水质样品各评价因子的实测值作为样本序列，地表水质量的分级标准作为标准序列，根据水质的标准分级可以求出样本序列和标准序列之间的多个关联度。与标准序列关联度最大的样本序列所对应的级别，即为待评水质样本的质量等级。灰色关联分析法的具体步骤如下（吴彬等，2012）。

1）确定样本序列和标准序列

在实际评价中，首先确定水质分级标准序列和各水质样品实测样本序列。设水质分级标准为 K 级，评价因子有 M 个，水质样品总数为 N，则得到所有水质样品实测值组成的样本序列 $X_n(m)$ 和水质标准序列 $Y_k(m)(n=1, 2, \cdots, N$；$m=1, 2, \cdots, M$；$k=1, 2, \cdots, K)$，表示第 n 个水质样品中第 m 项因子的实测值及第 k 级水质标准中第 m 项因子的取值。

2）数据的归一化处理

在灰色关联分析法中，为了消除量纲的影响，增强不同量纲的因素之间的可比性，在进行关联度计算之前，首先对各要素的原始数据做初值变换或均值变换，也就是进行数据的标准化处理，使原始数据的数值归一化到[0, 1]区间内。然后利用变换后的数据做关联度的计算。其计算公式为

$$X' = (X - X_{\min})/(X_{\max} - X_{\min}) \tag{5-11}$$

3）关联系数和关联度的计算

因素 Y_k' 对 X_n' 的关联系数定义为

$$\zeta_{nk}(m) = \frac{\Delta_{\min} + \rho\Delta_{\max}}{\Delta_{nk}(m) + \rho\Delta_{\max}} \quad (m = 1, 2, \cdots, M) \tag{5-12}$$

式中，$\zeta_{nk}(m)$表示因素 $Y_k'(m)$对 $X_n'(m)$在 m 时刻的关联系数。

$$\Delta_{nk}(m) = |X_n'(m) - Y_k'(m)| \tag{5-13}$$

式中，$\Delta_{\max}$ 为 $\Delta_{nk}(m)$ 中的最大值；$\Delta_{\min}$ 为 $\Delta_{nk}(m)$ 中的最小值；ρ 为介于[0, 1]区

间的灰数，其取值越大，分辨能力越强，本书取为 0.5。通过对关联系数的进一步综合运算得到 Y_k' 对 X_n' 的关联度：

$$\delta_{nk} = \frac{1}{M}\sum_{m=1}^{M}\zeta_{nk}(m) \tag{5-14}$$

如果 $\delta_{nk} = \max\{\delta_{n1}, \delta_{n2}, \cdots, \delta_{nK}\}$，则待评价的水质样本属于第 k 级水质。

4. 污染因子法

重金属污染因子是一种指示重金属在沉积物中滞留时间的重要指标。重金属的滞留时间定义为重金属元素在无外源污染汇入状况下自然释放到原来浓度一半所用的时间。单污染因子（individual contamination factor，CF_i）可通过计算非残渣态重金属含量与残渣态重金属含量的比值来确定。而总污染因子（global contamination factor，GCF）为各个单污染因子之和。单污染因子的值越大，重金属的相对滞留时间越短，对周边环境的潜在危害性也越大。

5.2.3 土壤和沉积物重金属污染评价

1. 地累积指数法

地累积指数（index of geoaccumulation，I_{geo}）法是德国海德堡大学沉积物研究所的科学家 Müller 在 1969 年提出的，它是利用一种重金属的总含量与其地球化学背景值的关系。I_{geo} 是一种研究水环境沉积物中重金属污染的定量指标，用来评价土壤、沉积物中的重金属污染程度，其计算方法为

$$I_{geo} = \log_2[C_n/k \times B_n] \tag{5-15}$$

式中，I_{geo} 为地累积指数；C_n、B_n 分别为沉积物中重金属元素 n 的实测含量及地球化学背景值；k 为修正系数，根据各地岩石差异引起的背景值的波动确定。该方法将重金属污染级别划分为 7 个等级（表 5-3），等级划分标准采用的是全球沉积页岩中重金属元素的平均含量。该方法可以直观地看出某元素在某采样点的超标情况，但需考虑自然成岩作用可能引起的背景值的变动所带来的影响，准确地选择 k 值较为困难，且仅侧重单一金属。

表 5-3 Müller 地累积指数分级

分级	I_{geo} 值	富集（污染）程度
0	$I_{geo}<0$	无富集（无实际污染）
1	$0\leq I_{geo}<1$	轻微富集（轻度污染）
2	$1\leq I_{geo}<2$	中度富集（中度污染）

续表

分级	I_{geo} 值	富集（污染）程度
3	$2 \leqslant I_{geo} < 3$	中强富集（中度至严重污染）
4	$3 \leqslant I_{geo} < 4$	强富集（严重污染）
5	$4 \leqslant I_{geo} < 5$	较强富集（严重至极度污染）
6	$I_{geo} \geqslant 5$	极强富集（极度污染）

2. 次生相与原生相分布比值法

在未受污染的条件下，大部分重金属分布于矿物晶格中和存在于作为颗粒物包裹膜的铁锰氧化物中；而在污染条件下，人为源的重金属主要以被吸附的形态存在于颗粒物表面或与颗粒物中的有机质结合，存在于各种弱结合相（碳酸盐相、有机质相等）中。根据水体颗粒物各地球化学相自身的起源和其中重金属的来源，按传统地球化学观念，Hakanson（1980）把颗粒物中的原生矿物称为原生地球化学相（primary geochemical phase），把原生矿物的风化产物（如碳酸盐和铁锰氧化物等）和外来次生物质（如有机质等）统称为次生地球化学相（secondary geochemical phase），并提出了次生相与原生相分布比值（RSR）法，即用存在于各次生相中金属的总质量分数与存在于原生相中金属的质量分数的比值来反映和评价沉积物中重金属的来源和污染水平（张鑫等，2005）。

3. 沉积物质量基准法

水体沉积物重金属质量基准是为保护水生态系统而对水体沉积物中特定重金属污染物所限定的临界含量。目前，国际上已提出 10 余种沉积物质量基准（SQC）的建立方法，其中由美国环境保护署提出的平衡分配法相对简单，易于定量化和模型化而被广泛采用。其修正后的计算公式为

$$\mathrm{SQC} = K_{\mathrm{p}}\mathrm{WQC} + [M]_{\mathrm{R}} + [M]_{\mathrm{AVS}} \tag{5-16}$$

$$K_{\mathrm{p}} = C_{\mathrm{s}}/C_{\mathrm{IW}} \tag{5-17}$$

式中，K_{p} 为重金属在沉积物-水相之间的分配系数；WQC 为水质基准；$[M]_{\mathrm{R}}$ 为沉积物中重金属的残渣态含量；$[M]_{\mathrm{AVS}}$ 为沉积物中与酸可挥发性硫化物（AVS）相结合的重金属；C_{s}、C_{IW} 分别为沉积物及孔隙水中的重金属浓度。

4. 回归过量分析法

回归过量分析（regression excessive analyse，REA）法是 Hilton 等（1985）提出的一种新的评价沉积物中重金属污染的方法。该方法的特点是将沉积物中重金

属的浓度分为三个部分：背景浓度（C_b）、加速侵蚀浓度（C_a）和污染浓度（C_p）。其中 C_a、C_b 是由自然因素造成的，C_p 是由人为活动直接造成的。同时，该方法还根据迁移方式将重金属分为两类：A 类金属（Zn、Cd）以溶解态迁移，与黏土矿物含量无关；B 类金属（Cu、Pb、Ni 和 Fe）主要吸附在颗粒上迁移，与黏土矿物元素 Mg 有极好的相关性。其计算式为

$$C_{tot} = C_b + C_a + C_p \tag{5-18}$$

在正常条件下，Mg 可以作为黏土矿物的标志元素，而且 Mg 只受自然沉积和加速侵蚀的影响，对 B 类金属有：

$$C_{tot} - C_p = \beta C_{Mg} + \alpha \tag{5-19}$$

式中，α、β 为常数，用 $C_p = 0$ 地点的重金属浓度与 Mg 的浓度进行回归分析，确定斜率 β 和截距 α。这样在污染地区就可以用 β 和 α 推算重金属未污染浓度和污染浓度，然后对重金属污染进行评价。

5. SEM/AVS 比值法

在厌氧沉积物中，自由金属离子活度是由金属硫化物的溶解能力控制的。除 Fe、Mn 外的所有金属的溶度积都较低，若没有其他的自由金属来源，孔隙水中的自由金属离子的活度很低，不足以产生毒性。基于这一关系，Toro（1992）推荐了一个 SEM/AVS 模型，被表达为 Cd、Cu、Ni、Pb 和 Zn 的总摩尔浓度与 AVS 摩尔浓度的比值。当 SEM（同步可提取金属）/AES＜1 时，不能观察到沉积物的毒性；当 SEM/AVS≥1 时，则不容忽视沉积物中重金属的影响。有学者提议用 SEM/AVS 比值法作为建立沉积物重金属标准的一种数值方法。

6. 间隙水和上覆水法

沉积物重金属的生物毒性评价必须考虑重金属的可能来源（间隙水、上覆水和沉积物）和响应的位置，并可通过水体中的自由离子或者通过适宜结合相标准化的沉积物重金属浓度来预测。为避免测定自由金属离子活度的难度，可利用单独水体的暴露试验标准化浓度、IWTU（间隙水毒性单位）、IWCTU（间隙水毒性基准单位）来预测被重金属污染的沉积物毒性，即

$$\mathrm{IWTU} = \sum ([\mathrm{Me}]_{i,\mathrm{IW}} / \mathrm{LC}_{50,i}) \tag{5-20}$$

$$\mathrm{IWCTU} = \sum ([\mathrm{Me}]_{i,\mathrm{IW}} / \mathrm{WQC}_i) \tag{5-21}$$

式中，$[\mathrm{Me}]_{i,\mathrm{IW}}$ 为间隙水中 i 种金属的溶解浓度；$\mathrm{LC}_{50,i}$ 为受试有机体在含有 i 种金属的水中暴露的半致死浓度（LC_{50}）；WQC_i 为 i 种金属的水质基准。

当 IWTU＜0.5 时，水体对受试有机体一般不产生显著的毒性；当 IWTU≥0.5

时，水体对生物具有潜在的毒性。由于间隙水和上覆水中的自由重金属离子活度是沉积物毒性最直接和最合理的预测介质，所以 IWTU 的测量被推荐为制定沉积物质量基准的方法。

7. 次生相富集系数法

对小区域的同源沉积物而言，应用上述原生相与次生相分布比值法进行评价有较好的效果。由于沉积物组成的区域差异，相分布比值法难以应用于具异源沉积物的大范围区域。为消除区域条件差异的影响，文毅等（1997）提出了“次生相富集系数法”（PEF），其计算公式为

$$K_{\mathrm{PEF}} = [M_{\mathrm{sec(a)}}/M_{\mathrm{prim(a)}}]/[M_{\mathrm{sec(b)}}/M_{\mathrm{prim(b)}}] \tag{5-22}$$

式中，K_{PEF}为重金属在次生相中的富集系数；$M_{\mathrm{sec(a)}}$为某沉积物样品次生相中重金属的含量；$M_{\mathrm{prim(a)}}$为某沉积物样品原生相中重金属含量；$M_{\mathrm{sec(b)}}$为未受污染参照点沉积物样品次生相中重金属的含量；$M_{\mathrm{prim(b)}}$为未受污染参照点沉积物样品原生相中重金属的含量。当$K_{\mathrm{PEF}} \leqslant 1$时，表示沉积物未受污染；$K_{\mathrm{PEF}} > 1$时，说明有人为造成的重金属污染，其污染程度可由数值大小直接表示出来。

5.3　重金属的环境风险评价

5.3.1　重金属的健康风险评价

健康风险评价是指人类通过呼吸空气和饮食，长期累积一些化学物质而导致的对人体健康不良影响的轻重程度和发生概率大小。因此，健康风险主要针对大气和水体中的重金属。

大气颗粒物中 Cd、Cr、Co、Mn、Pb、Ni 等列入美国环境保护署的危险空气污染物清单，国际癌症研究机构（IARC）也将 As、Cd、Cr、Ni 及它们的部分化合物列为致癌物。1997～2000 年，欧盟在伦敦、马德里、罗马、哥德堡等城市开展了铂族金属污染及其对人体和生态系统的风险评价研究。Ferreira-Baptista 和 Demiguel（2005）在非洲城市罗安达，对儿童进行了地表灰尘重金属污染的健康风险评估。国内外对大气降尘重金属健康风险的研究相对较少，国内相近研究仅针对城市街道灰尘、地铁站灰尘或其他不同城市功能区的地表灰尘的重金属。目前，国内外普遍采用毒物质暴露指数法进行监控风险评价。

水环境健康风险评价主要是针对水环境中对人体有害的物质，这种物质一般可分为两类：基因毒物质和躯体毒物质，前者包括放射性污染物和化学致癌物；后者则指非致癌物质。这些物质对人体健康产生危害主要有三种暴露途径：直接

接触、摄入水体中的食物和饮用水，其中饮用水途径被认为是一个很重要的暴露途径。主要考虑通过饮用水途径对人体所造成的健康危害影响。

（1）基因毒物质所致健康危害的风险。

$$R^{\mathrm{c}}=\sum_{i=1}^{k}R_i^{\mathrm{c}} \tag{5-23}$$

$$R_i^{\mathrm{c}}=[1-\exp(D_i q_i)](70\mathrm{a}) \tag{5-24}$$

式中，R_i^{c} 为基因物质 i 通过食入途径对平均个人致癌年风险，a^{-1}；D_i 为基因物质 i 通过食入途径的单位体重日均暴露剂量，$\mathrm{mg\cdot kg^{-1}\cdot d^{-1}}$；$q_i$ 为基因毒物质通过食入途径的致癌系数，$\mathrm{mg\cdot kg^{-1}\cdot d^{-1}}$；70a 为人类平均寿命。

饮用水途径的单位体重日均暴露剂量 $D_i\ (\mathrm{mg\cdot kg^{-1}\cdot d^{-1}})$ 可按式（5-25）计算：

$$D_i=2.2\mathrm{L}\times C_i/(70\mathrm{kg}) \tag{5-25}$$

式中，2.2L 为成人每日平均饮水量；C_i 为基因毒物质 i 的浓度，$\mathrm{mg\cdot L^{-1}}$；70kg 为人均体重。

（2）躯体毒物质所致健康危害的风险。

$$R_i^{\mathrm{n}}=(D_i/D_{i\mathrm{Rf}})\times 10^{-6}/(70\mathrm{a}) \tag{5-26}$$

式中，R_i^{n} 为躯体毒物质 i 通过食入途径对平均个人产生的健康危害年风险，a^{-1}；D_i 为躯体毒物质 i 通过食入途径的单位体重日均暴露剂量，$\mathrm{mg\cdot kg^{-1}\cdot d^{-1}}$；$D_{i\mathrm{Rf}}$ 为躯体毒物质 i 通过食入途径的参考剂量，$\mathrm{mg\cdot kg^{-1}\cdot d^{-1}}$；70a 为人类平均寿命。

式（5-23）～式（5-26）为水环境健康风险评价的基本模式。对于不同地区的不同对象，可以根据污染物浓度、成人每日饮用水量、人均体重及人均寿命等因素变化来改进评价模型。

假设各有毒有害物质对人体健康的毒性作用呈相加关系，而不是协同或者拮抗关系，则水环境总的健康风险危害为

$$R_{\mathrm{s}}=R_i^{\mathrm{c}}+R_i^{\mathrm{n}} \tag{5-27}$$

（3）评价参数的确定。

根据国际癌症研究机构和世界卫生组织编制的分类系统，基因毒物质致癌强度系数见表 5-4。

表 5-4 基因毒物质致癌强度系数

化学致癌物质	$D_i/(\mathrm{mg\cdot kg^{-1}\cdot d^{-1}})$
Cd	6.1
As	15

对于非致癌物质所致健康风险评价，参考剂量（饮用水途径）参数如表 5-5 所示。

表 5-5　非致癌重金属饮用水途径致癌系数

非致癌物质	D_{iRf}/(mg·kg^{-1}·d^{-1})
Pb	0.014
Hg	0.0001
Cu	0.005

案例 1　兰州市大气降尘重金属健康风险评价

1）背景描述

大气降尘是环境空气中粒径大于 10μm 的固体颗粒物的总称，降尘颗粒是包括无机非金属颗粒、金属颗粒和有机颗粒的不均匀混合物。大气降尘除本身是有害物质外还是其他污染物的运载体和反应床，重金属以松散束缚的形式附着在降尘颗粒表面，会导致重金属元素的不稳定性和潜在生物有效性。重金属在地表环境中具有累积性，进入土壤-植物系统中的重金属通过食物链富集、浓缩和放大后危害人体健康。李萍等（2014）对兰州市大气降尘重金属污染评价及健康风险进行了评价。他们通过对兰州市不同功能区（图 5-1）大气降尘重金属含量的分析调查，对大气降尘重金属污染进行富集因子评价和地累积指数评价，了解环境中重金属来源及污染程度及其时空变化规律。借鉴国外已有的健康风险评价方法，根据国情对其部分参数进行修正后对大气降尘重金属的健康风险进行评估，以期为改善城市重金属污染状况、保护居民身体健康提供依据。

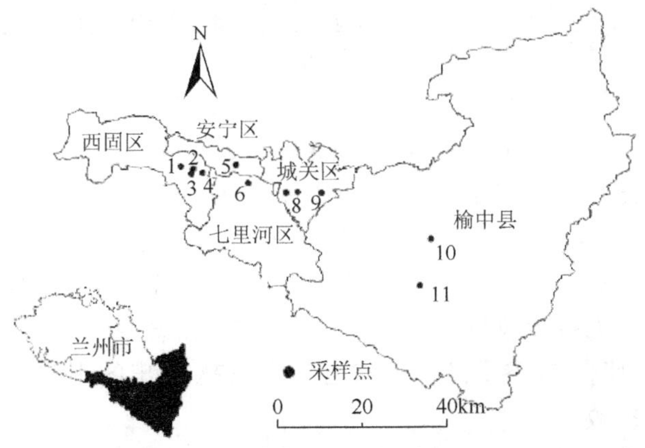

图 5-1　兰州市大气降尘采样点分布图（李萍等，2014）

2）分析计算

于 2010 年 6 月～2011 年 5 月（2010 年 9 月未采），共 11 个月，以月为周期对大气降尘进行连续收集。采样期内的干湿沉降样品用内壁光滑的降尘缸进行干法收集，所有采样器均置于当地居民或办公楼顶，采样点四周无高大遮挡物。采样时用干净毛刷将降尘缸中粉尘扫入样品袋密封，如遇雨雪天气，则同时收集降尘缸内液体，用蒸发皿蒸干后获得降尘样品。每月采样后用去离子水彻底清洗降尘缸，以继续采集下月样品。样品带回实验室，剔除杂质后，称取一定量，用 HNO_3-HF-$HClO_4$ 消解。每批样品（40 个）采用相同试剂和步骤做 2 个试剂空白。用 SOLAAR M6 型原子吸收分光光度计测量重金属浓度，扣除试剂空白后得到每个样品中重金属含量。试验用水均为去离子水，试剂为优级纯。数据结果用 Microsoft Excel 和 SPSS 19 软件进行统计分析。

本案例研究借鉴其他学者对城市街道灰尘重金属健康风险的评价方法对大气降尘中的重金属健康风险进行估算。根据模型，Cd、Cu、Cr、Ni、Pb、Zn 都具有慢性非致癌风险，其中，Cd、Cr、Ni 具有致癌风险，由于 EPA 未给出摄入和皮肤接触致癌暴露量参考值，而只给出了呼吸途径暴露量参考值，因此本研究只考虑 Cd、Cr、Ni 经呼吸暴露途径所导致的致癌风险。模型假设居民主要通过手-口摄食、皮肤接触和吸入这 3 种暴露途径摄入大气降尘重金属。暴露公式计算如下：

$$\mathrm{ADD_{ing}} = C \times \frac{\mathrm{EF} \times \mathrm{ED}}{\mathrm{AT} \times \mathrm{BW}} \times \mathrm{IngR} \times \mathrm{CF} \tag{5-28}$$

$$\mathrm{ADD_{inh}} = C \times \frac{\mathrm{EF} \times \mathrm{ED}}{\mathrm{AT} \times \mathrm{BW}} \times \frac{\mathrm{InhR}}{\mathrm{PEF}} \tag{5-29}$$

$$\mathrm{ADD_{derm}} = C \times \frac{\mathrm{EF} \times \mathrm{ED}}{\mathrm{AT} \times \mathrm{BW}} \times \mathrm{SL} \times \mathrm{SA} \times \mathrm{ABS} \times \mathrm{CF} \tag{5-30}$$

$$\mathrm{LADD_{inh}} = C \times \frac{\mathrm{EF}}{\mathrm{PEF} \times \mathrm{AT}} \times \left(\frac{\mathrm{InhR_{child}} \times \mathrm{ED_{child}}}{\mathrm{BW_{child}}} + \frac{\mathrm{InhR_{adult}} \times \mathrm{ED_{adult}}}{\mathrm{BW_{adult}}} \right) \tag{5-31}$$

式中，$\mathrm{ADD_{ing}}$ 为手-口摄食途径的降尘颗粒日平均暴露量，$\mathrm{mg \cdot kg^{-1} \cdot d^{-1}}$；$\mathrm{ADD_{inh}}$ 为吸入途径的降尘颗粒日平均暴露量，$\mathrm{mg \cdot kg^{-1} \cdot d^{-1}}$；$\mathrm{ADD_{derm}}$ 为皮肤接触途径的降尘颗粒日平均暴露量，$\mathrm{mg \cdot kg^{-1} \cdot d^{-1}}$；$\mathrm{LADD_{inh}}$ 为致癌重金属吸入途径的终身日平均暴露量，$\mathrm{mg \cdot kg^{-1} \cdot d^{-1}}$；$C$ 为重金属浓度；EF 为暴露频率；ED 为暴露年限；AT 为平均暴露时间；BW 为平均体重；CF 为单位转换；IngR 为摄食降尘速率；InhR 为呼吸速率；PEF 为颗粒物排放因子；SL 为皮肤黏着度；SA 为暴露皮肤面积；ABS 为皮肤吸收因子。在参数选择时综合考虑 EPA 提出的土壤评价标准及根据我国情况修正后的参数。

重金属的非致癌及致癌风险的具体表达如式（5-32）～式（5-34）所示，研究中使用慢性中毒的参考剂量来评价非致癌风险。假定受体接触的物质剂量在参考值内，就认为没有危害；若超过参考值，则暴露在街尘中具有致癌风险，使用终身的日平均暴露量进行计算。

$$HQ_{ij} = ADD_{ij} / RfD_{ij} \tag{5-32}$$

$$HI = \sum_{i=1}^{n} \sum_{j=1}^{m} HQ_{ij} \tag{5-33}$$

$$Risk = LADD \times SF \tag{5-34}$$

式中，HQ_{ij} 为非致癌风险量，表征单种污染物通过某一途径的非致癌风险；ADD_{ij} 为单种污染物的某一途径的非致癌风险量；RfD_{ij} 为该途径的参考剂量，表示在单位时间、单位体重摄取的不会引起人体不良反应的污染物最大量，$mg \cdot kg^{-1} \cdot d^{-1}$；HI 为某种污染物多种暴露途径下总的非致癌风险，总 HI 为所有途径所有污染物非致癌风险的加和，一般认为，当 HQ_{ij} 或 HI＜1 时，风险较小或可以忽略，HQ_{ij} 或 HI≥1 时认为存在非致癌风险；斜率系数（SF）表示人体暴露于一定剂量某种污染物下产生致癌效应的最大概率，$mg \cdot kg^{-1} \cdot d^{-1}$；Risk 为致癌风险，表示癌症发生的概率，通常以单位数量人口出现癌症患者的比例表示，若 Risk 在 10^{-6}～10^{-4}（即每 1 万～100 万人增加 1 个癌症患者），认为该物质不具备致癌风险。

以 Fe 为参比元素分别计算不同季节重金属的富集因子，见图 5-2。各元素富集因子大小依次为 Cd＞Pb＞Zn＞Ni＞Cu＞Cr＞Mn。元素大致可分为 3 类：第 1 类是 Mn，富集因子接近于 1，平均值为 1.26，为轻微富集，表明大气降尘中 Mn 主要来自于土壤颗粒。第 2 类是 Zn、Ni、Cu 和 Cr，它们的富集因子为 1～10，除了来源于土壤颗粒之外还叠加人为活动的影响。第 3 类为 Pb 和 Cd，Pb 的富集因子平均值为 10.94，显示该元素受到明显人为因素影响；Cd 的富集因子已经在

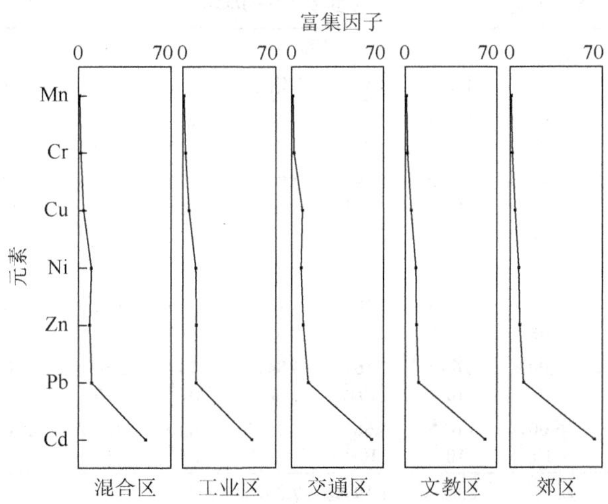

图 5-2　大气降尘重金属的富集因子（李萍等，2014）

50.7～63.94，为极强富集，人类活动成为大气中 Cd 的主要来源。Cr、Ni、Zn 在工业区的富集因子都大于其他功能区，可能是工业排放导致这 3 种元素污染比其他区域严重。Cu 和 Pb 在交通区的富集因子最大，也是人为交通活动影响导致的。郊区大面积燃煤烟尘的无组织排放可能是导致该区域重金属 Cd 严重富集的重要原因。除以上各功能区明确的人为污染物排放以外，重金属污染富集同时受到地理环境和高空环流等条件的影响。

3）评价结果

①大气降尘中 Cu、Pb、Cd、Cr、Ni、Zn、Mn 的含量平均值分别为 82.22mg·kg^{-1}、130.31mg·kg^{-1}、4.34mg·kg^{-1}、88.73mg·kg^{-1}、40.64mg·kg^{-1}、369.23mg·kg^{-1}、501.49mg·kg^{-1}。由于降尘中重金属来源不同，除 Mn 以外其他元素浓度在不同功能区分布有明显差异。②富集因子分析表明 Mn 为轻微富集，Zn、Ni、Cu 和 Cr 富集因子较高，除了来源于土壤颗粒之外还叠加人为活动的影响，Pb 和 Cd 为极强富集，主要受人类活动影响。Cr、Ni、Zn 在工业区的富集因子都大于其他功能区，Cu 和 Pb 在交通区的富集因子最大，Cd 在郊区最为富集。③采用地累积指数评价大气降尘中重金属平均生态危害表明：Cr 在全年无实际污染，Cu、Ni、Zn、Pb 浓度处于轻度污染至偏重度污染之间。Cd 的污染程度最重，分级为严重至极度污染。大气降尘重金属在 10 月～次年 3 月污染相对严重，从 4～8 月污染程度较轻。④无论儿童还是成人，手-口摄食途径摄入是降尘重金属引起非致癌风险的最主要途径（表 5-6）。儿童的非致癌风险大于成人，总非致癌风险次序为 Pb＞Cr＞Cd＞Cu＞Ni＞Zn。风险均低于限值，不会对人们身体健康造成危害。降尘中的 Cr、Cd、Ni 通过呼吸途径不具有致癌风险（表 5-7）。

表 5-6 非致癌暴露参考剂量及暴露风险值（李萍等，2014）

元素	RFD_{ing}	RFD_{inh}	RFD_{derm}	儿童				成人			
				HQ_{ing}	HQ_{inh}	HQ_{derm}	HI	HQ_{ing}	HQ_{inh}	HQ_{derm}	HI
Cu	3.70×10^{-2}	4.02×10^{-2}	1.90×10^{-3}	3.07×10^{-2}	8.15×10^{-7}	5.37×10^{-4}	3.12×10^{-2}	4.11×10^{-3}	3.67×10^{-7}	9.54×10^{-5}	4.21×10^{-3}
Pb	3.50×10^{-3}	3.52×10^{-3}	5.25×10^{-4}	4.85×10^{-1}	1.39×10^{-5}	2.91×10^{-3}	4.88×10^{-1}	6.51×10^{-2}	6.28×10^{-6}	5.17×10^{-4}	6.56×10^{-2}
Cd	1.00×10^{-3}	1.00×10^{-3}	5.00×10^{-5}	5.66×10^{-2}	1.64×10^{-6}	1.02×10^{-3}	5.76×10^{-2}	7.59×10^{-3}	7.36×10^{-7}	1.81×10^{-4}	7.77×10^{-3}
Cr	5.00×10^{-3}	2.86×10^{-5}	2.50×10^{-4}	2.33×10^{-1}	1.18×10^{-3}	4.18×10^{-3}	2.38×10^{-1}	3.12×10^{-2}	5.29×10^{-4}	7.43×10^{-4}	3.25×10^{-2}
Ni	2.00×10^{-2}	2.06×10^{-2}	1.00×10^{-3}	2.69×10^{-2}	7.56×10^{-7}	4.84×10^{-4}	2.74×10^{-2}	3.61×10^{-3}	3.4×10^{-7}	8.61×10^{-5}	3.70×10^{-3}
Zn	3.00×10^{-1}	3.00×10^{-1}	6.00×10^{-2}	1.61×10^{-2}	4.66×10^{-7}	7.25×10^{-5}	1.62×10^{-2}	2.16×10^{-3}	2.1×10^{-7}	1.29×10^{-5}	2.18×10^{-3}
总计				8.48×10^{-1}	1.19×10^{-3}	9.20×10^{-3}	8.58×10^{-1}	1.14×10^{-1}	5.37×10^{-4}	1.64×10^{-3}	1.16×10^{-1}

表 5-7　呼吸途径致癌风险暴露风险值（李萍等，2014）

元素	SF	暴露风险
Cd	6.4	2.51×10^{-9}
Cr	42	3.39×10^{-7}
Ni	0.84	3.14×10^{-9}

案例 2　太子河水体重金属健康风险评价

1）背景描述

太子河是本溪、辽阳、鞍山等重工业城市的生产生活用水来源，随着钢铁、冶炼及电镀加工等工业的发展，大量含有重金属的废水被排放到河流中，造成水体污染。Chen 等（2015）对太子河水体重金属污染及健康风险进行了评价。在太子河源头、干支流交汇处、流经城市段前后及水文监测站等共设置 25 个监测断面（图 5-3），分别为 1 观音阁水库、2 小市水文站、3 太子河桥、4 杨树圈二号桥、5 法台大桥、6 五层砬子、7 三家子大桥、8 三家子大桥上、9 三家子大桥下、10 本溪机电工程学校、11 本溪职业技术学校、12 本溪水文站、13 北台大桥、14 兰河大桥、15 葠窝水库、16 梅花岭、17 西双庙岭、18 太子河公园、19 小林子、20 唐马寨、21 史家窝棚、22 小姐庙、23 夹信子、24 三岔河、25 古城子，于 2014 年 9 月（丰水期）和 11 月（枯水期）采集表层水体样品，用玻璃瓶密封保存，运回实验室冷藏。重金属（As、Pb、Cr、Cu、Cd 和 Zn）含量测定采用电感耦合等离子体原子发射光谱法，各元素的回收率均处于 90%～120%，检出限分别为 Pb 10μg·L^{-1}、Cd 0.3μg·L^{-1}、Cu 2μg·L^{-1}、Cr 1μg·L^{-1}、Zn 1μg·L^{-1}、As 1μg·L^{-1}。每组样品的相对标准误差不超过 10%。

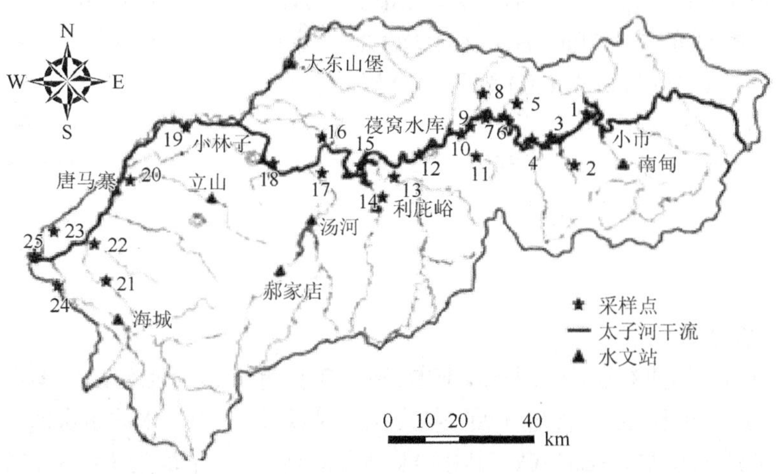

图 5-3　太子河采样点分布图（Chen et al.，2015）

2）评价方法

2014 年 7 月，在太子河干支流共布设 25 个监测断面，进行采样。干流采样断面的布设涵盖了从上游到下游各主要节点。采样容器采用 1L 聚四氟乙烯塑料瓶，样品经 0.45μm 滤膜进行现场过滤，然后加入浓硝酸酸化，将 pH 调至 2 以下，密封保存，运回实验室置于 4℃冰箱中保存。样品中 As 和 Hg 浓度用原子荧光分光光度计进行测定，Pb、Cd 和 Cu 浓度用电感耦合等离子体质谱法（VG-Q3，英国）进行测定。为了保证数据的有效性和验证分析方法的准确性和精度，采用标准物质进行上机测定，将测定值和标准值进行比较，结果表明所有待测元素的RSD（相对标准偏差）均低于 10%，数据的精度和准确度均符合要求。

水环境健康风险评估主要集中在影响人体健康的有害物质上。本研究主要考察了饮用的途径对成人健康的影响，包括化学致癌物质和非致癌物质污染物。评价模型参考 Li 等（2010）和 Zhang（2014）的相关研究。通过计算危害量（HQ）和慢性日摄入量（CDI）来确定非致癌风险和致癌健康风险评估。使用式（5-35）～式（5-38）（USEPA 2006）计算总体 HQ 和 CDI。

$$D_{\mathrm{ingestion}} = C \times \mathrm{IR} \times \mathrm{EF} \times \mathrm{ED/BW} \times \mathrm{AT} \tag{5-35}$$

$$D_{\mathrm{dermal}} = C \times \mathrm{SA} \times K_{\mathrm{p}} \times \mathrm{ABS} \times \mathrm{ET} \times \mathrm{EF} \times \mathrm{ED} \times \mathrm{CF/BW} \times \mathrm{AT} \tag{5-36}$$

$$\mathrm{HQ} = D/\mathrm{RfD} \tag{5-37}$$

$$\mathrm{CDI} = \mathrm{RfD/SF} \tag{5-38}$$

式中，D 为摄入（ingestion）或皮肤吸收（dermal）所接受的暴露剂量，$\mathrm{mg \cdot kg^{-1} \cdot d^{-1}}$；$C$ 为水中痕量金属的平均浓度，$\mathrm{mg \cdot L^{-1}}$；IR 为饮用水摄入率，本研究认为是 2L·d；EF 为暴露频率，本研究中使用每年 365d；ED 为体重，本研究为 60kg；AT 为非致癌物和致癌物的平均时间，本研究中为 25550d；SA 为暴露的皮肤面积，本研究中为 $18000\mathrm{cm^2}$，K_{p} 为透皮率常数，$\mathrm{cm \cdot h^{-1}}$；ABS 为皮肤吸收因子；ET 为暴露持续时间，本研究中为 70a；BW 为平均时间，本研究中为 $0.2\mathrm{h \cdot d^{-1}}$；CF 为水的单位换算系数：$1\mathrm{L \cdot 1000cm^{-3}}$；RfD 为不同分析的参考剂量，$\mathrm{mg \cdot kg^{-1} \cdot d^{-1}}$。基于 USEPA 标准（2006），Cd 和 Cr 是化学致癌物质，Cu、Pb 和 Zn 是化学非致癌物。非致癌物的致癌强度系数和参考剂量，其中 Pb、Cu、Zn 的参考剂量分别为 $0.0014\mathrm{mg \cdot kg^{-1} \cdot d^{-1}}$、$0.005\mathrm{mg \cdot kg^{-1} \cdot d^{-1}}$ 和 $0.3\mathrm{mg \cdot kg^{-1} \cdot d^{-1}}$，Cd 和 Cr 的斜率系数分别为 6.10 和 41，国际辐射防护委员会（ICRP）推荐的最大接受风险水平是 $5.0 \times 10^{-5}\mathrm{a^{-1}}$。

3）评价结果

对太子河流域进行了布点采样，于丰、枯水期监测了 25 个点位的水体重金属（Zn、Cu、Pb、Cr、Cd 和 As）含量（图 5-4）。结果显示，太子河水体重金属平均浓度顺序为 As＞Pb＞Cr＞Cu＞Zn＞Cd。其中 As 具有最高浓度，平均为 $13.76 \times 10^{-2}\mathrm{mg \cdot L^{-1}}$，其次是 Pb（$5.27 \times 10^{-2}\mathrm{mg \cdot L^{-1}}$）、Cr（$4.18 \times 10^{-2}\mathrm{mg \cdot L^{-1}}$）、Cu（$2.47 \times 10^{-2}\mathrm{mg \cdot L^{-1}}$）、

Zn（1.59×10^{-2}mg·L^{-1}）和 Cd（1.16×10^{-2}mg·L^{-1}）。根据国家地表水环境质量标准（MEPC 2002），除了丰水期三家子大桥（干上）和支流外，Zn 在所有采样点的水平均为 I 类；Cu 在所有采样点为 II 类；Pb 除了在丰水期夹信子为劣 V 类外，其余断面均为 V 类水或更优。除了枯水期北台大桥断面外，Cr 在所有采样点为 II 类。对于 Cd，丰、枯水期分别有 44%和 76%的断面为劣 V 类水（≥0.01mg·L^{-1}），最高浓度出现在北台大桥砬子（断面 13）。对于 As，丰水期有 76%断面超过 V 类水标准，枯水期所有断面均超过 V 类水标准。因此，太子河水体主要重金属污染物为 Cd 和 As。

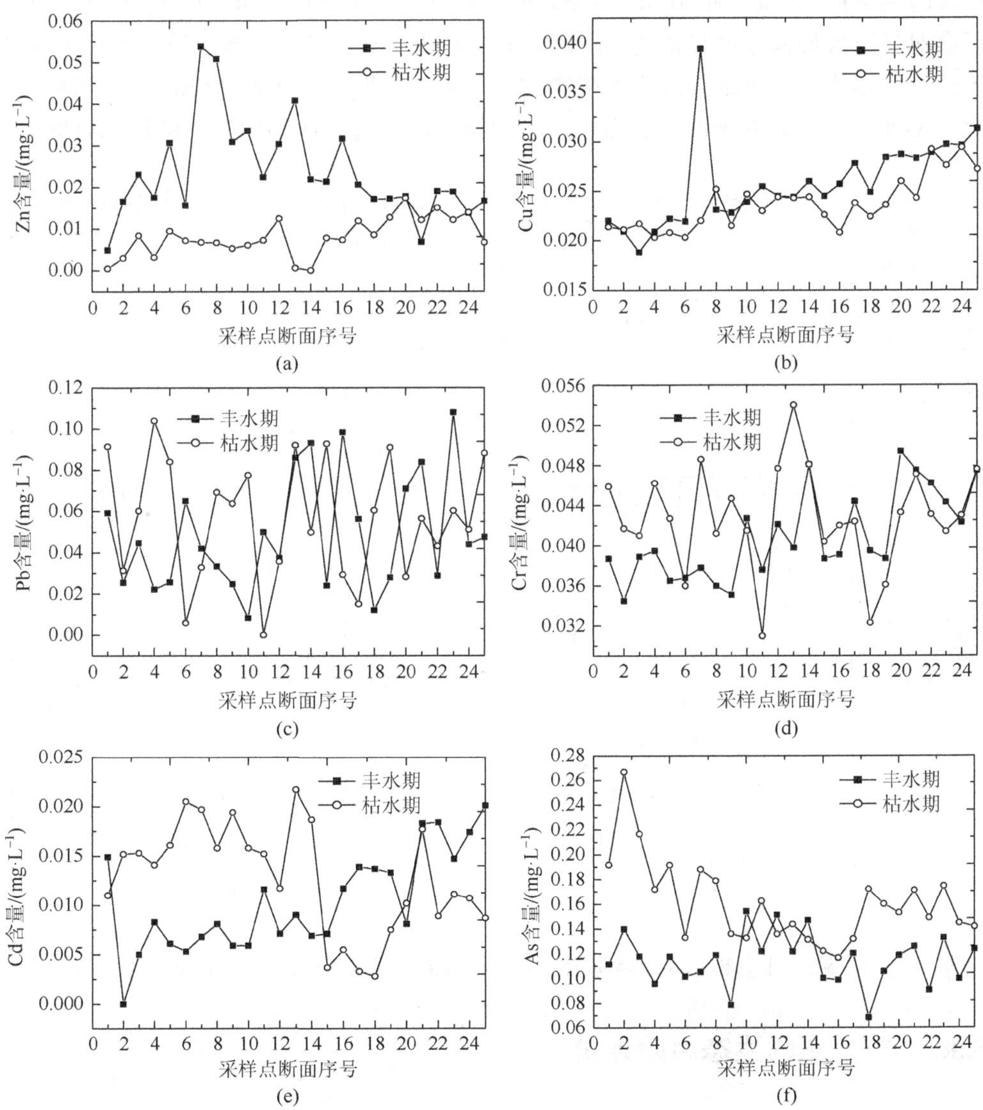

图 5-4　太子河流域水体重金属浓度分布（Chen et al.，2015）

根据健康风险评价模型和模型参数，计算了太子河流域水体中重金属通过饮用水途径所引起的个人年均风险（图 5-5）。结果表明，由致癌物（As、Cd 和 Cr）通过饮用水途径所引起的健康危害的个人年均风险以 As 最大、Cd 次之、再次是 Cr。As 在杨树圈二号桥所引起的健康风险最大，为 $1.33\times10^{-2}a^{-1}$，Cd（$3.46\times10^{-3}a^{-1}$）和 Cr（$7.90\times10^{-4}a^{-1}$）的最大个人年均风险值均出现在北台大桥断面。As、Cd 和 Cr 引起的健康风险均高于国际辐射防护委员会推荐的最大可接受风险水平，为 $5.0\times10^{-5}a^{-1}$。非致癌有毒化学物质 Zn、Pb 和 Cu 所引起的人体健康危害的个人年均风险集中在 $10^{-8}a^{-1}$ 和 $10^{-9}a^{-1}$ 水平，说明非致癌化学物质所引起的健康风险甚微，不会对暴露人群构成明显危害。所研究的 6 种重金属污染中，致癌物对人体健康危害的个人年均风险远远超过非致癌物的年风险，其风险水平差 4～6 个数量级。因此，As 和 Cd 作为太子河主要健康风险污染物，应选择作为优先污染控制对象。

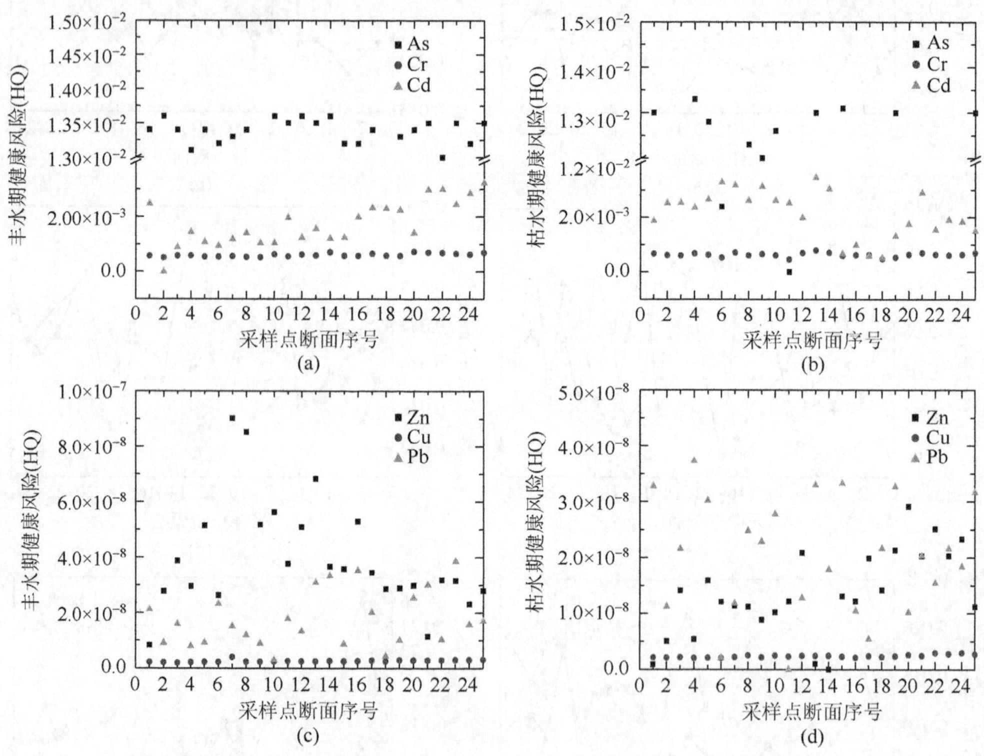

图 5-5　丰、枯水期水体重金属个人年均健康风险（Chen et al.，2015）

5.3.2　重金属的生态风险评价

环境中重金属的生态风险评价主要针对土壤和沉积物中的重金属污染。重金属污染物进入水体后最终被悬浮物和沉积物所吸附而沉积到底部，并通过水-沉积物的交换反应在液相与固相之间形成动态的迁移富集平衡。沉积物既是水环境中重金属的“汇”，又是“源”，但当外界环境发生改变时，束缚在其中的重金属可能被释放进入水体形成“二次污染”，甚至产生潜在的生态风险。此外，表层沉积物是水体中底栖生物的重要生活场所和食物来源，沉积物中的重金属可直接或间接地对水生生物产生毒害作用，并通过生物富集、食物链放大等过程进一步影响陆地生物和人类。近年来，国内外众多学者从沉积学角度提出了多种水体沉积物重金属污染的评价方法，各具合理性和局限性。在评价中，评价方法的选择至关重要，应根据评价目的及各评价方法的特点来选择，也可采用几种评价方法相结合，取长补短，以得到更准确、科学、全面的评价结果。重金属的生态风险评价方法主要有沉积物富集系数法、地累积指数法、沉积物质量基准法、生物效应数据库法、潜在生态风险指数法等。

1. 沉积物富集系数与地累积指数法

Zoller 等（1974）为了研究南极上空大气颗粒物中的化学元素是源于地壳还是海洋，首次提出了富集因子法，它选择表生过程中地球化学性质稳定的元素作为参比元素，来判断金属元素的富集程度，以揭示人为污染状况。在此基础上，Buat-menard 和 Chesselet（1979）提出了沉积物富集系数法，用于评价沉积物重金属污染程度，其计算方法为

$$\mathrm{EF}=\frac{C_{\mathrm{n}}/C_{\mathrm{ref}}}{B_{\mathrm{n}}/B_{\mathrm{ref}}} \tag{5-39}$$

式中，C_{n}、C_{ref} 分别为沉积物中重金属含量及参比元素含量；B_{n}、B_{ref} 分别为未受污染沉积物中重金属含量及参比元素含量，即重金属背景值及参比元素背景值。参比元素一般选择在迁移过程中性质比较稳定的元素，如 Al、Li、Fe、Sc 等。根据富集系数值，将污染程度分为 6 个等级（表 5-8）。参比元素的引入可以消除沉积物粒度大小和矿物组成对元素含量变化的干扰，能够更准确地判断人为污染状况，而且结合年代学，还可以揭示出重金属的富集过程及确定重金属的来源，但参比元素的选择有待规范，且仅侧重单一金属，不能反映整体污染水平。

表 5-8 富集系数评价指标

等级	EF 值	富集（污染）程度
Ⅰ	≤1	无富集（无污染）
Ⅱ	1～2	轻微富集（轻微污染）
Ⅲ	2～5	中度富集（中度污染）
Ⅳ	5～20	显著富集（强污染）
Ⅴ	20～40	强烈富集（较强污染）
Ⅵ	>40	极强富集（极强污染）

案例 3 济宁南部区域土壤重金属污染特征及生态风险评价

1）背景描述

赵庆令等（2015）采用富集系数法和地累积指数法研究了济宁南部区域土壤重金属污染特征及生态风险。研究区位于山东省济宁市南部洸府河与微山湖以西的平原区，包括鱼台县全部、济宁市任城区的安居、许庄、唐口、喻屯等乡镇，金乡县高河、卜集、胡集和嘉祥县金屯等乡镇的部分区域。地理坐标为东经116°22′00″～116°49′00″，北纬 34°53′50″～35°21′00″，面积 1132km^2。该区为温带半湿润季风气候，四季分明，多年（1958～2013 年）平均气温 13.6℃，平均降水量为 649.4mm，平均水面蒸发量为 1671mm。工作区属淮河流域南四湖水系，南阳湖是众水汇集的中心，境内河流较多，较大的河流有京杭运河、洙水河、万福河、洙赵新河、东鱼河等，以上河流呈放射状流入南四湖。区内矿产资源丰富，主要矿种为煤，总储量达 4.5 亿 t，主要煤矿有济宁二号煤矿、安居煤矿、王楼煤矿、湖西煤矿、鹿洼煤矿等，经济以农、渔、林、采矿、化工、造纸为主。

2）评价结果

（1）富集系数分析重金属污染特征。

以黄淮海平原土壤生态地球化学基准值数据作为背景值，采用 Fe 元素作为校准元素进行对比计算富集系数。对 8 种重金属的富集系数进行分析比较（表 5-9），可以得出 8 种元素富集（污染）程度排列为 Hg（1.99）＞Cd（1.77）＞As（1.10）＞Zn（1.07）＞Cu（1.06）＞Pb（1.00）＞Cr（0.99）＞Ni（0.93）。Hg、Cd、As、Zn、Cu 区域富集污染级别为Ⅱ级，属轻微污染；Pb、Cr、Ni 为Ⅰ级，无污染。其中，超过 94%采样点的 Ni、超过 70%采样点的 Cr、超过 66%采样点的 Pb 为无富集；Hg、Cd、As、Zn、Cu 存在 76%～84%的采样点为元素轻微富集；Hg 和 Cd 均存在 15.58%的采样点为中度富集。

表 5-9 土壤重金属元素富集系数和地累积指数评价特征值（赵庆令等，2015）

元素	EF		EF＜1		1≤EF＜2		2≤EF＜5		5≤EF＜20		20≤EF＜40	
	范围	均值	样品数	比例	样品数	比例	样品数	比例	样品数	比例	样品数	比例
As	0.61～1.39	1.10	18	23.38	59	76.62	0	0	0	0	0	0
Cd	0.94～3.90	1.77	1	1.30	64	83.12	12	15.58	0	0	0	0
Cr	0.68～1.13	0.99	54	70.13	23	29.87	0	0	0	0	0	0
Cu	0.76～2.06	1.06	15	19.48	61	79.22	1	1.30	0	0	0	0
Hg	0.77～15.51	1.99	17	22.08	44	57.14	12	15.58	4	5.19	0	0
Ni	0.68～1.02	0.93	73	94.81	4	5.19	0	0	0	0	0	0
Pb	0.67～1.57	1.00	51	66.23	26	33.77	0	0	0	0	0	0
Zn	0.79～1.56	1.07	13	16.88	64	83.12	0	0	0	0	0	0

续表

元素	I_{geo}		I_{geo}≤0		0<I_{geo}≤1		1<I_{geo}≤2		2<I_{geo}≤3		3<I_{geo}≤4	
	范围	均值	样品数	比例	样品数	比例	样品数	比例	样品数	比例	样品数	比例
As	−1.48～0.47	−0.06	27	35.06	50	64.94	0	0	—	0	—	0
Cd	−0.62～2.00	0.60	7	9.09	62	80.52	7	9.09	1	1.30	—	0
Cr	−0.68～0.05	−0.18	65	84.42	12	15.58	0	0	—	0	—	0
Cu	−0.91～0.57	−0.09	40	51.95	37	48.05	0	0	—	0	—	0
Hg	−0.45～3.48	0.45	23	29.87	41	53.25	7	9.09	5	6.49	1	1.30
Ni	−0.96～0.04	−0.27	72	93.51	5	6.49	—	0	—	0	—	0
Pb	−0.86～0.05	−0.19	72	93.51	5	6.49	—	0	—	0	—	0
Zn	−0.69～0.27	−0.08	39	50.65	38	49.35	—	0	—	0	—	0

（2）地累积指数分析重金属污染特征。

仍以黄淮海平原土壤生态地球化学基准值数据作为背景值进行计算，8 种重金属的地累积指数统计结果如表 5-9 所示，可以得出 8 种元素 I_{geo} 排列为：Cd（0.60）＞Hg（0.45）＞As（−0.06）＞Zn（−0.08）＞Cu（−0.09）＞Cr（−0.18）＞Pb（−0.19）＞Ni（−0.27），Cd、Hg 区域富集污染程度为轻微污染；其他元素均属无污染。其中，超过 93%采样点的 Ni 和 Pb、超过 84%采样点的 Cr 为无富集；Hg、Cd、As、Zn、Cu 存在 48%～81%的采样点为元素轻微富集；Cd 和 Hg 均存在 9.09%的采样点为中度富集，这表明该地区 Hg、Cd 元素在人类生产、生活活动的影响下积累明显，尤其以 Hg 显著，还有 1.30%的采样点存在 Hg 元素强污染。

结合富集系数及地累积指数的分析结果，可见 EF 与 I_{geo} 的评价结果基本一致，研究区内 Hg、Cd 富集污染程度为轻微污染，尤其以 Hg、Cd 最为严重，这表明该研究区 Hg、Cd 元素在人类生产、生活活动的影响下积累明显，个别区域甚至存在 Hg 元素强污染，而 As、Zn、Cu、Cr、Pb、Ni 元素富集污染程度均为无污染，说明它们主要来自于岩石矿物的风化、侵蚀及土壤母质。

2. 沉积物质量基准法

SQC 是指与沉积物接触的底栖生物或上覆水生物不受重金属危害的临界水平，反映了重金属元素与底栖生物或上覆水生物之间的剂量-效应关系。SQC 是水质基准的主要组成部分，是评价沉积物污染及其生态风险的基础和理论依据。目前国际上沉积物质量基准建立的方法较多，根据构建原理，可分为理论型基准和经验型基准，前者主要有相平衡分配法，后者主要有生物效应数据库法。基于非均相间热力学稳态交换的相平衡分配法（EqP），充分利用了大量生物毒性毒理试验所得的水质基准值（C_{WQC}），将所包含的上覆水中污染物生物有效性的信息直接引入沉积物质量基准，其逻辑性强且简单易用，是美国环境保护署推荐的用于建立 C_{SQC} 的首选方法之一。相平衡分配法既适用于沉积物重金属质量基准（C_{SQC}/Metal），也适合非离解型的疏水性有机污染物沉积物质量基准的建立。目前，英国、荷兰、美国、加拿大和澳大利亚等国家已建立了沉积物重金属质量基准，与国际上相比，我国在水体沉积物质量基准方面的研究还处于萌芽阶段，一些学者从不同的角度介绍了国际上 SQC 法的研究进展并进行了初步尝试。但总体而言，我国在该领域的研究工作还十分薄弱，亟待开展深入系统的研究。

目前，SQC 法主要采用相平衡分配法。相平衡分配法建立在 3 个重要的假设基础上：①化学物质在沉积物/间隙水相间的交换快速而可逆，处于热力学平衡状态，因而可用相平衡分配系数（K_p）描述这种平衡；②沉积物中化学物质的生物有效性与间隙水中该物质的游离浓度（非络合态的活性浓度）具有良好的相关关系，而与总浓度不相关；③底栖生物与上覆水生物具有相近的敏感性，因而可将水质基准应用于沉积物质量基准中。大量的文献资料和美国环境保护署的工作证实了这些经验假设的可行性。当然，由于上述假设是经验性的，在实际建立基准过程中会带来不确定性和误差。因此，用该方法建立的基准值仍然是初步的，有赖于理论研究和技术条件的进一步完善。

在沉积物中，第 i 种重金属在平衡的间隙水相中的浓度达到水质基准时，它在沉积物中的含量即可视为其沉积物质量基准，即

$$C_{SQC,i} = K_p \times C_{WQC,i} \tag{5-40}$$

$$K_p = C_s / C_{IW} \tag{5-41}$$

式中，$C_{SQC,i}$ 和 $C_{WQC,i}$ 分别为第 i 种重金属的沉积物质量基准值和水质基准值；K_p 为第 i 种重金属在表层沉积物固-水相之间的相平衡分配系数；C_s 为沉积物固相中具有生物有效性的重金属质量分数，$mg \cdot kg^{-1}$；C_{IW} 为该种重金属在间隙水相中的质量浓度，$\mu g \cdot L^{-1}$。

$$C_s = C_T - C_T \times A = C_T \times (1-A) \tag{5-42}$$

式中，C_T 为沉积物固相中重金属总量，$g \cdot kg^{-1}$；A 为残渣态重金属质量分数占重金属总量的比例，%。沉积物原生矿物中含有的重金属（即残渣态重金属）通常不具有生物有效性，因此沉积物中的重金属并非都与间隙水中的重金属处于平衡。另外，研究发现，当沉积物中硫化物含量较高时，重金属强烈倾向于生成不具有生物有效性的重金属硫化物沉淀，并提出用 AVS 含量来表示这一部分重金属（Ditoro and Mahony，1991；刘文新等，1999；Carlson et al.，1991）。鉴于此，在以 EqP 法建立沉积物中重金属的质量基准时，可对式（5-40）进行修正：

$$C_{SQC} = K_p \times C_{WQC+}[M_{Ri}] + [M_{AVSi}] \tag{5-43}$$

$$[M_{AVSi}] = [AVS \times M_i \times C_{Ti} / \sum_{i}^{n=5} C_{Ti} \tag{5-44}$$

式中，$[M_{Ri}]$为沉积物中残渣态重金属质量分数，mg·kg^{-1}；$[M_{AVSi}]$为沉积物中与 AVS 相结合的重金属含量，μmol·g^{-1}；[AVS]为 AVS 的含量，μmol·g^{-1}；M_i为金属元素的原子量；n 为重金属的种类。在研究与 AVS 结合的重金属时，一般仅考虑 Cu、Pb、Zn、Cd 和 Ni 5 种金属，因此 n 的取值为 5，由于该试验没有测得 Ni 的含量，在考虑与 Ni 结合的 AVS 时，按其占 AVS 总量的 1/5 考虑，其余 4 种金属则按式（5-44）计算。

案例 4　太湖和辽河沉积物重金属质量基准及生态风险评估

1）背景描述

太湖和辽河是我国水污染控制的重点流域，分别是南方和北方具有代表性的河流与湖泊，因此选取太湖和辽河作为研究区域，对两流域重金属的沉积物质量基准进行初步探讨。邓保乐等（2011）应用相平衡分配法对太湖及辽河沉积物中的 4 种重金属 Cu、Zn、Cd、Pb 进行研究，给出这 4 种重金属的沉积物质量基准，并据此对两水体中沉积物重金属的生态风险进行评估。

2）分析方法

2009 年 6～7 月分别在太湖和辽河用抓斗采泥器进行采样，在太湖共采集 22 个沉积物样品，采样深度为 0～10cm，采样点在全湖 5 个区域均匀布设。在辽河共采集 27 个沉积物样品，采样深度为 0～10cm，分 8 个区域采样：L1 为沈阳浑河大桥，L2 为鲁家大桥，L3 为抚顺将军桥，L4 为大伙房水库，L5 为北道沟浑河桥，L6 为营口入海口，L7 为赵家街大辽河大桥，L8 为盘锦曙光大桥。两水体中采样区域及点位如图 5-6 所示。

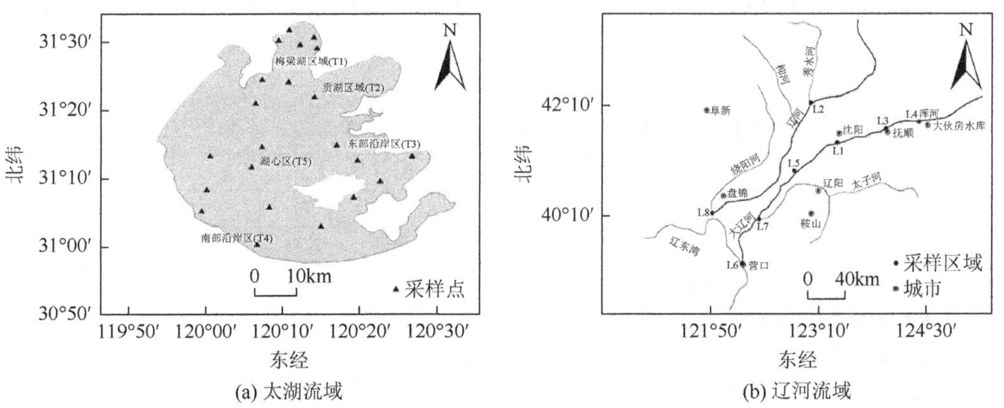

(a) 太湖流域　　(b) 辽河流域

图 5-6　太湖和辽河沉积物采样区位（邓保乐等，2011）

沉积物固相中重金属质量分数（C_T）采用冷冻干燥-微波消解-离心过滤的方法测定；重金属形态采用冷冻干燥-BCR 逐级提取法进行分析，进而计算残渣态重金属质量分数（$[M_{Ri}]$）；AVS 含量采用 N_2 载气 HCl 提取法测定，同步可提取重金属（SEM）为酸提取 AVS 过程中同时提取的重金属总量。

沉积物重金属质量基准推算如下：

（1）固-液平衡分配系数。

由式（5-40）可以看出，求算重金属在沉积物-水相之间的平衡分配系数是建立 C_{SQC} 的关键所在。各重金属在太湖及辽河中沉积物固相（C_s）和间隙水相的含量（C_{IW}）及相平衡分配系数（K_p）的测定结果如表 5-10 所示。

表 5-10　太湖和辽河中重金属的相平衡分配系数 K_p（邓保乐等，2011）

重金属	太湖			辽河		
	C_s/(mg·kg^{-1})	C_{IW}/(μg·L^{-1})	K_p	C_s/(mg·kg^{-1})	C_{IW}/(μg·L^{-1})	K_p
Cd	1.95	0.74	2.64×10^3	1.66	0.90	1.84×10^3
Cu	20.81	5.81	3.58×10^3	13.48	5.70	2.36×10^3
Pb	10.14	2.29	4.43×10^3	9.02	2.22	4.06×10^3
Zn	77.43	65.00	1.19×10^3	50.18	59.50	0.84×10^3

利用现场或实验室测得的沉积物和间隙水中各重金属的含量，代入式（5-41）即可算出 K_p。在数据质量有保证的前提下，该方法计算简便且可信度较高，避免了模型、参数的复杂计算及其主观选择带来的不确定性。通过表 5-11 与其他水体沉积物重金属 K_p 的比较结果可以看出，太湖及辽河的 K_p 总体比较接近；与其他水体相比，太湖与辽河 K_p 略高于黄河水系，低于长江水系及其他湖泊。各水域的 K_p 之所以存在一定的差距，是因为 K_p 受一系列复杂因素的影响，包括沉积物自身性质和组成（如粒径分布、其他地球化学性质和表面性质等）及沉积物-水界面环境条件（如 pH、E_h 和温度等）。

表 5-11　太湖和辽河与其他水域沉积物重金属分配系数比较（邓保乐等，2011）

水域	lg K_p			
	Cd	Cu	Pb	Zn
太湖	3.42	3.55	3.65	3.08
辽河	3.27	3.37	3.45	3.03
长江下游	4.2	4.1	5.2	4.3
黄河中游	—	3.0	3.2	2.2
鄱阳湖	4.8	4.5	5.0	4.0
洞庭湖	4.3	3.9	4.5	—

（2）水质基准（C_{WQC}）。

由于目前我国尚未制定有关河流重金属慢性生物毒性水质基准，因此 C_{WQC} 采用 EPA 最新颁布的、基于水生生物对重金属的最终慢性毒性水平和水质硬度制定的淡水水质基准（表 5-12）。该基准包括长期基准浓度（criterion continuous concentration，CCC）和最大基准浓度（criteria maximum concentration，CMC）。前者是指对长期暴露于该浓度下的水生生物不产生不良影响的最高浓度值，即不对水生生物产生慢性毒性的最高浓度值。如选择 CCC 作为 C_{WQC}，则对应的 C_{SQC} 意义明确，即保护底栖生物不受慢性毒害，因此主要用 CCC 值来推算重金属的 C_{SQC}。水的硬度直接影响了 CCC 值，它们之间的关系见表 5-12。

表 5-12　EPA 依据水质硬度制定的部分重金属慢性生物毒性淡水水质基准（邓保乐等，2011）

重金属	长期基准浓度	CF
Cd	CF×exp[0.785×ln（水 $CaCO_3$ 硬度）−2.715]/1000	1.101672−[ln（水 $CaCO_3$ 硬度）（0.041838）]
Cu	CF×exp[0.845×ln（水 $CaCO_3$ 硬度）−1.702]/1000	0.960
Pb	CF×exp[1.273×ln（水 $CaCO_3$ 硬度）−4.705]/1000	1.46203−[ln（水 $CaCO_3$ 硬度）（0.145712）]
Zn	CF×exp[0.847×ln（水 $CaCO_3$ 硬度）＋0.884]/1000	0.986

根据现场检测数据，辽河水 $CaCO_3$ 硬度平均值为 122.8mg·L^{-1}，太湖水 $CaCO_3$ 硬度平均值为 103.4mg·L^{-1}，依据水质硬度推算的两个水体中重金属的 CCC 值。其中，太湖 Cd、Cu、Pb 和 Zn 的 CCC 值分别为 0.0023mg·L^{-1}、0.0092mg·L^{-1}、0.0026mg·L^{-1} 和 0.1216mg·L^{-1}；辽河 Cd、Cu、Pb 和 Zn 的 CCC 值分别为 0.0026mg·L^{-1}、0.0107mg·L^{-1}、0.0031mg·L^{-1} 和 0.1407mg·L^{-1}。可以看出，由于水质硬度的差别，太湖的 C_{WQC} 略小于辽河，但总体差别不大。

（3）沉积物质量基准（C_{SQC}）。

根据式（5-43）中推算的 CCC 值，可以计算太湖与辽河各重金属的沉积物质量基准。邓保乐等（2011）将一些国际上已颁布的沉积物质量基准值及我国一些学者在部分流域的研究结果进行了比较，发现不同国家或地区所制定的沉积物基准值相差较大，尤其是 Cd，其最大值与最小值相差 50 倍之多。造成上述差距的主要原因是各国家或地区制定沉积物质量基准的方法不同，保护目标和保护程度也有差异，在筛选关键环境因子及在获得生物效应数据方面会产生差异（如污染物自身的迁移和形态变化，使得污染物在沉积物中的形态变化始终处在一个动态过程中，增加了污染物-生物效应关系的复杂性）。

基于美国慢性生物毒性淡水水质基准推算的沉积物基准值，太湖略高于辽河，但结果非常接近；与其他研究结果相比，除 Pb 以外，另外 3 种重金属的沉积物基准值均在其他研究结果之间，其中与佛罗里达环境保护局所制定的可能效应浓度（probable effect level，PEL）值最为接近。由于所用的水质基准是以美国的水生生物毒性为基础的，该基准是否能够保护我国流域的底栖生物还有待进一步验证。

3）评价结果

沉积物生态风险评估是基于生物毒性基础上对沉积物中污染物是否对底栖生物构成潜在威胁的一种评估和判断。由于沉积物包括固相和间隙水两部分，因此沉积物中重金属的生态风险评估也通常会从两个不同的角度来进行。从沉积物角度出发，一种方法是以沉积物基准为依据来判断沉积物的毒性，另一种常见的方法是利用 SEM 与 AVS 含量的差值进行判断；从间隙水的角度出发，是将间隙水中的重金属含量与上覆水的生物慢性毒性水质基准进行比较，从而判断沉积物的毒性。

从分析结果看，太湖与辽河 SEM 含量相差不大，均在 0.95～1.88mmol·kg^{-1}的范围内；而 AVS 含量存在较大差异，在 0～4.13mmol·kg^{-1}。太湖及辽河沉积物的 AVS 含量平均值相似，分别为 1.45mmol·kg^{-1}和 1.35mmol·kg^{-1}。由表 5-13 可以看出，在太湖，T1 和 T2 区域 SEM–AVS 小于 0，其他 3 个区域均大于 0，说明太湖部分区域沉积物存在一定的生态风险；辽河除 L1、L2 和 L5 外，其余区域 SEM–AVS 也都大于 0，说明辽河大部分区域的沉积物存在较为明显的生态风险。一般来说，在研究 SEM 时，通常考虑 5 种重金属（包括 Cu、Pb、Zn、Cd 和 Ni），而笔者只测定和评价了 4 种重金属，所求得的 SEM 与 AVS 差值会相对偏小，因此 SEM–AVS＜0 的区域不足以判断是否存在生态风险，还需结合其他方法进行综合判断。

表 5-13　两流域表层沉积物中 AVS 和 SEM 的含量及其差值（邓保乐等，2011）（单位：mmol·kg^{-1}）

采样区域		SEM	AVS	SEM–AVS	采样区域		SEM	AVS	SEM–AVS
太湖	T1	1.88	2.44	–0.56	辽河	L1	1.70	4.13	–2.43
	T2	1.21	2.91	–1.70		L2	1.04	1.58	–0.54
	T3	0.95	0.62	0.33		L3	1.73	0.32	1.41
	T4	1.30	0.78	0.52		L4	1.21	0.00	1.21
	T5	1.33	0.52	0.81		L5	1.03	2.63	–1.60
	平均值	1.33	1.45	–0.12		L6	1.52	0.92	0.60
						L7	1.46	0.44	1.02
						L8	1.43	0.77	0.66
						平均值	1.39	1.35	0.04

第 2 种评估方法是基于沉积物中重金属含量（C_T）和沉积物质量基准（C_{SQC}）的比值来确定的。表 5-14 分别列出了两流域沉积物中重金属的含量与各自沉积物基准值的比值。从单个重金属的生态风险方面看，Cd 与 Zn 在各个区域的[C_T/C_{SQC}]

均小于 1，说明两水域中的 Cd 和 Zn 没有明显的生态毒性；对于 Cu 和 Pb 来说，两水域中都有个别区域的$[C_T/C_{SQC}]$大于 1（如 Cu 的$[C_T/C_{SQC}]$在 T1 和 L3 区域，Pb 的$[C_T/C_{SQC}]$在 T1、T3 和 L6 区域），说明在个别采样区域 Cu 和 Pb 存在一定的生态毒性，但大部分区域并没有明显的生态风险。在太湖，Pb 的污染相对严重，其$[C_T/C_{SQC}]$的平均值为 0.92，该值接近 1 并且均高于其他 3 种重金属，说明整个太湖沉积物中 Pb 相对另外 3 种重金属存在一定的生态风险。在辽河，L3、L4 和 L6 等点位 Cu 和 Pb 超标或接近超标，这几个点位均属于浑河，说明浑河沉积物中 Cu 和 Pb 的污染较为严重，需要引起关注。从 4 种重金属的综合生态毒性方面考虑，两水域$\sum_i [C_{Ti}]/[C_{SQC,i}]$的平均值分别为 2.68 和 2.28，均大于 1，在个别区域（如 T1、L3 和 L6）$\sum_i [C_{Ti}]/[C_{SQC,i}]$大于 3，说明 4 种重金属的同时存在可能会对底栖生物及上覆水生生物产生一定的生态风险。

表 5-14 两流域表层沉积物重金属含量与沉积物重金属基准值的比值（邓保乐等，2011）

采样区域		$[C_T/C_{SQC}]_{Cd}$	$[C_T/C_{SQC}]_{Cu}$	$[C_T/C_{SQC}]_{Pb}$	$[C_T/C_{SQC}]_{Zn}$	$\sum_i [C_{Ti}/C_{SQC,i}]$
太湖	T1	0.31	1.19	1.09	0.99	3.58
	T2	0.35	0.65	0.85	0.60	2.45
	T3	0.33	0.70	1.06	0.58	2.67
	T4	0.34	0.74	0.91	0.59	2.58
	T5	0.30	0.58	0.69	0.56	2.13
	平均值	0.33	0.77	0.92	0.66	2.68
辽河	L1	0.30	0.68	0.88	0.49	2.35
	L2	0.27	0.62	0.70	0.48	2.07
	L3	0.27	1.28	0.83	0.83	3.21
	L4	0.26	0.90	0.12	0.50	1.78
	L5	0.48	0.54	0.39	0.46	1.87
	L6	0.42	0.87	1.07	0.77	3.13
	L7	0.41	0.74	0.40	0.55	2.10
	L8	0.43	0.56	0.28	0.49	1.76
	平均值	0.36	0.77	0.58	0.57	2.28

第 3 种评估方法是基于间隙水中重金属含量和水质基准（C_{WQC}）的最终慢性毒性值（final chronic value，FCV）的比值确定的具体评价方法：当各重金属在间隙水中的含量与最终慢性毒性的比值之和（$\sum_i [C_{IW,i}]/[CCC_i]$）大于 1 时，该沉积物对底栖及上覆水生生物有明显生态风险；如果$\sum_i [C_{IW,i}]/[CCC_i]$小于 1，则该沉

积物对底栖及上覆水生生物没有显著的生态风险。对于上述 4 种重金属：$\sum_i[C_{IW,i}]/[CCC_i]=[C_{IW}/CCC]_{Cd}+[C_{IW}/CCC]_{Cu}+[C_{IW}/CCC]_{Pb}+[C_{IW}/CCC]_{Zn}$，表 5-15 列出了两水体沉积物间隙水中重金属含量与各自 CCC 的比值。该方法与 C_T/C_{SQC} 方法类似，将评价的角度换作间隙水，结果和第 2 种方法接近。对于单一重金属来说，两水体均未发现超标区域，说明两水体中 4 种重金属各自都没有表现出明显的生态风险，但是太湖多数点位的 Pb 已接近临界值。而从综合指标来说，两水体中 $\sum_i[C_{IW,i}]/[CCC_i]$ 均大于 1，其平均值分别为 2.37 和 1.95，说明大部分区域的沉积物中重金属具有一定的生态风险。由于用该方法评价的结果与上述第 2 种方法 C_T/C_{SQC} 的结果基本一致，而测定间隙水中重金属含量比较困难，因此可以考虑用第 2 种方法进行沉积物中重金属的生态风险评估。

表 5-15　太湖与辽河表层沉积物中间隙水重金属含量与美国慢性毒性淡水水质长期基准浓度的比值（邓保乐等，2011）

采样区域		$[C_{IW}/CCC]_{Cd}$	$[C_{IW}/CCC]_{Cu}$	$[C_{IW}/CCC]_{Pb}$	$[C_{IW}/CCC]_{Zn}$	$\sum_i[C_{IW,i}/CCC_i]$
太湖	T1	0.36	0.63	0.97	0.60	2.56
	T2	0.33	0.61	0.98	0.53	2.45
	T3	0.28	0.69	0.85	0.51	2.33
	T4	0.30	0.61	0.83	0.53	2.27
	T5	0.35	0.62	0.77	0.50	2.24
	平均值	0.32	0.63	0.88	0.53	2.37
辽河	L1	0.33	0.57	0.92	0.44	2.26
	L2	0.31	0.56	0.74	0.40	2.01
	L3	0.35	0.55	0.65	0.40	1.95
	L4	0.35	0.56	0.97	0.39	2.27
	L5	0.38	0.50	0.13	0.39	1.40
	L6	0.28	0.54	0.73	0.42	1.97
	L7	0.35	0.50	0.61	0.39	1.85
	L8	0.38	0.50	0.65	0.36	1.89
	平均值	0.34	0.54	0.68	0.40	1.95

（1）基于 EPA 的水生生物对重金属的最终慢性毒理水平和水质硬度制定的淡水水质基准，运用修正的相平衡分配法推算了太湖及辽河 4 种重金属的沉积物质量基准，为判断流域中目标污染物的污染程度提供一定的科学依据。但是，目前国际上尚未有统一的建立沉积物质量基准的标准方法。因此，重视多种方法相结合，综合运用沉积物化学分析、生物调查和毒理学试验手段，将是今后研究的重点和方向。

（2）尝试以所推算的沉积物基准为基础，分别从沉积物固相和间隙水相两个角度对两水体沉积物中重金属的生态风险进行了评估。其中，SEM 与 AVS 含量差值法评估的结果表明，在太湖和辽河部分区域存在一定的生态风险；而 $\sum_i [C_{Ti}]/[C_{SOC,i}]$ 和 $\sum_i [C_{IW,i}]/[CCC_i]$ 方法的结果比较一致，对于单一重金属来说，两水体均未发现超标区域，说明单一重金属各自都没有表现出明显的生态风险，而从综合指标来说，两水体中 $\sum_i [C_{Ti}]/[C_{SOC,i}]$ 和 $\sum_i [C_{IW,i}]/[CCC_i]$ 值均大于 1，说明大部分水域的沉积物中重金属具有一定的生态风险。总的来说，沉积物生态风险评估方面的理论和方法研究还不够完善，是今后研究的重点和主要方向。

3. *生物效应数据库法*

Long 等（1990，1992）结合美国国家海洋与大气管理局（NOAA）开展的国家状况与发展趋势项目（National Status and Trends Program，NSTP），提出了通过收集各种污染物的生物效应数据资料建立生物效应数据库，借助统计分析手段建立响应型沉积物环境质量基准的方法，该方法也称 NSTP 法。NSTP 法建立在生物效应的基础上，其重点是建立生物效应数据库法。首先需要通过沉积物毒性试验或者观测调查得到大量的生物效应数据，然后对这些生物效应数据进行分析、整理，通过评价整个数据列的可利用性（效应数据和相一致的沉积物化学物质）、终点判断类型和大小、生物效应和化学物质的相关性来筛选数据，最后剔除不适合的数据，经筛选合格的数据编入数据库中，建立生物效应数据库。对生物效应数据库中的数据进行统计分析，获得临界效应浓度（threshold effect level，TEL）和 PEL（TEL 和 PEL 均指水体表层沉积物中某种重金属的总浓度）。TEL 和 PEL 值即为生物效应数据库法建立的双值基准的基准阈值。当沉积物中某种污染物的浓度小于 TEL 时，表明负面生物效应极少发生；当沉积物中某种污染物的浓度大于 PEL 时，表明负面生物效应经常发生；介于二者之间时，则为基准的灰色区域（the gray zone），表示不确定是否会产生负面生物效应。应用生物效应数据库法建立淡水沉积物重金属质量基准的具体步骤如下。

（1）数据库的建立。

该方法的第一步是通过查询各种相关文献，搜集淡水水体沉积物中污染物的化学与生物数据。这些数据来源包括：①利用沉积物/水平衡分配模型，如相平衡分配法（EqPA）、生物组织残余法（BTRA）计算所得的数据；②沉积物质量评价研究，如基于酸挥发性硫化物与同步金属提取的比值（AVS/SEM）评价方法、地累积指数法等得到的数据；③沉积物生物毒性试验数据，如表观效应浓度法（AETA）中的毒性试验数据，各种方法的验证试验等；④沉积物现场生物毒性试验；⑤底栖生物群落实地调查数据等，如筛选水平浓度法（SLCA）中的调查数据。

在数据库中，按照浓度-效应关系和基于各种评价沉积物质量基准值的意义，将有负面生物效应的污染物浓度值录入“生物效应数据列”，将不会产生负面生物效应的污染物浓度值录入“无生物效应数据列”，并将两个数据列中的数据按照从小到大的顺序排列，剔除特定水体特有底栖生物的毒理数据，试验设计不规范的数据及可疑数据，如未设立对照组、对照组的试验生物表现异常、试验用化合物或沉积物的理化状态不符合要求等的数据，目的是保证数据的质量和数据库的协调性。

（2）水体沉积物重金属质量基准值 TEL 和 PEL 的确定。

将“生物效应数据列”中第 15 个百分点的数据作为效应浓度低值（effect range low，ERL），第 50 个百分点的数据作为效应浓度中值（effect range median，ERM）；“无生物效应数据列”中第 50 个百分点作为无效应浓度中值（no effect range median，NERM），第 85 个百分点作为无效应浓度高值（no effect range high，NERH）。

依据式（5-45）和式（5-26）分别计算 TEL 和 PEL：

$$TEL = (ERL \times NERM)^{1/2} \tag{5-45}$$

$$PEL = (ERM \times NERH)^{1/2} \tag{5-46}$$

（3）对 TEL 和 PEL 的检验及讨论。

对计算所得的 TEL 和 PEL 进行可比性、可靠性和可预测性 3 方面的检验：①评价 TEL 和 PEL 与用其他方法和程序所得沉积物质量评价基准的可比性；②用 NSTP 数据库中的沉积物中化学物质浓度和生物效应数据的一致性来评价 TEL 和 PEL 的可靠性；③用其他地区的独立毒理数据来评价其可预测性。

案例 5 应用生物效应数据库法建立淡水水体沉积物重金属质量基准

1）背景描述

张婷等（2012）针对淡水沉积物，利用生物效应数据库法建立了 5 种重金属元素 Cu、Zn、Cd、Pb、Ni 的质量基准，介绍了利用该方法计算沉积物质量基准的详细过程，并应用该方法初步建立了 Cu、Zn、Cd、Pb、Ni 5 种重金属的淡水沉积物质量基准，对建立基准值进行了可比性、可靠性和可预测性分析。

2）分析方法

淡水水体沉积物重金属生物效应数据库的建立及基准值计算根据上述原则，尽量收集淡水沉积物中重金属的毒性效应数据。由于我国目前相关的数据量过少，难以建立完整的数据库，因此本研究在搜集我国相关数据的同时，也对国外部分河流和湖泊的沉积物毒性数据进行搜集。这些数据包括 Mississippi River（Suedel and Deaver，1996；Marking et al.，1981）、Duwanmish River（Lee and Mariani，1977）、Trinity River（Qasim et al.，1980）、Tualatin River（Cairns，1984）、Shebotgan River（Tatem，1986）、Torch Lake（Malueg et al.，1984）、Keweenaw Waterway（Malueg et al.，1984）等众多淡水水体沉积物对片脚类、浮游类、端足类、蚤类、双壳类、藻类等底栖生物的生物毒性试验数据，还包括应用各种评价模型如相平衡分配法、

AVS/SEM 评价法、逻辑关系推算的回归方程法得出的太湖、辽河、长江、黄河等流域水系的评价数据。在搜集数据时，尽可能地保证这些毒理试验的受试生物与我国淡水水体沉积物中的典型底栖生物相同，剔除来自国外淡水水体沉积物特有底栖生物的毒理数据及严重不符合正态分布的数据，以保证数据库的建立有广泛的代表性。以 Cu 为例，共搜集生物效应数据 51 个，无生物效应数据 22 个。对数据进行整理和排序后，运用式（5-45）和式（5-46）推算沉积物中 Cu 的基准值，具体数据如表 5-16 所示。利用相同的方法和步骤，对其他 4 种重金属（Zn、Cd、Pb、Ni）进行了生物效应数据库的建立和基准值的推算，由于数据量大，受篇幅限制，在此不能一一列出。

表 5-16　Cu 的沉积物基准值（张婷等，2012）　（单位：$mg\cdot kg^{-1}$）

NERM	NERH	ERL	ERM	TEL	PEL
30.5	193.0	68.0	170.0	45.5	181.1

3）评价结果

分别收集了美国、加拿大、英国等政府部门的沉积物重金属质量基准值，表 5-17 列出了 Zn、Cd、Pb、Ni 等 4 种重金属生物效应数据库中的数据量及基准值的推算结果。通过将得出的 TEL 值与 EPA、加拿大安大略省环境和能源部（OMEE）、加拿大环境部长理事会（CCME）等机构推算出的基准值进行比较，Cu、Pb、Ni 的值比较接近，Zn 的 TEL 值略低于其他国家的基准值，而 Cd 的 TEL 值则略高。这种差异可能来自于各国选用的数据库筛选条件的差异及数据库的范围。本研究选取的生物数据虽然来自国内外的文献，但是选取的生物数据的物种都是我国淡水流域中普遍存在的生物物种，而剔除了我国没有的生物物种或者是其他国家特有的生物物种试验数据。对于 PEL 来说，不同国家推导出来的基准值差异比较大，而本书得到的 PEL 值基本上都在变化范围之内，Cd 和 Pb 的 PEL 值接近各国基准值的高值。除上面提到的生物数据库数据选取条件不同外，另一个原因可能是我国关于生物毒性的数据较少，尤其是慢性毒性试验数据，大部分数据还是基于相平衡分配理论。

表 5-17　Zn、Cd、Pb、Ni 初步沉积物基准值的推算（张婷等，2012）（单位：$mg\cdot kg^{-1}$）

元素	无生物效应数据列			生物效应数据列			TEL	PEL
	NERM	NERH	数据量	NERM	NERH	数据量		
Cd	2.6	14.4	19	3.5	25.0	27	3.0	19.0
Ni	24.6	35.0	12	40.0	169.0	23	31.4	76.9
Pb	40.0	181.2	19	56.0	230.0	28	47.3	204.1
Zn	93.4	969.4	15	60.0	168.0	36	74.9	403.6

综上可知：①本研究通过生物效应数据库法得到的淡水水体沉积物重金属质量基准值与各国现行的基准值基本一致，没有出现过大或者过小的情况，说明本研究推导的基准值有一定的可评价性；②不同国家及地区制定的沉积物重金属基准值之间有一定的差别，个别情况差别较大，说明在基准值的确定过程中，面临着很多不确定因素；③收集的数据大多为急性毒性数据，慢性毒性数据值较少，且数据量尚不算充足，而且我国大多是相平衡分配法的数据，毒性数据较少，导致有些基准值（如 Cd 的 PEL）略比其他值偏高。

结果表明：Cd、Ni、Pb、Zn、Cu 的 TEL 分别为 $3.0 mg \cdot kg^{-1}$、$31.4 mg \cdot kg^{-1}$、$47.3 mg \cdot kg^{-1}$、$74.9 mg \cdot kg^{-1}$ 和 $45.5 mg \cdot kg^{-1}$（以干质量计），PEL 分别为 $19.0 mg \cdot kg^{-1}$、$76.9 mg \cdot kg^{-1}$、$204.1 mg \cdot kg^{-1}$、$403.6 mg \cdot kg^{-1}$ 和 $181.1 mg \cdot kg^{-1}$（以干质量计）。除 Zn 外，其他 4 种重金属的 TEL、PEL 值与其定义的生物效应基本一致，符合针对保护底栖生物制定的沉积物质量基准的要求，具有较高的可靠性，可以作为淡水水体沉积物重金属质量基准建议值。

4. 潜在生态风险指数法

1980 年，瑞典学者 Hakanson（1980）提出了潜在生态风险指数法，目前该评价方法被广泛应用于水体沉积物中重金属污染风险分析。其计算方法如式（5-47）和式（5-48）。某区域单一重金属的潜在生态危害系数 E_{f}^{i} 为

$$E_{\mathrm{f}}^{i} = T_i \times \frac{C^i}{C_0^i} \tag{5-47}$$

式中，T_i、C_i、C_0^i 分别为第 i 种重金属的毒性响应参数、实测浓度、背景参照值。

某区域多个重金属的潜在生态风险指数（risk index，RI）为

$$\mathrm{RI} = \sum_{i=1}^{n} E_{\mathrm{f}}^{i} \tag{5-48}$$

式中，n 为重金属种类数。

Hakanson 根据 E_{f}^{i} 和 RI 的值，将沉积物重金属的潜在生态危害由低到高分为 5 个等级（表 5-18）。该方法涉及重金属毒性响应参数，Hakanson 利用沉积学原理，根据“元素丰度原则”和“元素稀释度”，认为某一重金属的潜在毒性与其丰度成正比。该方法从重金属的生物毒性出发，综合考虑了重金属的毒性、浓度和迁移转化规律及区域背景值的影响，不仅反映了沉积物中单一重金属元素的环境影响，也反映了多种重金属污染物的综合效应，但忽略了多种金属复合污染时各金属之间的加权及拮抗作用，毒性系数的确定也有待进一步研究。

表 5-18　潜在生态风险评价指标与分级关系

潜在生态风险因子 E_f^i		潜在生态风险指数 RI	
单一重金属对应的阈值区间	风险因子程度分级	7 种重金属对应的阈值区间	风险指数程度分级
$E_f^i<40$	低值	RI＜110	低值
$40\leqslant E_f^i<80$	中值	110≤RI＜220	中等
$80\leqslant E_f^i<160$	可观	220≤RI＜440	高值
$160\leqslant E_f^i<320$	高值	RI≥440	极高
$E_f^i\geqslant 320$	极高		

基于元素丰度和释放原则的潜在生态风险评价体系需要若干前提条件：①浓度条件，即潜在生态风险指数随沉积物中金属污染程度的加重而增加；②种类数条件，即沉积物的金属污染具有加和性，即多种金属污染的潜在生态风险更大，其中 As、Hg、Cr、Cd、Pb、Cu 和 Zn 是优先考虑对象；③毒性响应条件，即生物毒性强的金属对 RI 具有较高权重，其依据是沉积物中金属元素的“汇效应”（sink effects）具有不同的“指纹特征”（fingerprint characterstics）和校正丰度的数量级；④基于生物生产量指数（BPI）的灵敏度条件，即不同水质系统对金属污染的敏感性不同。在计算 Hakanson 生态风险指数时，一般采取全球工业化以前的沉积物重金属最高背景值或当地沉积物的背景值为参考值（表 5-19）。但由于沉积物质量评价的置信度主要是准确参考值比较的函数，为反映特定区域的分异性，也可采用流域上游的当地背景样点作为比较基准。

表 5-19　沉积物中相关重金属含量的参考值　（单位：$mg\cdot kg^{-1}$）

项目	As	Hg	Cr	Cd	Pb	Cu	Zn
工业化前全球沉积物重金属最高背景值	15	0.25	90	1	70	50	175
全国表土	9.2	0.04	53.9	0.07	23.6	20.0	67.7
全球沉积页岩的平均含量	13.00	0.35	62.00	0.40	34.00	45.00	118.00
毒理学指标效应范围低值（ERL）	8.2	0.15	26	1.2	16	16	120
毒理学指标效应范围中值（ERM）	70.0	1.3	110	9.6	50	110	270

上述几种评价方法是常用的沉积物重金属污染风险评价法，其中地累积指数法、沉积物富集系数法未引入生物有效性；潜在生态风险指数法考虑了生物毒理

学和生态学内容，但也存在不足之处。诸评价法各有侧重点与优缺点，为了准确的评价水体沉积物中重金属污染状况，在实际应用中，一般会将几种评价方法结合使用。

案例 6 城区周边土壤重金属生态风险评价——以太原城区为例

1）背景描述

全国土壤污染状况调查指出，我国土壤污染的超标点位达到了 16.1%，在全部超标点位中无机污染物占了 82.8%，土壤重金属在我国西南和东南地区污染较为严重，其中 As、Hg、Pb、Cd 四种重金属污染物的含量由北向南呈现逐步升高的趋势。由此可以看出，我国整体土壤环境质量不容乐观并且部分地区土壤重金属污染较为严重。所以对土壤污染，尤其是对土壤重金属污染的研究应该引起国内学者的重视。太原是中国重要的能源、重工业基地之一，许多学者对太原市的土壤重金属污染问题一直比较关注。郭翠花等（1995）、张乃明（1996）、刘勇等（2011）对太原市土壤重金属的含量、分布特征、潜在生态风险评价、污染原因等方面做过一系列的研究和分析。但以上这些研究的采样范围小、采样点少，缺乏对太原市土壤重金属总体污染状况的分析评价及潜在污染原因的探究。

高鹏等（2015）选择太原市城区周边的土壤为研究区域，兼顾工农业及交通的影响，对不同利用方式的土壤进行采样分析。在此基础上，首先对该地区土壤重金属的含量进行了统计分析，其次利用 GIS 技术和地统计分析方法研究了土壤重金属的空间分布特征，并采用 Hakanson 生态风险评价法对土壤重金属污染进行评价，最后探讨了研究区土壤重金属污染与周边污染源的关系，旨在对太原市土壤质量评价和环境污染防治提供科学指导。

2）评价方法

样品采集：2013 年 4 月，对太原市城区周边农用地土壤进行了采样，样点布设如图 5-7 所示。在采样中根据土地利用类型不同，样点主要设置在农田、林地、草地中，并以农田土壤为主。从图 5-7 可看出，太原市中部为建城区，北部和南部分布有大量耕地，东西两边为陡峭山地，人类活动较少，因此采样点布设主要是在沿建城区周边进行采样，其中北部和南部样点较多，东部和西部样点较少，避开了特殊污染或者特殊地形的部位。共采集土壤样品 140 个。采样深度为土壤表层 0～20cm，利用 GPS 确定好采样点后进行采样，每个土壤样品均由采样点附近 10 个点的土壤样品均匀混合而成。利用四分法制样，贴标签登记，将样品装入聚氯乙烯塑料袋密封后运回实验室。于实验室内自然风干后磨碎、过孔径 0.154mm 筛、混匀，取样备存待分析检测。

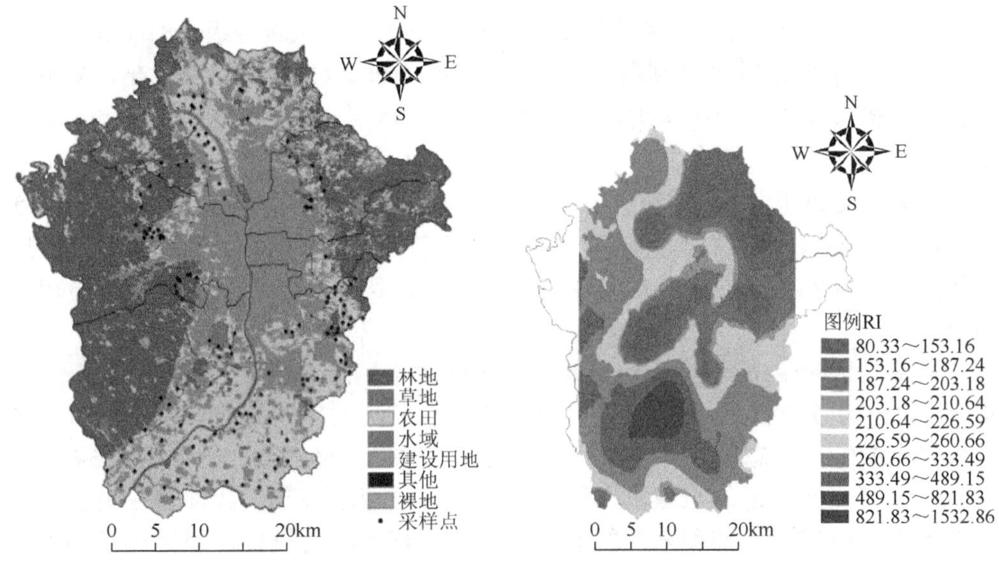

图 5-7　研究区采样点设置及综合生态危害分布（高鹏等，2015）

分析测试方法：土壤样品用 HNO_3-HF-$HClO_4$ 法消解后采用石墨炉原子吸收分光光度计测定 Cd 元素，采用原子荧光光度计测定 Hg 和 As 元素，采用原子吸收分光光度计测定 Pb、Cr、Cu、Zn、Ni 元素。分析质量控制措施采取空白样、平行样和标准物质控制法，在分析过程中加入国家土壤标准样品（GSS-10 和 GSS-15）进行分析质量控制。

生态风险评价方法：目前，评价土壤重金属污染的方法较多，如内梅罗指数法、单因子指数法、富集因子法等，考虑到各重金属的毒性不同和突出污染较严重的重金属的作用，本研究采用瑞典科学家 Hakanson 提出的潜在生态风险分级评价法（表 5-18）。其计算公式如下：

$$\mathrm{RI} = \sum E_{\mathrm{r}}^{i} = \sum T_i \times C_i / C_{\mathrm{in}} \tag{5-49}$$

式中，C_i 为重金属 i 的实测含量；C_{in} 为计算所需的参比值，其中 Hg 选用几何均值乘以几何标准差作为参比值，Cd 采用算术均值加标准差作为参比值，其余元素均采用山西省的土壤背景值加标准差作为参比值；E_{r}^{i} 为土壤重金属元素 i 的潜在生态风险指数；T_i 为重金属 i 的毒性系数，其中 Cu、Zn、Ni、Cr、Pb、Cd、Hg、As 的毒性系数分别为 5、1、5、2、5、30、40、10。RI 为多种土壤重金属的综合生态风险指数值。

3）评价结果

按照 Hakanson 潜在风险评价法计算得到 8 种土壤重金属 Hg、Zn、Ni、Cr、

Pb、Cd、Hg 和 As 的生态风险指数值及其对应的生态风险等级，8 种重金属的潜在生态风险指数 E_{r}^{i} 由强到弱为 Hg＞Cd＞As＞Pb＞Cu＞Ni＞Cr＞Zn。从不同生态风险程度的样本数比例来看，对于 Zn、Ni、Cr、Pb、Cu 和 As 元素，所有土壤样点都属于轻度生态风险。而对于 Cd 和 Hg 元素，大多数样点的生态风险程度达到中度以上：Cd 元素达到中度生态风险等级的样点有 30.7%，达到强度及强度以上生态风险的样点有 7.13%；Hg 元素有 16.4%样点达到了强度生态风险等级，有 4.34%样点的生态风险程度很强，甚至有 2.1%样点的生态风险程度极强。

从单元素的生态风险来看，Cd 和 Hg 的生态风险水平较为严重，需要引起重视。进一步分析太原市土壤重金属潜在生态风险的空间分布特征，对研究区土壤样点的综合生态风险评价值（RI）进行普通克里格插值，结果见图 5-7。可以看出，研究区南部的土壤重金属潜在生态风险程度最强，西部潜在生态风险程度次之，研究区北部和东部的潜在生态风险程度相对较轻，通过计算得到研究区的综合生态风险指数的平均值为 293.55，表明研究区的土壤状况整体达到高生态风险。

案例 7 沉积物重金属生态风险评价——以海河流域为例

1）背景描述

海河流域位于 35′～43′N，112′～120′E，面向东部的渤海和南部的黄河，而西部毗邻太行山，北部紧邻蒙古高原。流域地处河北省及北京、天津两大城市，及内蒙古、山西、河南、辽宁和山东等省份的部分区域。海河水系包括海河南系、海河北系、徒骇马颊河和滦冀诸海四大水系。流域面积 318000km^2，其中山区和高原面积 189000km^2，占 60%，平原面积 129000km^2，占 40%。主要气候是亚洲季风气候，寒冷干燥的冬天和炎热多雨的夏天。由于经济的发展和人口的增多，海河受到了严重的污染，生态平衡被破坏。水中的重金属离子在一定的物理化学作用下，最终大部分重金属会进入沉积物。河流沉积物中重金属污染物较为稳定，但也可通过生物、物理和化学作用再次释放到水体而造成二次污染。因此，对沉积物中的重金属污染物进行分析和评价较水质分析更具有代表性。Liu 等（2016）评价了海河流域典型生态单元（图 5-8）重金属污染的生态风险，筛选出了主要污染因子，分析了重金属的潜在生态风险状况，可为进一步治理海河污染提供依据。

2）评价方法

参照 Hakanson 生态风险评价方法，对应指标包括：单一金属污染系数 C_{f}^{i}，多金属污染度 C_{d}，不同金属生物毒性响应因子 T_{r}^{i}，单一金属潜在生态风险指数 E_{r}^{i}，多金属潜在生态风险指数 RI，其关系如下：

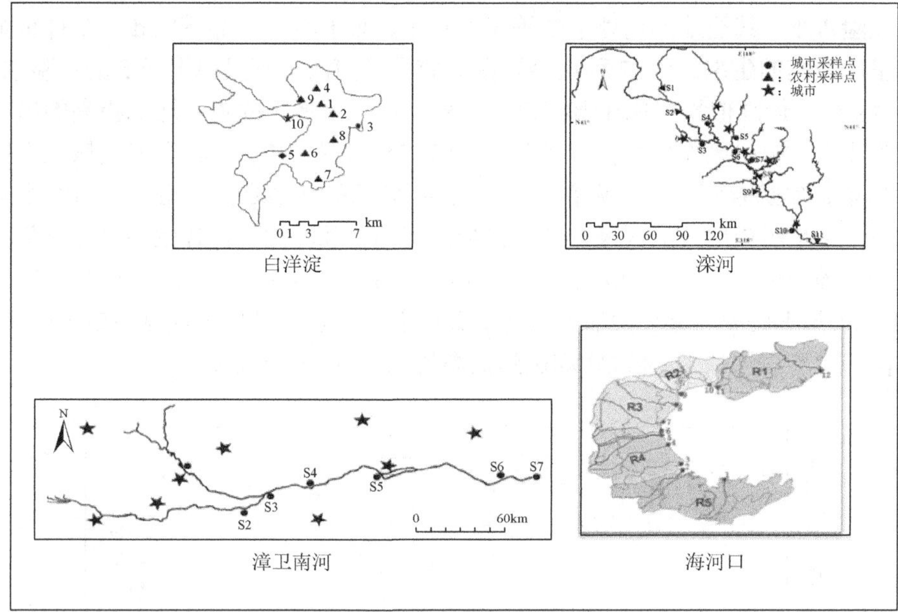

图 5-8　海河流域典型生态单元采样点分布（Liu et al.，2016）

$$C_{\mathrm{f}}^{i}=C_{\mathrm{D}}^{i}/C_{\mathrm{R}}^{i}\text{；}\quad C_{\mathrm{d}}=\sum_{i=1}^{m}C_{\mathrm{f}}^{i}\text{；}\quad E_{\mathrm{r}}^{i}=T_{\mathrm{r}}^{i}\times C_{\mathrm{f}}^{i}\text{；}\quad \mathrm{RI}=\sum_{i=1}^{m}E_{\mathrm{r}}^{i} \tag{5-50}$$

式中，C_{D}^{i}为样品实测浓度；C_{R}^{i}为沉积物背景参考值。因子 T_{r}^{i} 反映了金属在水相、沉积固相和生物相之间的响应关系。参考工业化土壤环境背景值，结合重金属污染特征，设定了 7 种重金属生物毒性响应因子的数值顺序：Hg（40）＞Cd（30）＞As（10）＞Cu＝Pb（5）＞Cr（2）＞Zn（1）。计算了滦河、漳卫南河、白洋淀、海河口的重金属生态因子（E_{r}^{i}）和潜在生态风险指数（RI）。

3）评价结果

根据图 5-9，对于滦河，7 种金属的生态风险从高到低顺序为 Hg、As、Cd、Cr、Pb、Cu 和 Zn。武烈河下的风险程度非常高，RI 高达 1138.14，波罗诺处于高风险水平（RI 为 231.11）。武烈河上和瀑河口处于中等风险水平（RI 高于 110）。郭台子、郭家屯、张百湾、三道河子、韩家营处于低风险水平。在这 7 种重金属中，Hg 含量最高，虽然浓度较低，但生态风险最高。滦河重金属生态风险分布是支流高于主流，原因可能是主流水量大，水自净能力强。漳卫南河 7 种金属的生态风险从高到低顺序为 Cd、Hg、As、Cr、Pb、Cu 和 Zn。在这 7 种重金属中，Hg 和 Cd 的毒性系数最高，呈现出最高的生态风险。漳卫南河所有采样点风险处于较高水平，新乡点位处于最高风险水平，RI 值高达 14834993.01。对于白洋淀，7 种金属的生态风险从高到低顺序为 As、Hg、Cd、Cr、Pb、Cu 和 Zn。光淀张庄、端村和采蒲台处于低风险水平，其他地点均处于中等风险水平。对于河口，Hg 和 Cd 在 7 种重金属中也呈现最高的生态风险。7 种重金属在徒骇马颊河河口都呈现出最低的风险水平，除了 As 外，最高值均出现在海河口。此外，河口区域采样点都达到极高的风险水平，尤其是海河口风险最高，RI 值达 632164.25。根据 RI 值，将海河流域生态单位沉积物重金属综合污染分为两部分：一个是滦河和白洋淀属于相对清洁的生态单元，另一个是污染严重的区域，其中包括漳卫南河和海河口。各生态单元风险高低次序为：漳卫南河（2278345.68）＞海河口（161914.74）＞滦河（191.54）＞白洋淀（120.95）。图 5-9 显示，大部分地区重金属潜在风险水平处于低风险或中度风险，漳卫南河口和海河口 Hg 和 Cd 均达到极高的风险水平（100%）。

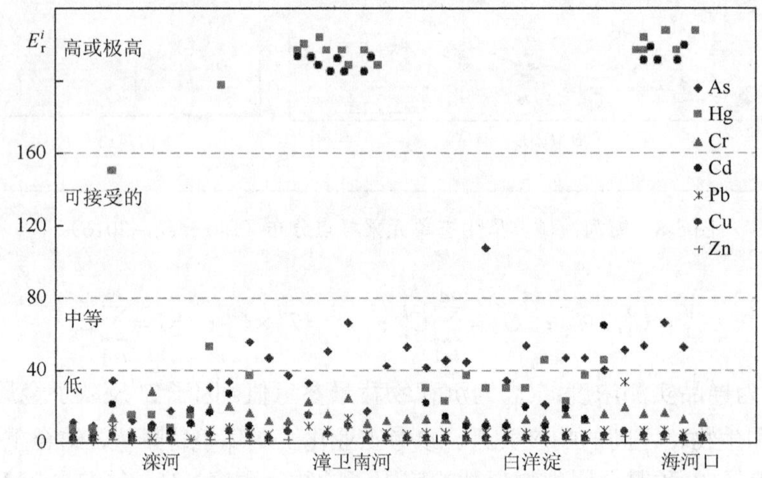

图 5-9　海河流域典型生态单元生态风险分布（Liu et al.，2016）

参 考 文 献

北京市质量技术监督局. 2009. 场地环境评价导则：DB11/T 656—2009. 北京：北京市地方标准

蔡晓强，高强立. 2016. 基于内梅罗指数法评价开封市湖泊水质污染特征. 吉林农业月刊，(6)：82-83

常静，刘敏，李先华，等. 2009. 上海地表灰尘重金属污染的健康风险评价. 中国环境科学，29(5)：548-554

陈灿灿，卢新卫，王利军，等. 2011. 宝鸡市街道灰尘重金属污染的健康风险评价. 城市环境与城市生态，24(2)：35-38

陈国祥，施国新，何兵，等. 1999. Hg、Cd 对莼菜越冬芽光合膜光化学活性及多肽组分的影响. 环境科学学报，19(5)：521-525

陈江，张海燕，何小峰，等. 2010. 湖州市土壤重金属元素分布及潜在生态风险评价. 土壤，42(4)：595-599

陈静生，王飞越. 1992. 关于水体沉积物质量基准问题. 环境化学，11(3)：60-70

陈愚，任长久，蔡晓明. 1998. 镉对沉水植物硝酸还原酶和超氧化物歧化酶活性的影响. 环境科学学报，18(3)：313-317

陈云增. 2006. 水体沉积物环境质量基准建立方法研究进展. 地球科学进展，21(1)：53-60
崔斌，王凌，张国印，等. 2012. 土壤重金属污染现状与危害及修复技术研究进展. 安徽农业科学，40(1)：373-375
崔振昂，郑志昌. 2010. 广西北海近岸海域表层沉积物中重金属分布特征及生态风险评. 安全与环境工程，17(1)：31-35
邓保乐，祝凌燕，刘慢，等. 2011. 太湖和辽河沉积物重金属质量基准及生态风险评估. 环境科学研究，24(1)：33-42
刁维萍，倪吾钟，倪天华，等. 2003. 水体重金属污染的生态效应与防治对策. 广东微量元素科学，10(3)：1-5
段永蕙，张乃明，许桂兰. 1997. 太原市污灌区重金属污染现状评价. 山西师大学报(自然科学版)，11(1)：60-63
范文宏，陈静生. 2002. 沉积物中重金属生物毒性评价的研究进展. 环境科学与技术，25(1)：36-39
方涛，徐小清. 2007. 应用平衡分配法建立长江水系沉积物金属相对质量基准. 长江流域资源与环境，16(4)：525-531
付智娟. 2011. 用模糊数学综合评价法对地下水质进行评价. 城市建设理论研究，(23)：1-5
付宗敏. 2011. 大气降尘和 TSP 的地质化学特点及来源分析. 长沙：湖南大学：1-80
高鹏，刘勇，苏超. 2015. 太原城区周边土壤重金属分布特征及生态风险评价. 农业环境科学学报，34(5)：866-873
高瑞英. 2012. 土壤重金属污染环境风险评价方法研究进展. 科技管理研究，(8)：45-50
郭翠花，黄淑萍，原洪波，等. 1995. 太原市地表土中五种重金属元素的污染监测及评价. 山西大学学报(自然科学版)，18(2)：222-226
胡恭任，戚红璐，于瑞莲，等. 2011. 大气降尘中重金属形态分析及生态风险评价. 有色金属，2011，63(2)：286-291
胡恭任，于瑞莲. 2008. 应用地累积指数法和富集因子法评价 324 国道塘头段两侧土壤的重金属污染. 中国矿业，17(4)：47-51
胡艳霞，周连第，魏长山，等. 2013. 北京水源保护地土壤重金属空间变异及污染特征. 土壤通报，44(6)：1483-1490
黄顺生，华明，金洋，等. 2008. 南京市大气降尘重金属含量特征及来源研究. 地学前缘，(5)：161-166
贾振邦，周华，赵智杰，等. 2000. 应用地积累指数法评价太子河沉积物中重金属污染. 北京大学学报(自然科学版)，25(4)：525-530
孔繁翔，陈颖，章敏. 1997. 镍、锌、铝对羊角月牙藻生长及酶活性影响研究. 环境科学学报，17(2)：193-198
兰州市人民政府. 2013. 兰州简介. http: //www.lz.gansu.gov.cn/zjlz/lzgk/lzgk/
李法云，胡成，张营，等. 2010. 沈阳市街道灰尘中重金属的环境影响与健康风险评价. 气象与环境学报，2010，26(6)：59-64
李海雯，陈振楼，王军，等. 2007. 基于 GIS 的上海市灰尘重金属空间分布特征研究. 环境科学学报，2007(5)：803-809
李晋昌，张红，石伟. 2013. 汾河水库周边土壤重金属含量与空间分布. 环境科学学报，34(1)：116-120
李萍，薛粟尹，王胜利，等. 2014. 兰州市大气降尘重金属污染评价及健康风险评价. 环境科学，35(3)：1021-1028
李倩，秦飞，季宏兵，等. 2013. 北京市密云水库上游金矿区土壤重金属含量、来源及污染评价. 农业环境科学学报，32(12)：2384-2394
梁君荣，王军，苏永全，等. 2001. 四种重金属对中国鲎(Tachypleus tridentatus)胚胎发育的影响. 生态学报，21(6)：1009-1012
刘树庆. 1996. 保定市污灌区土壤的 Pb、Cd 污染与土壤酶活性关系研究. 土壤学报，(2)：175-182
刘文新，栾兆坤，汤鸿霄. 1999. 河流沉积物重金属污染质量控制基准的研究Ⅱ. 相平衡分配方法（EqP）. 环境科学学报，19(3)：230-235
刘勇，岳玲玲，李晋昌. 2011. 太原市土壤重金属污染及其潜在生态风险评价. 环境科学学报，31(6)：1285-1293
罗莹华，梁凯，刘明，等. 2006. 大气颗粒物重金属环境地球化学研究进展. 广东微量元素科学，13(2)：1-6
秦松. 2008. 西固城区街道灰尘重金属含量的分布、来源及质量评价. 兰州：兰州大学：50-53
任春辉，卢新卫，李晓雪，等. 2012. 宝鸡长青镇工业园区周围灰尘重金属污染特征及健康风险. 地球与环境，40(3)：365-373
史崇文，赵玲芝，郭新波，等. 1996. 山西省土壤元素背景值的分布规律及其影响因素. 农业环境保护，15(1)：24-28

苏燕平. 2014. 大气降尘重金属污染评价方法的比较. 江苏科技信息，(21)：34-37
孙韧，李玉，张瑞芝. 1998. 应用模糊数学评价和预测海河的水质状况. 城市环境与城市生态，11(4)：33-35
孙亚乔，段磊，徐中华，等. 2012. 农灌区土壤重金属形态分布及潜在生态风险. 安徽农业科学，40(86)：17578-17580
唐荣莉，马克明，张育新，等. 2012. 北京城市道路灰尘重金属污染的健康风险评价. 环境科学学报，32(8)：2006-2015
王春梅，欧阳华. 2003. 沈阳市环境铅污染对儿童健康的影响. 环境科学，24(5)：17-22
王立新，陈静生. 2003. 建立水体沉积物重金属质量基准的方法研究进展. 内蒙古大学学报，34(4)：472-477
王晓云，马建华，侯千，等. 2011. 开封市幼儿园地表灰尘重金属积累及健康风险. 环境科学学报，1(3)：583-593
王永晓，曹红英，邓雅佳，等. 2017. 大气颗粒物及降尘中重金属的分布特征与人体健康风险评价. 环境科学，38(9)：3575-3584
王宗爽，武婷，段小丽，等. 2009. 环境健康风险评价中我国居民呼吸速率暴露参数研究. 环境科学研究，22(10)：1171-1175
文湘华. 1993. 水体沉积物重金属质量基准研究. 环境化学，12(5)：334-341
文毅，黄风茹，陈静生，等. 1997. 河流颗粒物重金属污染评价方法比较研究. 地理科学，17(1)：81-86
吴彬，臧淑英，那晓东. 2012. 灰色关联分析与内梅罗指数法在克钦湖水体重金属评价中的应用. 安全与环境学报，(5)：134-137
解文艳，樊贵盛，周怀平，等. 2011. 太原市污灌区土壤重金属污染现状评价. 农业环境科学学报，30(8)：1553-1560
徐清，张立新，刘素红，等. 2008. 表层土壤重金属污染及潜在生态风险评价：包头市不同功能区案例研究. 自然灾害学报，17(6)：6-12
阎海，潘纲，霍润兰. 2001. 铜、锌和锰抑制月形藻生长的毒性效应. 环境科学学报，21(3)：328-332
阎海，王杏君，林毅雄，等. 2001. 铜、锌和锰抑制蛋白核小球藻生长的毒性效应. 环境科学，22(1)：23-26
杨红玉，王焕校. 1990. 某些绿藻对镉的富集作用及其毒性反应. 环境科学学报，10(1)：64-71
杨孝智，陈扬，徐殿斗，等. 2011. 北京地铁站灰尘中重金属污染特征及健康风险评价. 中国环境科学，31(6)：944-950
姚琳，廖欣峰，张海洋，等. 2012. 中国大气重金属污染研究进展与趋势. 环境科学与管理，37(9)：41-44
姚娜，彭昆国，刘足根，等. 2014. 石家庄北郊土壤重金属分布特征及风险评价. 农业环境科学学报，33(2)：313-321
于军，李之富，李宁. 2002. 大凌河流域水质污染状况与评价. 沈阳建筑工程学院学报，4(18)：295-296
袁方曜，王玢，牛振荣，等. 2004. 华北代表性农田的蚯蚓群落与重金属污染指示研究. 环境科学研究，17(6)：70-72
张朝晖，邵晶，柴之芳，等. 2001. 利用苔藓和地衣作为生物监测器对大气降尘中重金属污染物质的研究. 核技术，24(9)：776-778
张菊，陈振楼，许世远，等. 2006. 上海市城市街道灰尘重金属铅污染现状及评价. 环境科学，(3)：519-523
张乃明. 1996. 太原污灌区土壤重金属污染研究. 农业环境保护，1996，15(1)：21-23
张婷，钟文珏，曾毅，等. 2012. 应用生物效应数据库法建立淡水水体沉积物重金属质量基准. 应用生态学报，23(9)：2587-2594
张鑫，周涛发，杨西飞，等. 2005. 河流沉积物重金属污染评价方法比较研究. 合肥工业大学学报(自然科学版)，28(11)：1419-1423
赵庆令，李清彩，谢江坤，等. 2015. 应用富集系数法和地累积指数法研究济宁南部区域土壤重金属污染特征及生态风险评价. 岩矿测试，34(1)：129-137
郑海龙，陈杰，邓文靖，等. 2006. 城市边缘带土壤重金属空间变异及其污染评价. 土壤学报，43(1)：40-45
中国环境监测总站. 1990. 中国土壤元素背景值. 北京：中国环境科学出版社：334-379
中华人民共和国环境保护部. 2014. 全国土壤污染状况调查公报
周新文，孙锦荷. 2001. 用 3H-TdR 研究混合重金属对鲫鱼 DNA 合成的影响. 核农学报，15(2)：115-120
祝凌燕，邓保乐. 2009. 应用相平衡分配法建立污染物的沉积物质量基准. 环境科学研究，22(7)：762-767

庄树宏，王克明. 2000. 城市大气重金属(Pb，Cd，Cu，Zn)污染及其在植物中的富积. 烟台大学学报，13(1)：31-37

卓文珊，唐建锋，管东生. 2009. 广州市城区土壤重金属空间分布特征及其污染评价. 中山大学学报，48(4)：47-51

邹海明，李粉茹，官楠，等. 2006. 大气中 TSP 和降尘对土壤重金属累积的影响. 中国农学通报，22(5)：393-395

Adams W J，Kimerle R A，Barnett J W. 1992. Sediment quality and aquatic life assessment. Environmental Science & Technology，26(10)：1865-1875

Al-Yousuf M H，El-Shahawi M S，Al-Ghais S M. 2000. Trace metals in liver，skin and muscle of Lethrinus lentjan fish species in relation to body length and sex. Science of the Total Environment，256(2-3)：87-94

Bergamaschi L，Rizzio E，Valcuvia M G. 2002. Determination of trace elements and evaluation of their enrichment factors in Himalayan lichens. Environmental Pollution，120(1)：137-144

Buat-menard P，Chesselet P. 1979. Variable influence of the atmospheric flux on the trace metal chemistry of oceanic suspended matter. Earth and Planetary Science Letters，42：398-411

Cairns M A，Nebeker A V，Gakstatter J H，et al. 1984. Toxicity of copper-spiked sediments to freshwater invertebrates. Environmental Toxicology and Chemistry，3：435-445

Carlson A R，Phipps G L，Mattson V R，et al. 1991. The role of acid-volatile sulfide in determining cadmium bioavailability and toxicity in freshwater sediments. Environmental Toxicology Chemistry，10(10)：1309-1316

Chapman E E V，Dave G，Murimboh J D. 2010. Ecotoxicological risk assessment of undisturbed metal contaminated soil at two remote lighthouse sites. Ecotoxicology Environmental Safety，73：961-969

Chen Q Y，Wang Q，Xin S G，et al. 2015. Pollution level and health risk of heavy metals in the water for the Taizihe River Basin，China. Advanced Engineering and Technology，175-180

Ditoro D M，Mahony J D. 1991. Acid volatile sulfide predicts the acute toxicity of cadmium and nickel in sediments. Environmental Science & Technology，26：96-101

Ferreira-Baptista L，Demiguel E. 2005. Geochemistry and risk assessment of street dust in Luanda，Angola：A tropical urban environment. Atmospheric Environment，39(25)：4501-4512

Ghate S，Chaphekar S B. 2000. Plagiochasma appendiculatum as a biotest for water quality assessment. Environmental Pollution，108(2)：173-181

Gómez B，Palacios M A，Gómez M，et al. 2002. Levels and risk assessment for humans and ecosystems of platinum-group elements in the airborne particles and road dust of some European cities. Science of the Total Environment，299(1-3)：1-19

Hakanson L. 1980. An ecological risk index for aquatic pollution control：A sediment logical approach. Water Research，14：975-1001

Han Y M，Du P X，Cao J J，et al. 2006. Multivariate analysis of heavy metal contamination in urban dusts of Xi'an. Central China. Science of the Total Environment，355(1-3)：176-186

Hilton J，Davison W，Qchsenbein U. 1985. A mathematical model for analysis of sediment core data：Implications for enrichment factoe calculation and trace metal transport mechanisms. Chemical Geology，48：281-291

La Torre F R，Ferrari L，Salibian A. 2002. Freshwater pollution biomarker：response of brain acetylcholinesterase activity in two fish species. Comparative Biochemistry and Physiology Part C：Toxicology & Phamacology，131(3)：271-280

Limlam K，Waiko P，Kayee W，et al. 1998. Metal toxicity and metallothionein gene expression studies in common Carp and Tilapia. Marine Environmental Research，46(1-5)：563-566

Lee G F，Mariani G M. 1977. Evaluation of the significance of waterway sediment-associated contaminants on water quality at the dredged material disposal site. American Society for Testing and Materials，634：196-213

Li X D，Poon C S，Liu P S. 2001. Heavy metal contamination of urban soilsand street dusts in Hongkong. Applied Geochemistry，16(11/12)：1361-1368

Li Y L，Liu J L，Cao Z G，et al. 2010. Spatial distribution and health risk of heavy metals and polycyclic aromatic hydrocarbons (PAHs) in the water of the Luanhe River Basin，China. Environmental Monitoring and Assessment，163：1-13

Liu J L，Li Y L，Zhang B，et al. 2009. Ecological risk of heavy metals in sediments of the Luan River source water. Ecotoxicology，18(6)：748-758

Liu J L，Li Y L，Zhang B，et al. 2009. Ecological risk of heavy metals in sediments of the Luan River source water. Ecotoxicology，2009，18：748-758

Liu J L，Yang T，Chen Q Y，et al. 2016. Distribution and potential ecological risk of heavy metals in the typical eco-units of Haihe River Basin. Frontiers of Environmental Science & Engineering in China，10(1)：103-113

Liu Q T，Diamond M L，Gingrich S E，et al. 2003. Accumulation of metals，trace elements and semi-volatile organic compounds on exterior window surfaces in Baltimore. Environmental Pollution，122(1)：51-61

Long E R，Morgan L G. 1990. The Potential for biological effects of sediment-sorbed contaminants tested in the National Status and Trends Program. Technical memo. National Oceanic & Atmospheric Admininistration. 8-60

Long E R. 1992. Ranges in chemical concentrations in sediments associated with adverse biological effects. Marine Pollution Bulletin，24：38-45

Loska K. 2004. Metal contamination of farming soils affected by industry. Environment International，30：159-165

Malueg K W，Schuytema G S，Gakastatter J H. 1984. Toxicity of sediment from three metal-contaminated areas. Environmental Toxicology and Chemistry，3：279-291

Malueg K W，Schuytema G S，Krawczyk D F. 1984. Laboratory sediment toxicity tests，sediment chemistry and distribution of benthic macroinvertebrates in sediments from the Keweenaw Waterway，Michigan. Environmental Toxicology and Chemistry，3：233-242

Marking L L，Dawson V K，Allen J L，et al. 1981. Biological Activity and Chemical Characteristics of Dredge Material from 10 Sites on the Upper Mississippi River. La Crosse，WI：United States Fish and Wildlife Service，1：146-152

Marx S K，Kamber B S，Mcgowan H A. 2008. Scavenging of atmospheric trace metal pollutants by mineral dusts：Interregional transport of Australian trace metal pollution to NewZealand. Atmospheric Environment，42(10)：2460-2478

Müller G. 1969. Index of geoaccumulation in sediments of the Rhine River. Geojournal，(2)：108-118

National Status and Trends Program. 1990. Seattle，Washington：National Oceanic Atmospheric Administration Technical Memorandum，NOS OMA，52：175

NOAA.1995. The Utility of AVS/EqP in Hazardous Waste Site Evaluations. NOAA Technical Memorandum NOS ORCA 87. Washington DC：NOAA，11-40

NRC (National Research Council). 1983. Risk assessment in the federal government：Managing the process. Washington DC：National Academy Press

Nriagu J O. 1984. Changing Metal Cycles and Human Health. Berlin：Springer-verlag

Oertel N. 1996. Plants and animals as biomonitors of heavy metal level in the aquatic ecosystem of the River Danube. Archives of Toxicology：404-416

Peters N E，Meyers T P，Aulenbach B T. 2002. Status and trends in atmospheric deposition and emissions near Atlanta，Georgia. Atmospheric Environment，2002(36)：1577-1588

Power E A，Chapman P M. 1992. Assessing sediment quality. Florida：Lewis Pub：1-18

Qasim S R，Armstrong A T，Corn J，et al. 1980. Quality of water and bottom sediments in the Trinity River. Journal of the American Water Resources Association，16：522-531

Rashed M N. 2001. Monitoring of environmental heavy metals in fish from Nasser Lake. Environment International，27(1)：27-33

Río L D，Gracia F J. 2009. Erosion risk assessment of active coastal cliffs in temperate environments. Geomorphology，112：82-95

Su L Y，Liu J L，Per Christensen. 2011. Spatial distribution and ecological risk assessment of metals in sediments of Baiyangdian wetland ecosystem. Ecotoxicology，20：1107-1116

Suedel B C，Deaver E. 1996. Experimental factors that may affect toxicity of aqueous and sediment-bound copper to freshwater organisms. Archives of Environmental Contamination and Toxicology，30：40-46

Sutherland R A. 2000. Bed Sediment-associated Trace Metals in an Urban Stream，Oahu，Hawaii. Environmental Geology，39：611-627

Tatem H E. 1986. Bioaccumulation of polychlorinated biphenyls and metals from contaminated sediment by freshwater prawns，Macrobrachium rosenbergii and clams，Corbicula fluminea. Archives of Environmental Contamination and Toxicology，15：171-183

Tessier A，Campbell P G C，Bisson M. 1979. Sequential extraction procedure for the speciation of particulate trace metals. Anal Chem，51：844-851

Torfs K，Van Grieken R.1997. Chemical relations between atmospheric aerosols，deposition and stone decay layers on historic buildings at the Mediterranean coast. Atmospheric Environment，31(15)：2179-2192

Toro D. 1992. AVS predicts the acute toxicity of Cd and Ni in sediments. Environment Science Technology，26：96-101

U.S. Environmental Protection Agency. 1996. Soil screening guidance：Technical background document. Washington. DC：Office of Solid Waste and Emergency Response：191-447

U.S. Environmental Protection Agency. 2002. Supplemental guidance for developing soil screening levels for super fund sites. Washington DC：Office of Solid Waste and Emergency Response：1-106

US EPA Guidelines for Ecological Risk Assessment. 1998. EPA/630/R-95/002F. Risk Assessment Forum，Washington D C，Environmental Protection Agency

US EPA. 1989. Briefing report to the EPA science advisory board on the equilibrium partitioning approach to generating sediment quality criteria. EPA440/5-89-002. Washington DC：US EPA

US EPA. 1990. Evaluation of the equilibrium partitioning (EqP) approach for assessing sediment quality//Report of the sediment criteria subcommittee of the ecological processes and effects committee. Washington DC：US EPA，4-24

US EPA. 1995. An SAB report：Review of the agency's approach for developing sediment criteria for five metals. EPA-SAB-EPEC-95-020. Washington DC：US EPA

US EPA. 1996. Proposed guidelines for carcinogen risk assessment. Federal Register，61：16960-18011

Wappelhoret O，Kubn I，Oehlmann J，et al. 2000. Deposition and disease：A moss monitoring project as an approach to ascertaining potential connections. Science of the Total Environment，249(2)：243-256

Zhao H R，Xia B C，Fan C，et al. 2012. Human health risk from soil heavy metal contamination under different land uses near Dabaoshan Mine，Southern China. Science of the Total Environmen，417-418：45-54

Zoller W H，Gladney E S，Duce R A. 1974. Atmospheric concentrations and sources of trace metals at the South Pole. Science，183：199-201

Rashed M N. 2001. Monitoring of environmental heavy metals in fish from Nasser Lake. Environment International, 27(1): 27-33.

[illegible] 2009. [illegible] assessment of [illegible] contaminated soils [illegible] environment. [illegible], [illegible].

Sun Y, [illegible] L, [illegible]. 2017. Spatial distribution and ecological risk assessment of metals in sediments of Baiyangdian wetland ecosystem. Ecotoxicology, 26: [illegible].

[illegible] 2006. [illegible] acute toxicity of aquatic and sediment-bound [illegible] to [illegible]. Archives of Environmental Contamination and Toxicology, [illegible]: 40-46.

Sutherland R A. 2000. Bed Sediment-Associated Trace Metals in an Urban Stream, Oahu, Hawaii. Environmental Geology, 39(6): 611-627.

[illegible] 1999. Bioaccumulation of polychlorinated biphenyls and metals from contaminated sediment by freshwater prawns, Macrobrachium rosenbergii and clams, Corbicula fluminea. Archives of Environmental Contamination and Toxicology, [illegible].

Tessier A, Campbell P G C, Bisson M. 1979. Sequential extraction procedure for the speciation of particulate trace metals. Analytical Chemistry, 51(7): 844-851.

[illegible] 2007. [illegible] relations between [illegible] on historic buildings in the Mediterranean coast. [illegible].

[illegible] 1992. [illegible] predicts the acute toxicity of Cd and Ni in sediments. Environmental Science & Technology, 26: [illegible].

U.S. Environmental Protection Agency. 1996. Soil screening guidance: Technical background document. Washington, DC: Office of Solid Waste and Emergency Response. [illegible].

U.S. Environmental Protection Agency. 2002. Supplemental guidance for developing soil screening levels for superfund sites. Washington DC: Office of Solid Waste and Emergency Response. [illegible].

US EPA Guidelines for ecological risk assessment. 1998. EPA/630/R-95/002F. Risk Assessment Forum. Washington DC: U.S. Environmental Protection Agency.

US EPA. [illegible]. Briefing report to the EPA science advisory board on the equilibrium partitioning approach to generating sediment quality criteria. EPA 440/5-89-002. Washington DC: US EPA.

US EPA. [illegible]. Evaluation of the equilibrium partitioning (EqP) approach for assessing sediment quality. Report of the sediment criteria subcommittee of the ecological processes and effects committee. Washington DC: US EPA. [illegible].

US EPA. 1992. An SAB report: Review of the agency's approach for developing sediment criteria for five metals. EPA-SAB-EPEC-93-002. Washington DC: US EPA.

US EPA. 1996. Proposed guidelines for ecological risk assessment. Federal Register, [illegible].

[illegible] 2006. [illegible] as an [illegible] potential carbon flux. Science of the Total Environment, [illegible].

Zhao H R, Xia B C, Fan C, et al. 2012. Human health risk from soil heavy metal contamination under different land uses near Dabaoshan Mine, Southern China. Science of the Total Environment, 417-418: [illegible].

Zoller W H, Gladney E S, Duce R A. 1974. Atmospheric concentrations and sources of trace metals at the South Pole. Science, 183: 198-200.